Betriebs- und Selbstkostenprobleme der Wollindustrie

Von

Dr.-Ing. Clemens Sustmann

Studienrat an der Höheren Fachschule
für Textilindustrie in Aachen

Mit 58 Abbildungen im Text und auf einer Tafel,
sowie 82 Tabellen

AF866803

Berlin
Verlag von Julius Springer
1937

ISBN-13:978-3-642-90456-1 e-ISBN-13:978-3-642-92313-5
DOI: 10.1007/978-3-642-92313-5

Alle Rechte, insbesondere das der Übersetzung
in fremde Sprachen, vorbehalten.

Softcover reprint of the hardcover 1st edition 1937

Vorwort.

Die vorliegende Arbeit soll dem Wunsche einer zusammenfassenden, vorwiegend für den Betriebsmann bestimmten Darstellung der Betriebs- und Selbstkostenprobleme der Wollindustrie nachkommen. Sie ist aus den praktischen Betriebsverhältnissen heraus entwickelt und stützt sich auf zahlreiche ältere und neuere Untersuchungen des Verfassers. Die Ausführungen sollen einmal zur exakten Berechnung der Selbstkostensätze der Fertigfabrikate und deren Zwischenstufen beitragen und darüber hinaus durch zahlreiche Betriebsuntersuchungen der verschiedensten fabrikatorischen Einflüsse die oft noch gefühlsmäßigen Meinungen auf eine feste Grundlage stellen und abgrenzen. Weiter sollen sie den Weg betriebswirtschaftlicher Untersuchungen zeigen und das Interesse der Leser wecken, den vielen interessanten Fragen des eigenen Betriebes nachzugehen. Wohl kaum ein Industriezweig hat im Laufe des Herstellungsganges so viele fabrikatorische Gesichtspunkte zu berücksichtigen wie gerade die Textilindustrie. Daraus ergab sich die Notwendigkeit die für die Kalkulation wesentlichen technologischen Vorgänge skizzenhaft einzuschalten.

Durch die Darstellung konkreter Beispiele ist der Verfasser bemüht, die Brücke zwischen Lehre und Praxis zu schlagen. Wenn daher im Rahmen dieser Arbeit die Selbstkostenrechnung mit zahlenmäßigen Unterlagen und Rechnungen durchgeführt wird, so bin ich mir durchaus der Schwierigkeit bewußt, die eine solche Darstellung mit sich bringt. Jede Selbstkostenrechnung in Zahlen kann immer nur eine beispielhafte Darlegung sein, wenngleich die ermittelten Werte weitgehendst mit den tatsächlichen Betriebszahlen übereinstimmen.

Herrn Geheimen Regierungsrat Prof. Dr.-Ing. E. h. Wallichs bin ich für die Durchsicht dieser Arbeit und die Anregungen, die ich durch seine Arbeiten erhalten habe, zu außerordentlichem Dank verpflichtet. Nicht minder gebührt mein Dank Herrn Oberstudiendirektor Prof. Dr. Stirm und allen denen, die mir durch Rat beiseite gestanden haben.

So möge denn diese Schrift ihren Weg in der Praxis machen, begleitet von dem Wunsche der deutschen Textilindustrie zu dienen.

Aachen, Januar 1937.

Cl. Sustmann.

Inhaltsverzeichnis.

I. Grundlagen der Selbstkostenberechnung.

II. Die Selbstkostenberechnung.

I. Grundlagen der Selbstkostenberechnung.

1. Aufgaben der Selbstkostenberechnung.

Die wesentlichen Aufgaben der Selbstkostenberechnung sind von Schmalenbach[1] durch grundlegende Untersuchungen folgendermaßen umrissen worden:

1. Kontrolle der Betriebsgebarung,
2. die eigentliche Preiskalkulation,
   a) die Errechnung des erzielbaren Preises,
   b) die Preiskalkulation mit dem Ziel der günstigsten Beschäftigungsart,
   c) die Berechnung der Preisuntergrenze,
3. Nebenzwecke,
   a) die Berechnung von Betriebs- und Verrechnungspreisen,
   b) die Ermittlung von Inventurwerten,
   c) die Beurteilung konkurrierender Fabrikationsverfahren,
   d) die Feststellung von Entschädigungen bei Feuer und anderen Versicherungsfällen.

F. Schmidt[2] gibt dazu noch folgende Weiterungen:

1. Die Ermittlung der Kosten selbst als unentbehrliche Voraussetzung für die Erreichung der genannten Ziele,

2. die Ermittlung der Gewinnspanne zwischen Beschaffungs- und Absatzmarkt als Ausdruck der jeweiligen Gewinnhöhe.

Schmidt kennzeichnet die Aufgaben der Selbstkostenberechnung dahin: „Im Vordergrund der Kalkulationsaufgaben steht jedenfalls eine interne, die *Betriebskontrolle* und eine marktwirtschaftliche, die *Preisberechnung*".

Diese Zusammenstellung bedarf für die Textilindustrie, insbesondere in demjenigen Zweig, welcher qualitativ hochwertige Waren von sehr unterschiedlicher Bearbeitungsdauer und Arbeitsfolge herstellt, noch eine Ausweitung auf

1. die Abgrenzung der Schwankungen der Selbstkostensätze infolge der verschiedensten Betriebseinflüsse;

2. die Veränderung der Selbstkostensätze bei veränderten Betriebsbedingungen.

---

[1] Schmalenbach, E.: Grundlagen der Selbstkostenberechnung und Preispolitik. Leipzig: Gloeckner 1927.

[2] Schmidt, F.: Kalkulation und Preispolitik, S. 1477.

Das kalkulatorische Denken hat in erster Linie von dem Grundsatz auszugehen, *daß die Kalkulationssätze an bestimmte technische und fabrikatorische Verhältnisse gebunden sind und sich außerdem auch zeitlich wandeln.* Wir haben uns mit der Tatsache abzufinden, daß es keine Selbstkostensätze mit fester allgemeiner Geltung gibt. Das pulsierende Leben des Betriebes bringt für die Kalkulation dauernd Veränderungen mit sich, die durch eine laufende Kontrolle sorgfältig überwacht werden müssen. Infolgedessen kann eine Selbstkostenrechnung erst dann eine genügende Sicherheit bieten, wenn die Einzelkostenrechnung durch die Gesamtkostenrechnung ständig überprüft wird, d. h. *wenn die eigentliche Kostenrechnung der Arbeitsgänge und Erzeugnisse durch kurzfristige periodische Erfolgskontrollen einen geschlossenen Kreislauf bildet.*

Im Aufbau ist die Kalkulation so zu gestalten, daß sich der Selbstkostensatz sofort bei der Änderung einer Rechnungsgröße den veränderten Verhältnissen leicht anpassen läßt. Es ist nicht angängig, von an sich schon ungenauen Sätzen einfach geschätzte Abstriche vorzunehmen, in der Hoffnung, daß der Betrieb sie vertragen kann. Dies widerspricht dem Wesen einer genauen Selbstkostenrechnung, die durch die klare Kenntnis der Leistungsfähigkeit des Betriebes und seiner Kostenschwankungen gekennzeichnet ist und auf diese Weise eine eindeutige Regulierung der Sätze zur richtigen Zeit und in der richtigen Höhe ermöglicht.

Von diesem Gesichtspunkt aus gesehen, läßt sich die Aufgabe der Selbstkostenrechnung dahin erweiternd zusammenfassen, daß sie über die Ermittlung des Warenpreises hinaus in ebensolchem Maße dazu dient, betriebstechnische, verwaltungs- und verkaufstechnische Fehler aufzudecken, mithin dazu beiträgt, alle Hemmnisse festzustellen, die der Gewinnbringung entgegenstehen. Damit wird die Selbstkostenrechnung zu dem feinfühligsten Registrierinstrument des Betriebes und kann als ausschlaggebender Faktor bei Betriebsplanungen eingesetzt werden.

2. Technologischer Abriß der Verarbeitung der Wolle zu Geweben.

Wenn im Rahmen dieser Arbeit das Faserstoffgebiet der Wolle behandelt wird, so wird damit das Ziel der beispielhaften Darlegung des Kalkulationsproblems verfolgt. Die Grundsätze und Methodik der Selbstkostenberechnung lassen sich ebensogut sinngemäß auf andere Faserstoffgebiete übertragen.

Die Erörterung der Kostenrechnung umfaßt die größte vertikale Zusammenfassung der Produktionsstufen der Tuchindustrie mit den Betriebsgruppen Streichgarnspinnerei, Weberei, Veredelung und Färberei (Abb. 1). In den meisten Fällen ist das Ausgangsmaterial die gewaschene Schafwolle, die in den verschiedensten Qualitäten auf dem Markt gehandelt wird. Die einzelnen Qualitäten werden nie allein für sich, sondern immer in Mischungen von den verschiedensten Qualitäten verarbeitet, wobei sich die Zusammenstellung der Mischungspartien ganz nach dem Verwendungszweck der fertigen Ware richtet.

Spinnerei. Die für die Spinnpartie zusammengestellten Wollen werden durch Zusatz von Spinnschmelze (Olein) für den Vorspinn- und Spinnprozeß geschmeidig gemacht und auf dem Mischwolf gemischt. Hierauf werden die noch wirr durcheinanderliegenden Wollflocken auf dem Dreikrempelsatz zu Einzelfasern geöffnet, wobei gleichzeitig die groben Klettenteile und die sehr kurzen Fasern herausfallen. Die erste Passage des Dreikrempelsatzes (Reißkrempel) öffnet die Wolle und bildet ein Florband, welches in der zweiten Passage (Pelzkrempel) quer eingetafelt wird. Nach weiterer Egalisierung der Fasern in dieser Passage wird das Florband oder der Pelz an die dritte Passage (Vorspinnkrempel) weitergegeben. Die Verfeinerung der Kratzenbeschläge von Krempel zu Krempel legt die Fasern im Flor in eine möglichst parallele Lage und gestattet der dritten Passage die gleichmäßige Teilung des Florbandes durch schmale Riemchen. Diese geben die Florbändchen an ein Nitschelwerk ab, welches den losen Vorgarnfäden durch leichte Rundung einen Halt gibt. Die Fäden werden auf Holzwalzen aufgewickelt und bilden das Vorprodukt für die Spinnmaschinen.

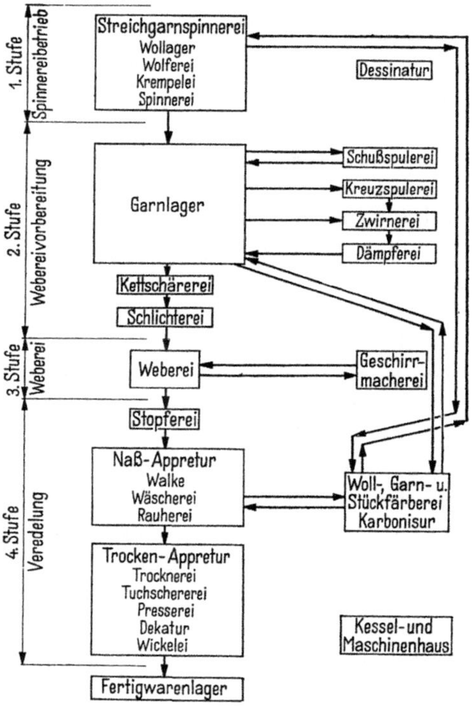

Abb. 1. Arbeitsfluß in der Volltuchfabrik.

Auf den Spinnmaschinen erhalten die Vorgarnfäden durch die Drehung der Spindel Drall und Festigkeit. Je nach dem Verwendungszweck werden die Garne zu den entsprechenden Nummern auf dem Dreikrempelsatz vorgesponnen und auf dem Selfaktor mit bestimmter Drehung und Drehrichtung ausgesponnen.

Webereivorbereitung und Weberei. Mit dem einfachen Gespinst ist ein Halbfabrikat für die eigentliche Tuchherstellung fertig. In vielen Fällen ist aber dieses Garn nur ein Zwischenprodukt der Garnherstellung. Ein Teil der Garne wird vor der Verarbeitung in der Weberei mit sich selbst oder mit anderen Garnen in der *Zwirnerei* erneut zusammengedreht, um bei dem neuen Faden eine größere Festigkeit oder ein bestimmtes Aussehen zu erhalten. Vor dem Zwirnen werden die Garne häufig, besonders bei Kammgarnen und größeren Partien, vorgefacht (doubliert), d. h. man spult sie in der *Kreuzspulerei* auf zylindrische Hülsen. Neben der Erhöhung der Wirtschaftlichkeit der Zwirnerei wird dadurch eine gute Gleichmäßigkeit des Zwirnes und eine Reinigung von dicken und losen Stellen der Spinnfäden erreicht. Nach dem Zwirnen werden die Garne kurze Zeit in geschlossenen Apparaten Dampfschwaden ausgesetzt, um ihnen das für die Weiterverarbeitung lästige Sprung- oder Kräuselungsvermögen zu nehmen.

Ein Teil der Streichgarne wird für die Uniwarenherstellung im rohweißen Zustand verwebt, ein anderer Teil wird für die Herstellung von gemusterten Waren aus gefärbten Wollen in bestimmter Zusammenstellung gesponnen und verwebt. Um eine bestimmte Farbe des Garnes zu erhalten, werden verschieden gefärbte Wollpartien in bestimmter Menge in die Mischung gegeben. Die prozentuale Menge der einzelnen Farbwollen richtet sich nach der gewünschten Mischungsfarbe und wird vor der Verarbeitung im Spinnereibetrieb durch Kratzen von kleinen Musterfilzen genau bestimmt. Die in der Tuchindustrie verwendeten Kammgarne werden entweder direkt von der Kammgarnspinnerei in einer bestimmten Farbe bezogen (im Kammzug gefärbte Garne) oder im eigenen Betrieb auf die gewünschte Farbe eingefärbt (garnfarbige Garne). Bei gezwirnten Garnen erfolgt dies meist im Strang, während, was häufiger vorkommt, die Kreuzspulerei einfache Garne vom rohweißen Reservelager auf zylindrische perforierte Hülsen spult und der Garnfärberei vorgibt.

Für die Verarbeitung der Garne zu Geweben sind drei Vorarbeiten notwendig, die Vorbereitung des Schusses, die Fertigstellung des Geschirres und die Vorbereitung der Kette. Eine besondere Vorbereitung des Schusses ist erforderlich, wenn der Raum zur Aufnahme der Schußspule in den Webschützen das Verweben von normalen Kettspulen nicht gestattet. Durch zweckmäßige Disposition der Garne auf Kett- und Schußhülsen in der Zwirnerei versucht man aber das Schußspulen weitgehendst zu umgehen. Bei fertig bezogenen größeren Spulen werden die Garne in der *Schußspulerei* auf kleinere Hülsen umgespult. In der *Kettschärerei* werden die Längsfäden der Ware, die Ketten, vorbereitet, indem eine bestimmte Anzahl Fäden in vorgeschriebener Reihenfolge und Länge parallel nebeneinander auf eine Trommel aufgewickelt werden. Die geschärte Kette wird dann in der *Schlichterei* durch eine Leimflüssigkeit hindurchgezogen, getrocknet und auf den Webstuhlkettbaum aufgebäumt. Bei besonders kräftigen und fest gedrehten Garnen fällt das Schlichten fort. Bei den meisten Garnen, insbesondere bei Kammgarnen, ist es jedoch für ein einwandfreies Verarbeiten der Fäden auf dem Webstuhl unbedingt erforderlich. Zur richtigen Übertragung der Bindung auf die Kettfäden wird in der *Geschirrmacherei* das Geschirr oder der Kamm hergestellt. Man zieht in die auf den Schäften aufgereihten Litzen in bestimmter Reihenfolge kurze Fadenenden ein, an welche später im Webstuhl die Kettfäden angeknotet oder angedreht werden.

Die im *Webstuhl* eingelegte Kette wird durch die von der Schaftmaschine arbeitende Bindungskarte Schuß für Schuß gehoben und gesenkt. In jedes neue Fach wird ein Schuß eingetragen und so die Rohware erzeugt. Die in der Tuchindustrie vorkommenden Webbreiten liegen ungefähr zwischen 170—230 cm und die Länge eines Stückes beträgt im Mittel 50 m (Grenzen 40—60 m).

Im weiteren Verlauf des Produktionsganges kommt die Ware in die Veredelungsabteilungen. Der Warenlauf hängt in diesen Abteilungen von dem Warencharakter und von der edlen Ausrüstung an sich ab. Je nach der Warengattung wird die Rohware in der *Walke* zu einem dichten geschlossenen Bild oder bis zur vollständigen Verfilzung gewalkt. Hierauf wird sie auf *Waschmaschinen* mehrere Stunden zur Entfernung aller Unreinigkeiten gewaschen und gespült. Waren mit Musterungseffekten werden auf der Walke nur eingeseift, um das Gewebe zu schließen und dann sofort gewaschen. Da jede Warengattung in den folgenden Abteilungen der Veredelung einen anderen Kreislauf hat und oft dieselbe Betriebsstelle nach der Bearbeitung in anderen Abteilungen wieder durchläuft, wäre es in diesem Zusammenhange zu weit ausgeholt, wollte man den Kreislauf der vielen Waren und Ausrüstungsarbeiten an dieser Stelle aufzählen. Hierüber gibt uns das einschlägige Fachschrifttum eingehend Auskunft. An dieser Stelle sei nur auf die Einzelvorgänge an sich eingegangen. Die mehrmalige Wiederkehr der Waren an derselben Betriebsstelle wird in der Selbstkostenberechnung, soweit sie dort von Bedeutung ist, genauer behandelt.

Nach der Reinigung erfolgt die *Trocknung* auf der Spann-, Rahm- und Trockenmaschine. Damit gelangt die Ware in die Trockenappretur, wo sie zur Vermeidung von Scherlöchern zunächst in der *Knoterei* von Fadenknoten befreit wird. Nach dem Abdämpfen zur Aufrichtung der Haare und zur Entfernung der Liegefalten wird die Ware auf die *Tuchschermaschinen* gebracht, wo die Haardecke durch rotierende Scherzylinder entweder gleichmäßig abgespitzt oder vollkommen klar ausgeschert wird.

Durch Pressen auf der *Zylinder- oder Spanpresse* erhält die Ware einen Glanzeffekt, der durch das nachfolgende Dekatieren in Nessel oder Filz auf der *Kessel- oder Finishdekatur* ganz oder teilweise fixiert wird. Nach nochmaligem Abdämpfen werden alle Waren in der *Fertigwarenschau* noch einmal nachgesehen, gewogen, gemessen und gewickelt und dann dem Verkaufs- bzw. Versandlager übergeben.

Waren mit stehender Haardecke und glatter Strichdecke werden im Laufe des Produktionsganges in der *Karden- oder Kratzenrauherei* bearbeitet. Die rohweißen Gewebe werden nach dem Färben meist *karbonisiert*, um die im Garn vorhandenen pflanzlichen Bestandteile zu entfernen. Die Klettenteile und Fremdfasern in gemusterten Waren werden in der *Plüsterei* mit einer Pinzette herausgenommen. Garnunregelmäßigkeiten, die sich durch Streifen in der fertigen Ware zeigen, werden durch Überpinseln mit unlöslicher Tusche ihrem Untergrund angepaßt, was man als *tuschieren*, tinktieren oder debarrieren bezeichnet.

Eine wesentliche Abteilung, die aber mit der Hauptfabrikation keinen unmittelbaren Zusammenhang hat, ist in Modewarenwerken die *Musterei*. Sie hat die Aufgabe für die jährlich wechselnde Sommer- und Wintermode neue Entwürfe zu schaffen und für die Hauptbeschäftigung der Werke zu sorgen. An Hand der Abb. 2, welche der Verfasser im Jahre 1929 in einer größeren Tuchfabrik mit 170 Stühlen aufgestellt hat, läßt sich der annähernde Verlauf der Jahresbeschäftigung in normalen Zeiten deutlich erkennen. Die halbjährlich wiederkehrende Zeit der Neumusterung zeichnet sich klar ab. In dieser Zeit, in der die Aufträge der Hauptsaison auslaufen, tritt eine stärkere Beschäftigung der Weberei mit Stapelwaren und mit Musterkupons ein.

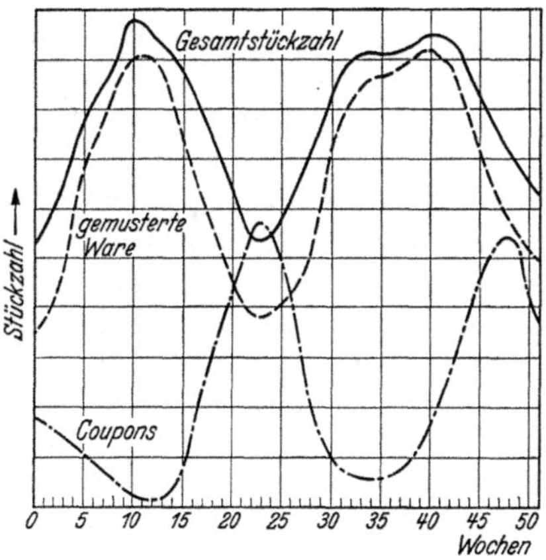

Abb. 2. Verlauf der Jahresbeschäftigung einer Tuchfabrik.

Jedes Werk, welches sich mit der Herstellung von Modewaren befaßt, führt nebenher auch gangbare Stapelwaren, die jederzeit Abnehmer finden. Diese Waren werden häufig auf Lager gearbeitet, während Modewaren nur auf Bestellung vorgegeben werden.

Ohne auf die einzelnen Warenbezeichnungen näher einzugehen, läßt Abb. 3 die Vielheit der Erzeugnisse erkennen.

Eine Trennung der Werke in die verschiedenen Kategorien der hergestellten Warengattungen ist nicht so einfach durchzuführen, da jedes Werk neben seinen Stammwaren eine Reihe von Spezialartikeln in seinem Fabrikationsprogramm führt. Sie lassen sich in groben Zügen unterscheiden in Fabrikationsbetriebe für Herrenware, in Betriebe für Damenware, in solche für einfarbige, in solche für gemusterte Ware und andere mehr. Es gibt nur wenige Werke, welche alle Warengattungen herstellen. Solche Werke haben zwar den Vorteil der leichteren Umstellung auf die günstigste Beschäftigungsart, aber den Nachteil der größeren Garnlagerhaltung und Fabrikationszersplitterung, die mit Risiken und höheren Einbußen an Restegarnen verbunden sind, was wiederum mit größeren Kapitalinvestierungen und Verlusten einhergeht. Außerdem bieten bei diesen Werken die vielen fabrikatorischen Fragen und die betriebswirtschaftlich verwickelten Verhältnisse im Zusammenhang mit dem Selbstkostenproblem oft erhebliche Schwierigkeiten.

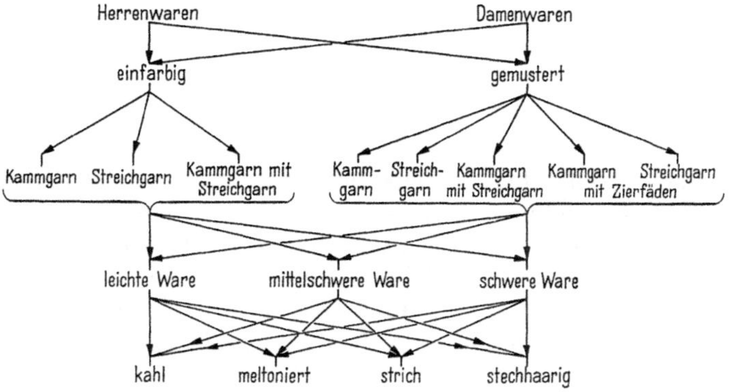

Abb. 3. Warenübersicht.

Bei den im Rahmen dieser Arbeit behandelten Betriebs- und Selbstkostenfragen setzt der Verfasser ein Werk voraus, welches sich mit der Herstellung fast aller Waren befaßt, um durch die Lösung der schwierigeren Fragen gleichzeitig alle anderen Werke mit spezialisierter Fabrikation mit zu erfassen. Auf Grund der technologischen Skizze bedarf es wohl keines besonderen Hinweises mehr, daß die ungeheuere Vielseitigkeit der Warenherstellung sich auf ein verfeinertes Rechnungswesen stützen muß, damit eine absolut gerechte Verteilung der Unkosten erfolgen kann und nicht eine Warengattung zum Nachteil der anderen zu hoch belastet wird.

3. Äußere Abgrenzung der Selbstkostenrechnung.

Mit der Aufgabe eines Industriebetriebes Rohstoffe einzukaufen, diese zu Halb- oder Fertigfabrikaten zu verarbeiten und zu verkaufen, ergibt sich zugleich die Gliederung der Selbstkostenrechnung in die *Einkaufs-, Herstellungs- und Verkaufskalkulation.*

Die Einkaufskalkulation hat den Zweck, festzustellen, zu welchem Preis das Rohmaterial — die Wolle oder das Garn — in die Garn- oder Warenberechnung eingesetzt werden soll. Aus den Börsennotierungen früherer Jahre geht hervor, daß die Wolle ein konjunkturempfindlicher Rohstoff ist. Die Frage des Einkaufs zur richtigen Zeit und in der richtigen Menge verlangt daher kaufmännischen Weitblick. Neben den

Einflüssen des Rohstoffmarktes hängt der Preis der Wollen und Garne von deren Qualität und den üblichen Handelsbräuchen in bezug auf die Größe der Aufträge und den Zahlungsabmachungen ab. Im einzelnen setzt er sich aus dem Lieferantenpreis, aus Fracht, Anfuhr, evtl. Zoll und den Versicherungskosten zusammen; die durch die längere Lagerung des Materials entstehenden Zinskosten berücksichtigt man später bei dem in der Verkaufskalkulation eingesetzten Zinssatz.

Die Herstellungskalkulation hat alle Kosten zu verrechnen, die bei der Fabrikation des Produktes entstehen. Sie läßt sich auf die an sich einfach erscheinende Form bringen:

Rohmaterialkosten + Lohnkosten + Betriebsunkosten = Herstellungskosten.

So klar diese Darstellung zunächst erscheint, birgt sie doch eine Fülle von Problemen in sich. Ein Teil der Kosten, die Rohmaterialkosten und die Akkordlohnkosten, lassen sich unmittelbar am Erzeugnis berechnen; ein anderer Teil dagegen, die Hilfslohnkosten und die sonstigen Betriebsunkosten, bieten die eigentliche Problematik der Selbstkostenrechnung. In der Tuchindustrie, in der die Aufträge verschiedener Art und Größe gleichzeitig nebeneinander die vielen Arbeitsprozesse durchlaufen, ist diese Frage von besonderer Bedeutung. Hier sind nicht nur möglichst genaue Verteilungsschlüssel zu ermitteln, sondern auch alle fabrikatorischen und betriebswirtschaftlichen Verhältnisse kalkulatorisch zu untersuchen. Der Kern des Betriebsselbstkostenproblems ist ganz allgemein durch die Frage gekennzeichnet: *Wie werden die Kosten der Erzeugung auf die verschiedenen Fabrikate gerecht verteilt, damit die Existenz des Unternehmens jederzeit gesichert ist?* Nur in dem Fall ist eine Selbstkostenrechnung als richtig anzuerkennen, wenn sie den Nachweis liefert, daß mit dem geringsten Aufwand auf die Dauer der höchste Nutzen erzielt wird.

Die Verkaufskalkulation verrechnet alle beim Verkauf der Waren entstehenden Unkosten und den Gewinn. Es handelt sich hierbei um prozentuale Aufschläge auf den Herstellungspreis, mit welchem die Ware vom Betrieb an den Verkauf abgegeben wird. Die Zuschläge sind für die verschiedenen Warengattungen leicht zu gliedern, da es einheitliche Kosten sind und hierbei weniger als bei der Herstellungskalkulation die Gefahr besteht, einzelne Waren auf Kosten der anderen zu verteuern. Außerdem ist, abgesehen von dem an sich geringeren Anteil der Verkaufskosten im Vergleich zu den Rohmaterial- und Herstellungskosten und der Gleichartigkeit der Kosten bei vielen Warengattungen, die Berechnung der Verkaufskosten viel einfacher, denn die Zuschläge werden auf einer einheitlichen Basis, und zwar dem Herstellungsselbstkostenpreis vorgenommen.

4. Kostengliederung der Fabrikation.

Während sich die Buchführung darauf beschränkt, die Kostenarten zusammenzustellen und zu verrechnen, geht die Selbstkostenberechnung auf den Fabrikationsprozeß selbst ein und gliedert die *Kostenarten* nach *Kostenstellen* (Spinnerei, Zwirnerei, Färberei usw.) und nach Fabrikaten. Das Hilfsmittel der unterteilten Kostenerfassung zum Zwecke der Selbstkostenberechnung ist die Betriebsbuchführung, deren Angaben noch durch direkte Messungen, auf die später zurückzukommen ist, ergänzt werden. Man gliedert die Kosten in *anrechenbare*, d. h. diejenigen, die ein unmittelbares Verhältnis zur Produktionseinheit besitzen, wie Garnwert, Weblohn, sonstige Akkordlöhne und gewisse Hilfsmaterialien und in *nicht anrechenbare* oder „Gemeinkosten", welche nur mittelbar auf die Halbfabrikate durch möglichst genaue Verteilungsschlüssel umzulegen sind, wie Kraft, Dampf, Reparaturen, Abschreibungen und Verzinsungen u. a. m.

Im besonderen werden die Kosten gegliedert in:

1. Rohmaterialkosten. Sie bestehen aus dem Woll- oder Garnverbrauch und den Abfällen. Sie sind direkt auf das Fabrikat anrechenbar und lassen sich leicht auf eine bestimmte Warenlänge, auf 50 oder 100 m, berechnen. Im Kalkulationsschema (Abb. 56) werden die Garnmengen einzeln nach Garnarten aufgeführt und durch einen der Garnart entsprechenden Verlustprozentsatz für Abfälle (s. später) erhöht. Mit dem Garnpreis multipliziert, ergeben sich die Rohmaterialkosten. Nicht berücksichtigt sind hierbei die Materialkosten für die Musterei, die für sich behandelt werden müssen und später zur Feststellung des Prozentsatzes für die Musterspesen dienen.

2. Lohnkosten. Die Akkordlohnkosten sind direkt auf die Zwischenprodukte anrechenbar. Die Zeitlohnkosten, d. h. die Löhne des Hilfspersonals und der Aufsicht müssen nach Verteilungsschlüsseln umgelegt werden; man verteilt sie gewöhnlich nach den direkten Lohnkosten der Fabrikate von dem Gesichtspunkt ausgehend, daß größere direkte Lohnkosten auch mit höheren Hilfslohnkosten verbunden sind. Bei den Lohnkosten sind gleichzeitig die sozialen Lasten, die Feriengelder und Überstundenzuschläge durch einen bestimmten Hundertsatz zu berücksichtigen.

3. Gehälter. Wenn die Ausgaben für Gehälter nur für eine Abteilung in Frage kommen, z. B. für die Spinnerei oder Färberei, so werden sie nur diesen Abteilungen berechnet. Kommen sie für verschiedene Abteilungen in Frage, z. B. die des Weberei- und Dispositionsbüros, so kann man damit die einzelnen Webereiabteilungen belasten; in den meisten Fällen rechnet man sie in den prozentualen Aufschlag auf die Weblohnkosten, da alle Warengattungen die größeren Abteilungen der Vorbereitung und die Weberei selbst durchlaufen müssen und durch die Akkordlohnarbeit der

Weberei die richtige Verteilung auf das Erzeugnis finden. Schwieriger ist dies in der Appretur bei der Verarbeitung der verschiedensten Warengattungen mit unterschiedlicher Fabrikationsdauer und Behandlung. Hier hilft man sich, indem man eine kritische Abteilung feststellt, die alle Warengattungen zu durchlaufen haben und die zu den verschiedensten Arbeitsgängen der Warengattungen in einem gewissen Verhältnis steht. Dazu eignet sich am besten die Tuchschererei, die im Verhältnis 4 bzw. 5 zu den übrigen Arbeitsgängen steht, d.h., daß auf einen Durchlauf durch die Tuchschererei 4—5 Arbeitsgänge in den übrigen Abteilungen der Appretur kommen. Wenn die Warengattungen ihren Kreislauf mehrmals durch die Tuchschererei nehmen, werden sie auch annähernd richtig belastet. Zur Verfeinerung der Kostenverteilung trägt noch die Berechnung auf die Schnittzahl bei. Die Gehälter und sozialen Lasten der technischen Leitung lassen sich auf die Abteilungsgruppen Spinnerei, Weberei usw. nach den Lohnkosten umlegen.

4. Kosten an Hilfsmaterial. Die in den einzelnen Betriebsabteilungen auftretenden Hilfsmaterialkosten lassen sich z. T. direkt auf die Erzeugnisse berechnen, z. B. Farbstoffe, Olein, Seife u. a. m. Ein anderer Teil muß durch Verteilungsschlüssel umgelegt werden. Aufschluß über diese Kosten gibt uns die Materialbuchführung. Im einzelnen sind zu verrechnen:

in der Spinnerei: Olein, Seile, Spindelschnüre, Schmieröle;
in der Zwirnerei: Ringfette, Spindelschnüre, Läufer, Schmieröle;
in der Schlichterei: Kartoffelmehl, Aufschließungsmittel, Filze;
in der Weberei: Riete, Picker, Schützen, Litzen, Kartenmaterial, Schläger, Schmiermittel, Glättmittel usw.;
in der Wäsche und Walke: Seife, Soda, Salmiak, Fettlöser, Erden;
in der Rauherei: Karden;
in der Karbonisur: Schwefelsäure, Netzmittel, Wasserglas;
in der Färberei: Farbstoffe, Säuren, Netzmittel usw.;
im Kesselhaus: Kohle;
im Maschinenhaus: Schmieröle, Riemen, Packungsmaterial usw.

5. Kosten an Wasser. Die aus dem Wasserbezug sich ergebenden Kosten, einschließlich der Kosten für Reparaturen, Reinigung der Kiesfilter, Wasserenthärtung usw. werden auf das Kesselhaus, die Färberei und die Wäsche ihrem Verbrauch entsprechend umgelegt. Die Messung des Wasserverbrauchs geschieht entweder durch die in den Hauptzuleitungen eingebauten Zähler oder durch die nach Produktionseinheiten ermittelten Angaben.

6. Kosten der Dampferzeugung. Die Kosten der Dampferzeugung werden zunächst pro Tonne Dampf aus den Unkosten des Kesselhauses festgestellt. Den Gesamtdampfverbrauch teilt man ein in Arbeitsdampf und Heizdampf zur Raumbeheizung. Der Heizdampf läßt sich mit genügender Genauigkeit aus der größeren Dampferzeugung in mehreren Wintern feststellen und nach Kubikmeter der beheizten Räume (oder bei gleicher Raumhöhe nach Quadratmeter Bodenfläche) auf die Betriebe umlegen. Der Mittelwert wird dann auf alle Arbeitswochen des Jahres gleichmäßig verteilt. Der Betriebsdampfverbrauch der Produktionsmaschinen läßt sich durch mehrmalige ganztägige Kondensatmessungsversuche hinreichend genau ermitteln und auf die Produktionseinheit umrechnen. Nach eigenen Messungen und Angaben der Literatur kann man ungefähr mit folgenden Dampfverbrauchen rechnen:

Tabelle 1. Dampfverbrauch.

Maschine	Dampfverbrauch
Schlichtmaschine	1,8—3,5 kg Dampf/kg Kette
Tuchtrockenmaschine	1,8—2,5 kg Dampf/kg Ware mit 60% des Warengewichtes an Feuchtigkeit
Karbonisur	ca. 2,5 kg Dampf/kg Ware
Zylinderpresse	ca. 20—30 kg pro Stunde
Finishdekatur	ca. 30 kg Dampf pro Stunde
Kesseldekatur	ca. 30 kg Dampf pro Stunde
Bügelpresse	ca. 10—20 kg Dampf pro Stunde
Dämpf- und Bürstmaschine	ca. 50 kg Dampf pro Stunde
Koch- und Plättmaschine	ca. 40—50 kg Dampf pro Stunde
Wolltrockenmaschine	3,3—7,6 kg Dampf/kg Material mit ca. 60% Feuchtigkeit
Offene Färbekufen[1]:	
Ankochen	400—450 kg Dampf/m³ Farbflotte und Stunde
Fertigkochen	200—300 kg Dampf m³ Farbflotte und Stunde

Diese Angaben verändern sich mit den jeweils angewendeten Dampfdrücken und sind daher nur orientierend zu werten. Um für den eigenen Betrieb genaue Werte zu erhalten, kann man die offenen Dampfverbraucher durch Dampfmesser kontrollieren lassen und die ermittelten Werte zur Produktion in Beziehung setzen.

7. Kosten an Strom. *a) Die Kraftkosten* lassen sich annähernd an Hand der eingebauten Kilowatt unter Berücksichtigung der durchschnittlichen Laufdauer berechnen. In manchen Betrieben hat jede Abteilung Kilowattzähler, die natürlich die genaueste Feststellung gestatten. Nachfolgend ist eine Zusammenstellung der in Tuchfabriken üblichen Motorstärken für Einzelantriebe der Arbeitsmaschinen wiedergegeben (siehe Tab. 2).

Rechnerisch lassen sich die wöchentlichen Kraftkosten angenähert mit den angegebenen Leistungen der Motore unter Berücksichtigung des Motorwirkungsgrades von ca. 85%, der durchschnittlichen Laufdauer in

[1] AEG., Elektr. i. d. Textilindustrie.

Tabelle 2. Kraftbedarf.

Abteilung	Maschinenart	Motorleistung in PS
Streichgarnspinnerei:	Klopfwolf	1,5—2
	Mischwolf	3—4
	Dreikrempelsatz	16
	Selfaktor für 65—70 Spindeln	1
	Fadenreißer	4,4
	Musterkrempel	0,8
	Schleifmaschine	1
Garnvorbereitung:	Schußspulmaschine f. 40—50 Spindeln	1
	Kreuzspulmaschine f. 40—50 Spindeln	1
	Zwirnmaschine für 40—50 Spindeln	1
	Effektzwirnmaschine für 40 Spindeln	1
Webereivorbereitung:	Konusschermaschine	1,4
	Schlichtmaschine Antrieb	2,2
	Ventilator	1
Weberei:	Schaftwebstuhl, Kurbel-Buckskin	1
	Jacquardstuhl	1,5
Naßappretur:	Walke, je nach Warengattung	3—10
	Strangwaschmaschine	2,5—5
	Breitwaschmaschine	3—5
	Doppelkardenrauhmaschine	5—6
	Abstreichmaschine	1,5—2
	Kochmaschine	0,5—1
	Erdmühle	0,5
	Kardenfegmaschine	0,5
	Zentrifuge	3—5
Trockenappretur:	Spann-, Rahm- und Trockenmasch.	3—4
	Ventilator	8—15
	Dämpf- und Bürstmaschine	1
	Tuchschermaschine	1,5
	Muldenpresse	2—4
	Bügelpresse	2
	Spanpresse	1,5
	Finishdekatur	2
	Wickelbock für Kesseldekatur	1
	Kratzenrauhmaschine	5—7
	Wickelmaschine für Fertigwaren	1
Karbonisur und Färberei:	Karbonisiermaschine, Antrieb	3—5
	Ventilator/Kammer	3
	Spülmaschine	2,5—4
	Kreuzspulfärbeapparat, 50 kg	4
	Kreuzspulfärbeapparat, 100 kg	6—7
	Woll- und Stranggarnapparat, 50 kg	3
	Stückfärbeapparat, 5—6 Stücke	3—5
	Stückfärbeapparat, 3—4 Stücke	2—4

Prozent der Gesamtzeit und des Strompreises pro Kilowattstunde nach der Formel feststellen:

$$\text{Stromkosten/Woche} = \frac{\text{Motorstärke} \cdot 0{,}736 \cdot \text{Laufdauer } (\%) \cdot \text{Wochenstunden}}{\text{Motorwirkungsgrad}}$$

(0,736 = Umrechnung von PS in kW).

Wird der ganze Betrieb durch Transmissionen von der Dampfmaschine angetrieben oder hängt ein Teil des Betriebes an der Transmission und wird der andere durch elektrische Einzelantriebe oder Gruppenantriebe betrieben, so läßt sich an Hand der Angaben zunächst eine Aufteilung der Kraftenergien für die einzelnen Abteilungen vornehmen und in Prozent der Gesamtkraftabgabe ausdrücken. Mit Hilfe von durchschnittlicher Laufdauer, Dampfverbrauch der Maschine und Dampfpreis lassen sich die Kraftkosten pro Tag, Woche oder Monat berechnen. Die weitere Aufteilung der Kraftkosten auf die Halbfabrikate ist Aufgabe der später folgenden Einzelkostenrechnung.

b) Die Beleuchtungskosten sind von der Anzahl der Lampen, ihren Wattstärken, der durchschnittlichen Beleuchtungsdauer und den Stromkosten abhängig. Man trennt die Wattstärken nach Abteilungen und rechnet die annähernden Jahreskosten unter Zugrundelegung einer mittleren Beleuchtungszeit von 4—5 Monaten und 3—4stündiger Beleuchtungsdauer am Tag aus. Diese Kosten werden dann auf den Kalkulationsabschnitt — Tag, Woche, Monat — gleichmäßig verteilt. Über die mittlere Beleuchtungsstärke macht die AEG. (Elektrizität in der Textilindustrie 1929) folgende Angaben:

Tabelle 3. Mittlere Beleuchtungsstärken.

Beleuchtung für	Mittlere Beleuchtungsstärke in Lux etwa
Lagerräume, Notbeleuchtung usw.	10— 20
Spinnereivorbereitung	15— 40
Spinnsäle, Spulereien u. dgl. . .	40— 90
Webereivorbereitung	35— 60
Schaftweberei	50—100
Jacquardweberei.	80—120
Veredelung	35— 60

8. Abschreibung und Verzinsung des Maschinenparks und Zubehör. Infolge des Gebrauchs der Maschinen und Anlagen tritt ein Verschleiß und damit eine Wertminderung ein. In manchen Fällen entsteht sie auch durch neue Erfindungen. Der häufigste Anlaß der Abschreibung ist jedoch die Abnutzung. Mit der Abschreibung soll das festgelegte Kapital in einem bestimmten Zeitraum wiedergewonnen werden, damit der Betrieb der technischen Entwicklung und Vervollkommnung folgen und sich neue Maschinen und Einrichtungen erwerben kann.

Bei der Festlegung der Abschreibung geht man im allgemeinen von der Lebensdauer der Maschinen aus. Die Höhe der kalkulatorisch zu berücksichtigenden Abschreibung ergibt sich durch die Höhe des Kalkulationssatzes von selbst, da die Betriebe aus Gründen des Wettbewerbs ohnehin gezwungen sind, so niedrig wie möglich zu kalkulieren. Die an dieser Stelle wiedergegebenen Abschreibungssätze sind nicht verbindlich, sondern nur Anhaltspunkte. Maßgebend sind die von den Finanzbezirken herausgegebenen Richtlinien (s. Tab. 4).

Die aus den Abschreibungen entstehenden Kosten werden bei der Ermittlung der Kalkulationssätze jeweils gesondert für die Abteilungen berechnet. Man geht hierbei meist von dem Anschaffungspreis aus. Für die Methodik der Abschreibung in der Selbstkostenrechnung gilt das allgemeine Streben, sie dadurch zu stabilisieren, daß man auf die Lebensdauer gleichmäßig abschreibt. Ist z. B. der Abschreibungssatz 5% eines Maschinenwertes von 2000 RM, so beträgt die jährlich in der Kalkulation zu berücksichtigende Summe 20 Jahre lang 100 RM. Zur Verteilung der Kosten auf die Woche nehmen wir 50 Betriebswochen an, so daß sich die wöchentlichen Kosten von 2 RM ergeben.

Tabelle 4. Abschreibungssätze und -jahre.

Bezeichnung des Anlagegegenstandes	Abschreibungs-	
	jahre	prozentsätze
Massive Gebäude	33	3,0
Dampfkraftanlagen	15	6,6
Elektrische Kraftanlagen	15	6,6
Transmissionen	15	6,6
Heizungsanlagen	20	5
Beleuchtungsanlagen	5	20
Telephonanlagen	8	12,5
Spinnereimaschinen	15	6,6
Webereimaschinen	15	6,6
Naßappreturmaschinen	8	12,5
Trockenappreturmaschinen	15	6,6
Färbereimaschinen	8	12,5
Möbel und sonstige Einrichtungen	20	5
Werkzeuge	3	33,3

Die Verzinsung des Anlagekapitals gehört, obwohl sie vielfach unter Generalunkosten verrechnet wird, in die Herstellungskostenberechnung, denn auch sie muß bei einer gerechten Verteilung genau so wie die Abschreibung von dem Produkt entsprechend der Inanspruchnahme der Maschine oder Anlage getragen werden. Die Materialzinsen und Lohnzinsen sind unter Zinsen gesondert zu behandeln.

9. Reparaturen und Instandhaltungskosten. Die Verrechnung der Reparatur- und Instandhaltungskosten würde in der Kalkulation erhebliche Schwierigkeiten bereiten, wenn man die nach gewissen Zeiten angesammelten Kosten in die Selbstkostenberechnung verrechnen wollte. Da sie sich sprunghaft ändern können und daher die Kalkulation in einen dauernd labilen Zustand hineinbringen, ist es zweckmäßig, so vorzugehen, daß nach den vorliegenden Erfahrungen die möglichen Kosten für die Zeitdauer der Abschreibung ermittelt und auf die Abschreibungsjahre gleichmäßig verteilt werden. Die gesamten Kosten dieser Art kann man dann in Prozent des Neuwertes oder der jährlichen Abschreibungssumme angeben und für die Kalkulation verwenden. Diese Vorbelastung der Maschine oder Anlage, denn eine neue Maschine ist in den ersten Jahren bedeutend weniger reparaturbedürftig als nach längerem Gebrauch, soll eine Veränderung der Kostensätze durch diese Kostenart auf möglichst lange Sicht ausschalten.

10. Allgemeine Betriebsunkosten. Unter diesen Kosten fassen wir die Lohnkosten für den Fabriksordnungsdienst, die Kosten für Fabrikwohlfahrt und sonstige kleinere Unkosten des Betriebes zusammen und verteilen sie auf die Betriebsgruppen Spinnerei, Weberei usw. entsprechend den Lohnkosten dieser Betriebe. Die Kosten des Fuhrparks sind nach einer durchschnittlichen Inanspruchnahme auf das Kesselhaus, den Versand und die Weberei umzulegen.

Schlußbemerkung. Nach der Trennung der Kosten auf die Kostenstellen besteht die weitere Aufgabe darin, sie richtig den einzelnen Fabrikaten zuzuteilen. Bei der Verrechnung der Kosten von den Kostenstellen auf die Halbfabrikate müssen wir uns von eingehend geprüften fabrikatorischen Gesichtspunkten leiten lassen, was die Aufgabe der folgenden Kapitel sein soll.

5. Methoden der Kalkulation.

Nach der Gliederung der Kosten und ihrer Aufteilung auf die Kostenstellen stehen wir vor dem eigentlichen Problem der Kostenverrechnung auf die Fabrikate. Wir unterscheiden dabei:

a) Die direkte Verrechnung der Kosten. Wie bereits erwähnt, lassen sich die Rohmaterialkosten, die Akkordlohnkosten und ein Teil der Hilfsmaterialkosten direkt auf das Halbfabrikat anrechnen. Die Unterlage hierzu bilden die Fabrikationsvorschriften in der Form von Schärbriefen usw. und die Rezepturen bei bestimmten Arbeitsgängen. Die Berechnung als solche ist ein reines Rechenexempel, ist in keiner Weise schwierig und bedarf daher auch keiner näheren Erläuterung. (Vgl. Kalkulationsschema, Färbereikalkulation u. a.)

Die Verrechnung der „nicht anrechenbaren“ oder „indirekten“ oder „Gemeinkosten“ wird nach folgenden Methoden durchgeführt:

b) Die Verrechnung durch Divisionskalkulation. Wird in einem Betrieb nur ein gleichartiges Fabrikat hergestellt, so ist die Divisionskalkulation die gegebene Kostenrechnung. Auch bei der Kalkulation einzelner Arbeitsgänge mit einfachen fabrikatorischen Vorgängen ist diese Methode durchaus brauchbar. Man denke hierbei an die Schlichterei, die Karbonisur, die Presserei u. a. m. Die Rechnungsmethode besteht darin, aus der Summe aller Kosten (Arbeitskosten, Hilfsmittel- und Maschinenkosten usw.) durch die Leistung den Kalkulationssatz zu ermitteln.

$$\text{Kalkulationssatz} = \frac{\text{Gesamtkosten}}{\text{Leistung}} \text{ in Pfg./Einheit (kg, Stück, m).}$$

c) Die Verrechnung durch Zuschlagskalkulation. Diese Kalkulationsmethode wird dort angewendet, wo die verschiedensten Fabrikate gleichzeitig hergestellt werden und eine direkte Zuteilung der Kosten nicht möglich ist. Die nicht anzurechnenden Kosten werden in einem Prozentsatz auf die Materialkosten, auf die Akkordkosten oder auf sonstige Einheiten ermittelt und verrechnet. Das in der Tuchindustrie am häufigsten verwendete Verfahren ist die Zuschlagsrechnung auf den direkten Lohn, und zwar auf den Webakkordlohn. Hierbei geht man von dem Grundsatz aus, daß die höheren direkten Lohnkosten auch allgemein von einer längeren Inanspruchnahme der Maschinen, von höheren Kosten an Hilfslöhnen, an Hilfsmaterial, Kraft usw. begleitet sind. Dies braucht aber nicht immer der Fall zu sein. Der prozentuale Zuschlag ergibt sich aus der Formel:

$$\text{Prozentualer Zuschlag} = \frac{\text{Summe der Nebenkosten}}{\text{Summe der Akkordkosten}} \cdot 100\,\%.$$

d) Die Verrechnung durch Platzkosten. Bei dieser Verrechnung werden die Kosten für den Arbeitsplatz und die Maschine und weiter für die Arbeitsminute oder Arbeitsstunde ermittelt. Es ergeben sich hierfür die Begriffe: Spindelstunde, Zwirnstunde, Walkstunde u. a. m. Dieses Rechnungsverfahren führt zur exakteren Selbstkostenberechnung, da es die Halbfabrikate in den Zwischenarbeitsstufen mit den Betriebskosten entsprechend der tatsächlichen Arbeitszeit belastet.

Platzkosten = Kosten pro Maschine und Stunde (bzw. Minute).

Welche Kostenverrechnung läßt sich zur Ermittlung der Kalkulationssätze in der Textilindustrie verwenden?

In der Tuchindustrie — darüber wollen wir uns nichts vormachen — wird der Warenpreis meist nach Erfahrungssätzen kalkuliert, die sich mit der Zeit herausgebildet haben und die mehr oder weniger auf den jährlichen Auszügen der Buchhaltung basieren. Diese Kostensätze lassen jedoch keine klare Beurteilung der einzelnen Kostenanteile und ihres Einflusses bei Veränderungen einer Kostenart bei den verschiedensten Halbfabrikaten (Garn, Kette, Stück) zu. Außerdem stützt man sich gern auf die Kostensätze der Lohnanstalten und der Konkurrenz, die man zufällig erfahren hat und gibt sich der Hoffnung hin, daß jene Sätze auch für den eigenen Betrieb volle Gültigkeit haben. In den seltensten Fällen trifft dies zu, denn es widerspricht einer der grundsätzlichsten Erkenntnisse der Kalkulation, nämlich, *daß die Kalkulationssätze von den internen und internsten betrieblichen Verhältnissen abhängen. Die wichtigsten dieser Betriebsverhältnisse sind, wie gewirtschaftet wird, nach welchen Methoden man arbeitet, welche Leistungen erzielt werden, an welcher Stelle gespart wird u. a. m. Gerade in diesen Dingen zeigt sich ja die Kunst des*

Betriebsleiters „ökonomisch" zu arbeiten, d.h. mit dem geringsten Aufwand die höchste Leistung in qualitativer und quantitativer Hinsicht zu erzielen. Die z.T. recht oberflächlich gehandhabte Rechnungsweise kann niemals klar erkennen lassen, an welcher Stelle des Betriebes Material vergeudet wird, wo die Leistung anormal niedrig ist, wo die Gemeinkosten zu hoch sind. Es gibt Betriebe, die *rechnen*, aber sie kalkulieren nicht. Damit lassen sie die beste Kontrolle ihres Betriebes, das feinfühligste Meßinstrument, unbenutzt.

Bei der Durchführung der vorliegenden Arbeit macht der Verfasser von allen Kalkulationsmethoden Gebrauch und wendet sie so an, wie sie der Eigentümlichkeit des jeweiligen Arbeitsganges und den rein fachlichen Rechnungsgrößen entsprechen. Nach der bisherigen Darlegung lassen sich die Richtlinien für den Aufbau der Kalkulation folgendermaßen zusammenfassen:

1. Feststellung der Kostenarten, 2. Verteilung der Kosten auf die Kostenstellen, 3. Verteilung der Kosten von den Kostenstellen auf die Erzeugnisse, 4. Wiedervereinigen der Kostensätze der einzelnen Erzeugnisse und Kostenstellen zu Kostensätzen von Abteilungsgruppen.

Methodisch bietet die Durchführung von 1., 2. und 4. keine Schwierigkeiten. Das eigentliche Problem bietet, wie aus den früheren Darlegungen schon hervorgegangen ist, der Punkt 3. Die Lösung dieser Aufgabe — Verteilung der Kosten von den Kostenstellen auf die Erzeugnisse — erleichtern wir uns, *wenn wir von der Vorstellung ausgehen, daß in den einzelnen Betriebsabteilungen nur ein einziges Halbfabrikat (Garn oder Ware) eine bestimmte Zeit (Tage, Woche oder Monat) hergestellt wird und uns überlegen, welche Kosten bei dieser Fabrikation entstehen und welche Leistung erzielt werden kann.* Die Wochenbasis ist in unserem Falle am vorteilhaftesten, da sich viele Umrechnungen ersparen lassen, und wir in einer geläufigeren Bewertung von Produktionsziffern und sonstigen Betriebsvergleichszahlen bleiben. Auf diese Weise kommen wir in den meisten Fällen mit der Divisionskalkulation, in schwierigeren Fällen mit einer *differentiierten Divisionskalkulation*, wie man sie nennen kann, aus. Dividieren wir die wöchentlichen Kosten durch die bei den einzelnen Garnen erzielbare Produktion, so kommen wir zwangsläufig zu exakt gestaffelten Kalkulationssätzen. Nach diesem Verfahren lassen sich viele nach fabrikatorischen Gesichtspunkten zu ermittelnde Verteilungsschlüssel umgehen.

6. Hilfsmittel der Kalkulation.

Zum Aufbau einer exakten Kalkulation müssen laufende statistische Aufstellungen und Messungen herangezogen werden. Hierunter fallen die Betriebsstatistik, die Zeitstudien und die vielseitigen Messungen von Produktionsgeschwindigkeiten, Verbrauch an Kraft, Dampf usw.

a) Unterlagen durch reines Fachrechnen. Diese Frage braucht an dieser Stelle nur kurz gestreift zu werden, denn sie gehört zum Rüstzeug eines jeden Fachmannes. Was aus dem eigentlichen Fachrechnen für die Kalkulation von Bedeutung ist, wird bei der Herstellungskostenberechnung selbst behandelt. Die an jener Stelle behandelten Zwirn-, Kett- und Schußberechnungen bedürfen keiner vorgreifenden Erläuterung.

b) Unterlagen durch die Betriebsstatistik. Die Betriebsstatistik ist ein Hilfsmittel der Betriebsleitung, einzelne Betriebsvorgänge laufend zu beobachten und daraus Schlüsse für die Weiterentwicklung des Betriebes zu ziehen. Obwohl überall Statistik betrieben wird, denn jede wiederkehrende Zahlenaufstellung ist eine solche, wird das Wort selbst nur ungern ausgesprochen. Wahrscheinlich, weil früher ein zu großer Mißbrauch mit ihr betrieben wurde. Grundsätzlich läßt sich aber sagen, allem zum Trotz, daß eine zweckmäßig aufgebaute Betriebsstatistik mit großen Vorteilen für jedes Werk verbunden ist, da sie die Klärung mancher bisher im Werk unbekannter oder nur gefühlsmäßig erkannter Verhältnisse herbeiführt und den betriebsplanenden Entschlüssen eine erhebliche Sicherheit verleiht.

Es hat aber, wie es in Einzelfällen vorkommt, keinen Sinn, die Statistik zum Selbstzweck werden zu lassen. Bei der Aufstellung derartiger laufender Betriebsbeobachtungen ist immer die Zweckmäßigkeit und der für die Durcharbeitung erforderliche Arbeitsaufwand zu berücksichtigen. Die praktische Betriebsführung verlangt hier die Beschränkung auf das wirklich Nutzbringende.

Die Statistik läßt sich zahlenmäßig und graphisch in einem Koordinatensystem (Diagramm, Schaubild) darstellen. Findet man hier und da in der Tuchindustrie statistische Aufzeichnungen, so sind sie meist in Form von Zahlenreihen zusammengestellt. Diese Darstellungsart ist aber wenig glücklich, da sie nicht sinnfällig genug wirkt. Eine Statistik in Zahlenreihen ist nicht nur sehr ermüdend, sondern es fehlt ihr auch das augenfällige Bild des kurvenförmigen Verlaufes, aus welchem alle Unregelmäßigkeiten sofort ersichtlich sind und zu einem sofortigen Eingriff in den Betrieb an der gefährdeten Stelle veranlassen.

Die Statistik befaßt sich mit vergleichenden und zusammenfassenden, oft wiederkehrenden Darstellungen der verschiedensten Betriebsvorgänge. Sie soll nicht nur die Entwicklungstendenz in diesen oder jenen Betriebsabteilungen oder Verkaufsvorfälle klären, sondern mit dazu beitragen, die Zusammenhänge für die Selbstkostenrechnung aufzudecken und die Kalkulation zu steuern. *Sie ist ein unmittelbar leitendes Organ der Betriebsführung, man kann sagen, sie ist die Analyse des Betriebes.* Wenn die Statistik uns von Zeit zu Zeit in diesem oder jenem Betriebszweig Fehlerquellen aufdeckt, so hat sie durch ihre unpersönliche Kritik vollkommen ihren Zweck erfüllt.

Es lassen sich demnach zwei Aufgaben der Betriebsstatistik herausstellen:

1. die laufende Überwachung des Betriebes in bezug auf Kosten und Mengen, 2. die ständige Überwachung und Regulierung der Selbstkostensätze.

Man unterscheidet hauptsächlich zwei Gruppen von Statistiken:

1. die Kostenstatistik, 2. die Mengen- oder Produktionsstatistik.

Unter die Kostenstatistik fallen die Aufzeichnungen über Lohnkosten, Rohmaterialwerte, Fertigwarenwerte, Debitoren, Umsätze u. a. m. Die Mengen- oder Produktionsstatistik enthält Aufzeichnungen über Wollmengen, Garnmengen, Erzeugung an Meter Rohware, geleistete Schußzahlen, Anzahl der an das Fertigwarenlager abgelieferten Stücke bzw. Meter, Anzahl der verkauften Stücke bzw. Meter, Lagerbestand, Wirkungsgrade aller Art u. a. m.

Die Statistik läßt sich für eingehendere Untersuchungen täglich, für normale Zwecke wöchentlich und monatlich durchführen. Die jährlichen Aufstellungen sind für die interne Betriebskontrolle nicht zu gebrauchen, da die Zeitspanne zu groß ist. Hier muß man sich nur noch mit Tatsachen abfinden, die man durch eine Übersicht auf einen kürzeren Zeitraum bestimmt hätte beeinflussen können. In der waagerechten Richtung der Schaubilder wird die Zeit in Tagen, Wochen oder Monaten aufgetragen und in der senkrechten Richtung der zu beobachtende Vorgang. Der Maßstab in dieser Richtung ist wenigstens so groß zu wählen, daß interessierende Schwankungen noch hinreichend genau erkannt werden können. Es lassen sich auch mehrere Vorgänge in dem gleichen oder veränderten Maßstab in einer Darstellung vereinigen, was in manchen Fällen von besonderem Vorteil ist, da sich Ursache und Wirkung leichter erkennen lassen. Die Darstellung kann in treppenförmiger Stufung oder in Linienverbindung der aufeinanderfolgenden Punkte durchgeführt werden.

Für einzelne wichtige Betriebsuntersuchungen wird bis zur Klärung des Sachverhaltes die graphische Darstellung auch über Stunden durchgeführt, da sich Unregelmäßigkeiten bei schnell ablaufenden Vorgängen eher nachweisen lassen. Laufend werden sie jedoch nicht geführt, weil der damit verbundene Arbeitsaufwand zu groß ist, und weil sie auch für größere Perspektiven schwieriger zu beurteilen sind.

Als Unterlage der graphischen Darstellungen dienen die auf bestimmte Zeitspannen durchgeführten Zahlenauszüge und Übersichten in Form von Tages-, Wochen- oder Monatsberichten. Von diesen Zahlenübersichten zur schaubildlichen Darstellung ist nur ein kleiner Schritt und nimmt kaum Zeit in Anspruch. Im Zuge der Herstellungskostenberechnung macht der Verfasser vielfach Gebrauch von derartigen statistischen Aufstellungen und von schaubildlichen Darstellungen, da sie das anschaulichste Bild über Betriebszusammenhänge überhaupt vermitteln.

c) Unterlagen durch Messungen. Zur Schaffung von weiteren Unterlagen für die Selbstkostenrechnung dienen die Zeitstudien, die Messung von Produktionsgeschwindigkeiten und die reinen technischen Messungen an Maschinen über Kraft, Dampf, Wasser usw.

1. *Die Zeitstudien.* Im Rahmen dieser Arbeit ist es nicht die Aufgabe, das ganze Gebiet des Zeitstudienwesens und die Anwendungsformen in allen Einzelheiten darzulegen. Über die Methoden und Anwendungsgebiete gibt eine umfangreiche Literatur Auskunft[1]. Einen besonderen Hinweis verdienen für die Textilindustrie die soeben erschienenen Arbeiten ,,Leitfaden für das Arbeitsstudium"[2] und ,,Methodik und Anwendungsmöglichkeit der Zeitstudie in der Textilindustrie"[3]. Der Verfasser beschränkt sich hier darauf, den Zweck, die Vorteile und Grundzüge kurz zu umreißen. In der Tuchindustrie ist man über dieses Gebiet noch geteilter Meinung, obwohl diese Verfahren in der Seide und Baumwolle und auch in Kammgarnspinnereien weitgehendst Eingang gefunden und sich bewährt haben. Die oben genannte zweite Arbeit liefert übrigens überzeugend den Nachweis, daß sich die Zeitstudie auch in der Tuchindustrie zweckvoll einsetzen läßt.

Wenn man von Zeitstudien spricht, so meint man zunächst die Messung der *Maschinenarbeitszeit* und der *Handarbeitszeit* eines Fertigungsganges durch eine Uhr, eine Stoppuhr oder für feinere Messungen durch die Poppelreutersche Arbeitsschauuhr. Vor der Vornahme einer Zeitstudie ist es notwendig, eine *Arbeitsanalyse* mit allen vorkommenden Haupt- und Nebenarbeiten aufzustellen, wobei die Feinheiten der Studie bestimmt werden durch den Zweck der Zeitkontrolle. Will man sie für Kalkulationszwecke verwenden, so geht man nicht bis in die letzten Griffe und Griffelemente hinein, sondern beschränkt sich auf die Zeitbestimmung der Arbeitsstufen. Soll dagegen der Arbeitsvorgang auf Arbeitsteilung, Griffverbesserung oder Arbeitsplatzverbesserung untersucht werden — die eigentliche und umfangreichste Aufgabe der Zeitstudie, die sog. *Arbeitsstudie* —, so ist ein tiefes Eingehen auf alle Einzelheiten unumgänglich. In diesem Falle muß man sich, wie Poppelreuter[4] hervorhebt, nicht auf die Zeitermittlung als solche festlegen, sondern bei der Durchführung der Studien alle Einzelheiten genau beobachten und niederlegen, damit der ,,weitergehende Zweck, die Verbesserung der Arbeit" auch praktische Erfolge haben kann. Diese

[1] Wallichs: Die Betriebsleitung. Berlin: Julius Springer. — RWF: Handbuch der Rationalisierung. Berlin: Industrieverlag Spaeth & Linde. — Michel: Wie macht man Zeitstudien? — Poppelreuter: Zeitstudie und Betriebsüberwachung im Arbeitsschaubild. Berlin: Oldenbourg. — u. a.

[2] Bramesfeld, E. und O. Graf Berlin: VDI-Verlag.

[3] Bergfeld, P. Berlin: VDI-Verlag.

[4] Poppelreuter: Arbeitspsychologische Leitsätze für den Zeitnehmer. Berlin: Oldenbourg.

Methoden sind in Deutschland erstmalig durch die Arbeit von Wallichs „Die Betriebsleitung" weitgehend bekannt geworden und haben grundlegend die Wege der wissenschaftlichen Betriebsführung gewiesen.

Die Zeitstudie läßt sich in allen Abteilungen einer Tuchfabrik anwenden. Ihre hauptsächlichen Anwendungsgebiete für Kalkulationszwecke sind vor allen Dingen die Spinnerei, sämtliche Abteilungen der Webereivorbereitung und die Weberei. Für die Appretur und die Färberei kann man sich für die Selbstkostenberechnung mit den Zeiten des Gesamtvorganges eines Arbeitsganges begnügen. Es handelt sich hier um Arbeitsvorgänge der Veredelung, die bei ein und derselben Warengattung von sehr unterschiedlicher Dauer sein können und durch den Rohstoff bedingt werden.

Die Zeitstudie selbst läßt sich gliedern in 1. die Aufstellung der Arbeitsanalyse, 2. die Vornahme der Zeitmessung und 3. die Auswertung der Ergebnisse.

Um zu den richtigen Durchschnittswerten zu gelangen, müssen die Studien auf die verschiedensten Arbeitstypen längere Zeit ausgedehnt werden. Es ergeben sich die Schwankungsbreiten der Zeiten der einzelnen Arbeitsstufen und die Zeiten, die keine Überbeanspruchung an den Arbeiter stellen. Für die eigentliche Zeitmessung sind die Grenzen der Arbeitsstufen festzulegen, bei welchen die Zwischenzeiten aufgenommen werden. Wenn diese Unterteilung eindeutig festgelegt ist und zur Zeitaufnahme geschritten wird, ist nicht zu vergessen, daß wir Menschen vor uns haben, deren Leistung sich nicht physikalisch wie die einer Maschine messen läßt. Hierbei spielt das rein menschliche Verhältnis des Zeitnehmers zur Belegschaft eine außerordentlich große Rolle.

Die Auswertung der Zeitaufnahme erfolgt nach der Mittelwertmethode oder nach der Zentralwertmethode. Bei der Mittelwertmethode werden die einzelnen wiederkehrenden Zeiten einer Arbeitsstufe summiert und durch die Anzahl der Messungen dividiert. Die Zentralwertmethode läuft darauf hinaus, die Zeiten der gleichartigen Arbeitsstufen ihrer Höhe nach zu ordnen und den in der Mitte der Reihe liegenden Wert als Normwert herauszugreifen.

2. *Die Feststellung von Produktionsgeschwindigkeiten.* Die Leistung von Maschinen wird in der Praxis an Hand von Produktionsgeschwindigkeiten beurteilt und mit Hilfe von Tourenzähler und Stoppuhr ermittelt. So sind z.B. für die Spinnmaschine die Häufigkeit der Ausfahrten in der Minute und die Ausfahrtlänge des Selfaktors ein Maßstab für die Leistung. Die Häufigkeit der Ausfahrten, kurz „Wagenspiele" genannt, multipliziert mit der Ausfahrtlänge ergibt die gesponnene Fadenlänge pro Spindel in der Minute. Diese mit der Spindelzahl und 60 Minuten multipliziert und durch die Garnnummer dividiert, ergibt die Höchstleistung in Kilogramm an gesponnenem Garn in der Stunde pro Maschine.

In der Zwirnerei läßt sich die Leistung auf zwei Wegen ermitteln: 1. indem man die mittels Tourenzähler oder rechnerisch bestimmte Spindeldrehzahl durch die Garndrehung dividiert, wodurch sich die Fadenlänge in Meter pro Minute ergibt oder 2. durch die Drehzahlbestimmung des Lieferzylinders und Multiplikation mit dem Zylinderumfang. Die Fadengeschwindigkeit mit der Spindelzahl und 60 multipliziert und durch die Garnnummer dividiert, ergibt die Leistung in Kilogramm pro Stunde und Maschine.

In der Kettschärerei läßt sich die Fadengeschwindigkeit auch durch die Drehzahl und den mittleren Wickelumfang der Trommel bestimmen. Jedoch liegen hier die Rückschlüsse auf die praktische Leistung der Maschine infolge zahlreicher Einflüsse sehr kompliziert. Sie lassen sich nur zusammenhängend erörtern und werden später in der Herstellungskostenberechnung eingehend behandelt.

Die Fadengeschwindigkeit der Spulmaschinen ergibt sich am einfachsten durch die Feststellung der Zeit (3,4 oder 5 Minuten) des Aufspulens eines Garnes von vorher genau bestimmter Garnnummer und durch Abwiegen der in dieser Zeit gespulten Garnmenge. Garnmenge mal Garnnummer dividiert durch die Spulzeit ergibt die Fadengeschwindigkeit pro Minute. Bei Kreuzspulmaschinen kann man von der Drehzahl und dem Umfang der Spulwelle ausgehen.

Die theoretische Leistung der Webstühle ist durch die Drehzahl des Stuhles gegeben, denn bei jeder Umdrehung der Kurbelwelle wird ein Schuß eingetragen.

Die Geschwindigkeiten der Walk-, Wasch-, Tuchscher-, Tuchtrockenmaschinen und Zylinderpressen lassen sich aus der Drehzahl und dem Umfang der Abzugwalzen feststellen. Sie kommen weniger für Kalkulationszwecke in Frage, können aber für die Bearbeitung der Ware selbst von Interesse sein.

Ist die Produktionsgeschwindigkeit einer Maschine bekannt, so läßt sich auf einfache Weise die *100%-Leistung* für eine bestimmte Zeit und Betriebsgröße feststellen. Um durch die Produktionsgeschwindigkeit zu einem Urteilsmaßstab für die *praktische Leistung* des Betriebes zu gelangen, muß mit einem weiteren Begriff, dem *Produktionswirkungsgrad*, oder schlechthin Wirkungsgrad operiert werden. Dieser Wirkungsgrad schließt alle Verlustzeiten des normalen Arbeitslaufes in sich ein. Er ist das Verhältnis der praktischen Leistung zur Höchstleistung. Seine Schwankungsbreite, die durch die physikalischen Eigenschaften und Reaktionen des Rohmaterials und durch die Geschicklichkeit der Bedienung bedingt ist, läßt sich genau, aber sehr zeitraubend, durch Zeitstudien bei den jeweiligen Erzeugnissen ermitteln. Für Kalkulationszwecke geht man meist den einfacheren Weg, indem man die praktisch in einem gewissen Zeitraum geleistete Produktionsmenge zur Höchstleistung in derselben Zeit in Beziehung setzt. Diese Methode wird für die Kalkulation dadurch genauer, daß sie die Produktionsbehinderung durch Materialfehler, Wartezeiten usw. erfaßt. Für eingehende Untersuchungen von Betriebsmängeln ist dieser Weg jedoch nicht gangbar. Geläufig ist in den Fabriken bereits die Feststellung des Webstuhlwirkungsgrades, der das Verhältnis der geleisteten Schußzahl in der Woche zu der im gleichen Zeitraum bei dauerndem Lauf des Stuhles möglichen Schußzahl angibt. Allerdings genügen auch hier einmalige Feststellungen zu Kalkulationszwecken nicht. Man muß dazu übergehen, sie als laufende Übersicht zu führen, um die oft erheblichen Schwankungen sowohl für die Kalkulation als auch für die Wirtschaftlichkeit des Betriebes verwerten zu können.

Nachstehend einige Angaben über Produktionswirkungsgrade von Abteilungen, die sowohl überschritten als auch unterschritten werden können:

Spinnerei . . .	65—80%	Kettschärerei . .	15—20%
Spulerei	65—80%	Weberei.	60—80%
Zwirnerei . . .	65—80%		

3. *Direkte Verbrauchsfeststellung der Hilfsmaterialien und sonstiger Hilfsmittel.* Die Durchführung einer genauen Selbstkostenrechnung verlangt eine möglichst exakte Feststellung der Betriebshilfsmittel, z.B. Karden, Seife, Farbstoffe usw. für die verschiedenen Warengattungen und eine unterteilte Messung des Verbrauches an Dampf, Kraft und Wasser. Der Verbrauch an Hilfsmaterialien läßt sich durch eingehende Studien an den Verbraucherstellen nach Warengattungen getrennt feststellen (in manchen Betrieben wird dies ständig auf den Stücklaufkarten vermerkt) und derjenige von Dampf, Kraft und Wasser durch die bekannten Meßinstrumente (Venturi-Dampfmesser, Kilowattzähler, Wasseruhren). Längere Zeit andauernde Überwachungen und laufende Kontrollen ermöglichen eine genaue Verteilung der Kosten auf die Erzeugnisse.

4. *Schlußbemerkung.* Aus diesen Darlegungen geht zur Genüge hervor, welche Methoden sich für die Ermittlung von Fabrikationsangaben für die Selbstkostenrechnung verwenden lassen und wie sie mit einfachen Mitteln angewendet werden können. Die hervorragende Bedeutung der Betriebsfragen geht deutlich aus der Tatsache hervor, daß die Seide schon seit vielen Jahren ein zentrales betriebswissenschaftliches Institut[1] als Beratungsstelle unterhält, welches sich nicht nur mit den Fragen der Organisation und der Arbeitsleistung manueller und maschineller Art, sondern mit dem gesamten Fragenkomplex der Betriebsintensivierung einschließlich der Kalkulationsfragen befaßt. Aufklärend wirkt auch hierüber die Arbeit „Warum arbeitet die Fabrik mit Verlust“[2].

[1] Leitung: Dr. Kronenberger, Krefeld.
[2] Kent, William. Berlin: Julius Springer.

7. Vor- und Nachkalkulation.

Die Vorkalkulation bestimmt den wahrscheinlichen Preis der Waren vor der Erzeugung. Sie stützt sich dabei auf die Erfahrungen der Vergangenheit bei gleichartigen Waren und Fabrikationsverhältnissen. Wird ein neuer Artikel hergestellt, so werden die Kosten für die einzelnen Arbeitsgänge an Hand der ersten Versuche im Betrieb überprüft. Bei der Modewarenherstellung werden während der Fabrikation besonders die Kosten der Weberei und Stopferei und der Längenverlust der Musterkupons nachkontrolliert und mit den in der Vorkalkulation eingesetzten Werten verglichen. Bei Walkwaren sichert man sich durch die Kontrolle aller Kosten, der Warenlängen und der Gewichtsverluste bei den vorlaufenden Probestücken. Gewisse Anhaltspunkte können auch hier schon die Musterkupons geben, doch lassen sie in manchen Fällen keine definitiven Urteile zu.

Die Nachkalkulation ist die Kontrolle der Vorkalkulation. An Hand der statistischen Aufzeichnungen im Betrieb, die entweder in Büchern oder auf Laufzetteln festgehalten werden, lassen sich die wirklichen Kosten feststellen. Diese werden in der Kalkulationsabteilung nach Warengattungen zusammengestellt und müssen laufend überprüft werden. Die sich ergebenden Mittelwerte der einzelnen Artikelgruppen werden mit den vorkalkulierten Sätzen ständig verglichen. In dem Nachkalkulationsschema (vgl. Abb. 58) sind außer den Spalten für die Kosten der einzelnen Fabrikationsgänge noch die Aufzeichnungen über Rohgewicht, Rohlänge, Fertiglänge, Fertiggewicht, Schußzahl usw. zu finden, so daß gleichzeitig eine Überwachung der in der Ware verbrauchten Rohmaterialien und ihr Verhalten in der Fabrikation erfolgt.

8. Kalkulationssatz und Beschäftigungsgrad.

Besonders in krisenhaften Zeiten steht die Betriebsleitung vor dem Problem, *wie sich die Kosten der Erzeugung bei den verschiedenen Beschäftigungsgraden des Betriebes verhalten.* Zunächst ist es selbstverständlich, daß die günstigsten Kalkulationssätze bei 100% Ausnutzung der Betriebsanlage auftreten und über und unter diesem Beschäftigungsgrad Veränderungen der Kosten vor sich gehen, die sich auf den Kalkulationssatz auswirken. Die Auswirkung hängt von den in den Kalkulationssätzen verrechneten Einzelkosten ab. Wir unterscheiden dabei Kosten, die sich *nicht verändern* (fixe Kosten bzw. relativ fixe Kosten), solche, die sich *schwer verändern* und andere, die sich *leicht verändern* (variable Kosten). Die veränderlichen Kosten lassen sich wieder einteilen in *proportionale*, d. h. solche, die mit der Produktionsmenge gleichmäßig zu- und abnehmen, in *progressive*, d. h. solche, die mit zunehmender Erzeugung stärker anwachsen und umgekehrt bei Beschäftigungsrückgang schneller abnehmen und *degressive*, d. h. solche, die mit zunehmender Beschäftigung allmählich geringer werden (vgl. Abb. 4—7).

Zu den unveränderlichen bzw. relativ unveränderlichen Kosten gehören die Abschreibungen und Verzinsungen der Maschinen und Gebäude, die Verzinsung der Rohmaterialien, die Heizungs- und Beleuchtungskosten und die Lohnkosten für die Aufsicht und das Hilfspersonal. Auch ein Teil der Lohnkosten, besonders bei kleinen Abteilungen, sind als fixe Kosten zu betrachten, da es in vielen Fällen infolge der Kürze der Liefer-

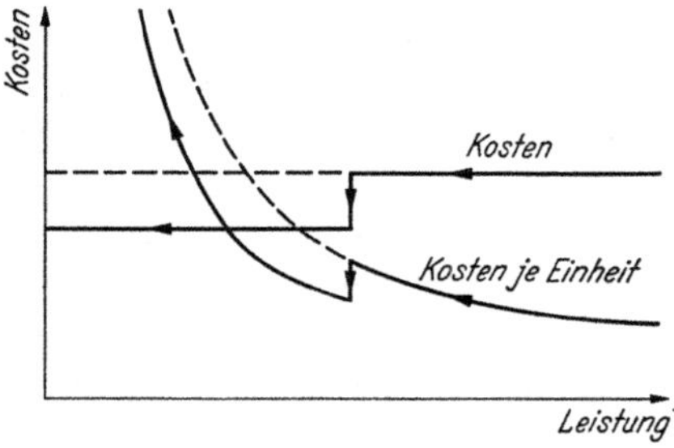

Abb. 4. Fixe bzw. relativ fixe Kosten.

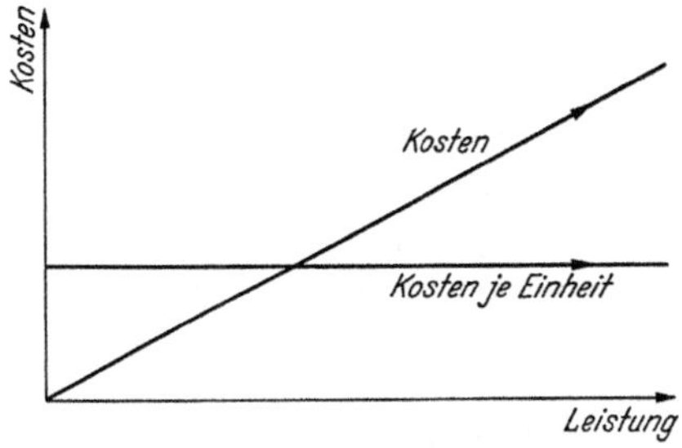

Abb. 5. Proportionale Kosten.

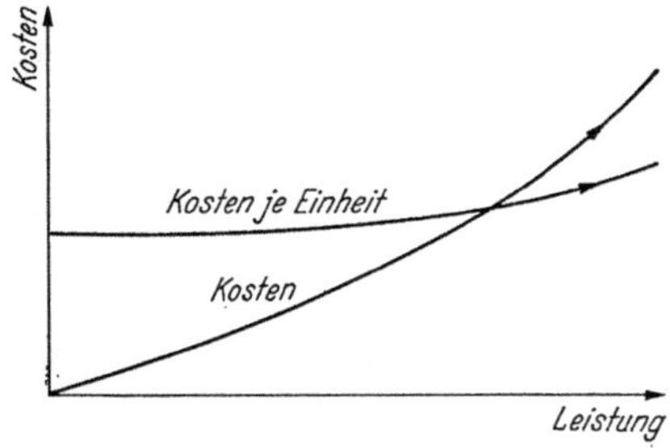

Abb. 6. Progressive Kosten.

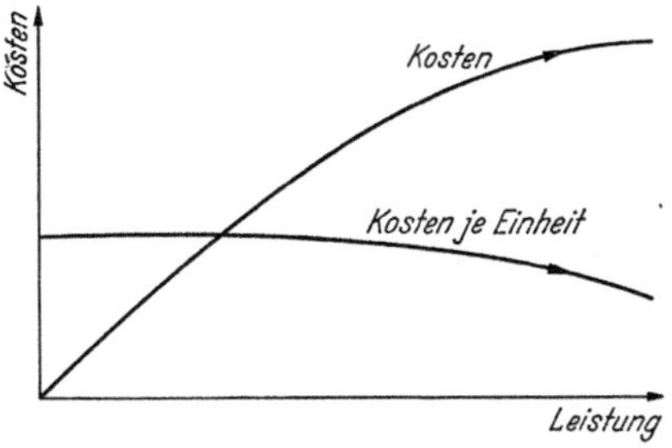

Abb. 7. Degressive Kosten.

termine und der dauernden Betriebsbereitschaft nicht gelingt, sie der Produktion anzupassen. Die fixen Kosten haben für den Kalkulationssatz eine degressive Wirkung, d. h. sie nehmen mit zunehmender Beschäftigung ab, da sie sich auf eine größere Produktion verteilen. Umgekehrt sind sie bei abnehmender Beschäftigung die Hauptursache des starken Anstiegs der Kostensätze. Zu den veränderlichen Kosten, und zwar solchen mit annähernd proportionaler Wirkung, lassen sich die Kraftkosten bei Einzelantrieben, der Dampfverbrauch, die Hilfsmaterialkosten und die Akkordlohnkosten rechnen.

Durch eine andere Gliederung der Kosten, in die *Mengen- und Zeitkosten*, wird uns ihr Verhalten bei veränderter Beschäftigungslage noch deutlicher. Zu den Mengenkosten werden diejenigen gerechnet, die sich mit der Produktionsmenge ändern, während die Zeitkosten konstant bleiben. Bei den einzelnen Kostenarten läßt sich nicht immer eine reinliche Scheidung treffen. Sie müssen für jede Betriebsstelle gesondert auf ihre Wirkung untersucht werden. Als Beispiel mögen die Lohnkosten dienen. Für die Weberei kann man sie zu den Mengenkosten rechnen, da sich die Akkordlöhne leicht der Beschäftigung anpassen lassen; für die Schlichterei sind die Lohnkosten infolge der ständigen Betriebsbereitschaft fast als unveränderlich anzusehen und daher als Zeitkosten zu betrachten. Ähnliche Feststellungen lassen sich auch für andere Kostenarten treffen.

Die Kostensätze der Arbeitsgänge reagieren demzufolge bei den einzelnen Betriebsstellen verschiedenartig auf die Veränderung des Beschäftigungsgrades. Im allgemeinen besteht die Tendenz, daß der Kalkulationssatz mit abnehmender Beschäftigung in der Form einer Hyperbel ansteigt. Dieser Anstieg kann erst langsam und dann schneller vor sich gehen oder von vornherein mit erheblicher Steigerung einsetzen. Das letztere trifft zu, wenn die Zeitkosten den Hauptteil der Gesamtkosten ausmachen. Ein typisches Beispiel für den asymptotischen Verlauf des Kalkulationssatzes ist in der Berechnung der Schlichterei gegeben. Unveränderlich sind hierbei die Lohnkosten und die Kosten für die Abschreibung und Verzinsung. Gleichmäßig mit der Leistung verändern sich die Kraft- und Hilfsmaterialkosten. Die Dampfkosten weisen bei sehr starker Beschäftigungsabnahme keine Proportionalität mehr auf, da die Anheizungs- und Strahlungsverluste sich nur unwesentlich ändern. Hat man sich einmal an den verschiedenen Betriebsstellen Aufschluß über die Wirkung der Einzelkosten gegeben, so ist der nächste Schritt, die Feststellung der Veränderung des Kalkulationssatzes nicht mehr schwierig (vgl. Rechnungsbeispiele).

Mit diesen Fragen hat sich die Tuchindustrie, insbesondere die Modewarenfabrikation dauernd zu beschäftigen, denn auch in normalen Zeiten können Beschäftigungsschwankungen eintreten, wenn die neugemusterte Kollektion nicht den erwarteten Erfolg zeigt. Da diese Schwankungen nicht vorauszusehen sind, sichert man sich durch Sicherheitszuschläge bei den Kalkulationssätzen oder durch einen Wagniszuschlag bei den Verkaufskosten. Obwohl die Sicherheitszuschläge im allgemeinen die Kalkulationssätze verschleiern, sind sie wegen ihrer ausgleichenden Wirkung bei der ständigen Änderung von Konjunktur und Betrieb nicht zu umgehen. Die Festsetzung der Zuschläge beruht auf Erfahrung. Die aber in einzelnen Betrieben über das normale Maß hinausgehenden Sicherheitszuschläge, deren genaue Höhe vielfach gar nicht bekannt ist, machen die Kalkulation weitgehendst undurchsichtig und verschwommen und verhindern eine klare Ermittlung der Preisuntergrenze. Einfach geschätzte Abstriche oder Erhöhungen von an sich schon nicht genau stimmenden Kalkulationssätzen lassen die ganze Kalkulation zu einem Phantasiegebilde werden.

Treten Stockungen auf dem Absatzmarkt auf, die meist mit Preisreduktionen und einer Fabrikationsdämpfung Hand in Hand gehen, so ist man gezwungen, die Kalkulation und den Betrieb auf die reduzierte Beschäftigung hin zu untersuchen. Zwar spielt sich die Angleichung des Verkaufspreises an den Marktpreis in erster Linie innerhalb der Gewinnspanne ab und läßt die Kalkulationssätze zunächst unberührt. Erhebliche Änderungen des Verkaufspreises und Rückgang der Beschäftigung verlangen aber eine neue Durchrechnung der Herstellungskostenberechnung in Verbindung mit einer Betriebsuntersuchung, um bei der gegenläufigen Tendenz von Kosten und Preis den Schnittpunkt aufzufinden, wo sich Kosten und Erlös überschneiden, wo weder Gewinn noch Verlust auftritt. Aufträge, die an dieser Preisgrenze liegen, werden in schwierigen Zeiten in einer gewissen Menge gewöhnlich von den Betrieben hereingenommen, da sie verhindern, daß die festen Kosten die übrige Produktion verteuern. Damit bedeuten solche Aufträge indirekt Gewinn, da sie mit dazu beitragen, die unveränderlichen Kosten zu tragen und verhindern, daß der Gewinn bei den anderen Waren geschmälert wird.

II. Die Selbstkostenberechnung.

Für die Berechnung der Selbstkostensätze der Erzeugung lassen sich aus dem I. Teil dieser Arbeit folgende Merkpunkte zusammengefaßt herausstellen:

1. Die Feststellung der Kostenarten.
2. Die Gliederung der Kostenarten nach
   a) anrechenbaren Kosten = direkten Kosten = Maßkosten;
   b) nicht anrechenbaren Kosten = indirekten Kosten = Gemeinkosten; oder nach
   c) Mengenkosten = Kosten, die sich mit der Produktionsmenge ändern;
   d) Zeitkosten = von der Produktionsmenge unabhängige Kosten = Kosten der Betriebsbereitschaft.
3. Die Ermittlung der Kosten selbst mit Hilfe
   a) des Fachrechnens;
   b) der Betriebsstatistik;
   c) von Zeitstudien;
   d) von technischen Messungen.
4. Die Verteilung der Kosten auf die Kostenstellen.
5. Die Verrechnung der Kosten von den Kostenstellen auf die Erzeugnisse durch
   a) die Divisionskalkulation;
   b) die Zuschlagskalkulation auf den direkten Lohn;

c) die Platzkostenrechnung;
d) die differentiierte Divisionskalkulation.
6. Die Veränderung der Kostensätze unter dem Einfluß
a) manueller und maschineller Arbeitsverfahren;
b) des Beschäftigungsgrades.
7. Die ständige Überwachung der Kostensätze durch
a) die laufende Nachkalkulationsstatistik;
b) die kurzfristigen periodischen Erfolgskontrollen.

A. Die Garnpreisberechnung.

In diesem Zusammenhang sind die bereits dargelegten Faktoren der Einkaufskalkulation (Lieferantenpreis, Fracht usw.) voranzustellen. Darüber hinaus sind aber noch betriebswirtschaftliche Gesichtspunkte in Erwägung zu ziehen. Da die Garnmaterialkosten 30—50% der Selbstkosten betragen, ist die Qualität von besonderem Einfluß auf die Preisgestaltung. Abgesehen, daß sie der jeweiligen Warengattung entsprechen soll, ist es unter dem Gesichtspunkt der Wirtschaftlichkeit der Fabrikation vorteilhafter, eher eine bessere, wenn auch teuere Qualität zu verarbeiten, denn die höheren Materialkosten werden in den meisten Fällen durch eine bessere Ausnutzung der Maschinen und durch geringere Lohnzulagen wieder ausgeglichen.

Der Ausgangspreis für Garne ist bei der Modewarenherstellung für eine Saison meist unveränderlich. Er ist durch die Preisabmachungen bei den Garnabschlüssen sichergestellt. Bei den Garnen für Standardwaren folgt der Materialpreis dem Wiederbeschaffungspreis, d.h. es erfolgt die Berechnung des jeweiligen Zeitwertes. Die bei den Preisänderungen entstehenden Gewinne und Verluste hat die Kalkulation nicht zu berücksichtigen. Sie werden durch die Erfolgsrechnung nachgewiesen. Schmalenbach[1] bezeichnet den Verlust als ,,neutralen Aufwand", der mit den Kosten nichts zu tun hat.

Die für die Wollenfabrikation eingekauften Materialien sind, wie schon erwähnt, gewaschene Wollen und Garne im einfachen oder gezwirnten Faden. Da die Materialien in vielen Fällen noch einer besonderen Vorbereitung im eigenen Betrieb bedürfen, ist die Einkaufskalkulation dahingehend zu erweitern, daß der in der Kalkulation eingesetzte Garnpreis alle Kosten der Zwischenstufen der Garnvorbereitung in sich einschließt.

Bei Streichgarnen geht man von dem für richtig erkannten Werkpreis der gewaschenen Wollen aus und berechnet die Kosten der Mischungspartie. Bei einer Partie aus gefärbten Wollen (Melange) sind die Kosten des Färbeprozesses bei jeder einzelnen Wollsorte der Partie zu kalkulieren. Sind die Kosten der Mischungspartie ermittelt, so ergibt sich der Garn-

[1] Schmalenbach: Grundlagen der Selbstkostenrechnung und Preispolitik.

preis durch Hinzufügen der Spinnkosten unter Berücksichtigung der Garnnummer, des Laufes der Partie und der Abfallverluste (vgl. Kalkulationsschema Abb. 54).

Bei Kammgarnwaren und auch vielfach bei gemusterten Streichgarnwaren ist nicht der einfache Faden das Ausgangsmaterial für die Ware, sondern der Zwirn. Das Garnmaterial für die stückgefärbten Kammgarnwaren wird fast ausnahmslos in gezwirntem Zustand von den Kammgarnspinnereien bezogen, die Garne für die gemusterten Waren aber werden im rohweißen und gefärbten einfachen Faden bezogen. Der in der Kalkulation einzusetzende Garnpreis ist bei den letzteren daher um die Zwirnkosten, bzw. um die Spul-, Färbe- und Zwirnkosten zu erhöhen. Bei den in Strangform bezogenen Garnen ist der Farblohn und der Spullohn auf Kötzer zu berücksichtigen.

Sind alle von der jeweiligen Aufmachung der Garne abhängigen Faktoren berücksichtigt, so haben wir erst den für die Warenkalkulation verwendbaren Garnpreis vor uns. Für die Konjunkturschwankungen und Nummerabweichungen wird u. U. noch ein geringer Sicherheitszuschlag berechnet. Das im kaufmännischen Geschäftsgebahren übliche Skonto kann zur Ermäßigung des Garnpreises in der Kalkulation dienen. Die Entscheidung über alle diese Fragen ist aber nicht Sache des Kostenrechners, sondern eine Angelegenheit der Betriebsleitung und deren Preispolitik.

Stellen wir die bei der Ermittlung des Garnpreises zu berücksichtigenden Kosten und Berechnungsfaktoren für die einzelnen fabrikatorischen Zwischenstufen zusammen, so erhalten wir folgende Übersicht:

Tabelle 5. Übersicht über die Berechnungsfaktoren des Garnpreises.

Ausgangsmaterial	Kosten und Berechnungsfaktoren	Erzeugnis
Rohwolle	Wollkosten, Sortierungskosten, Waschkosten, Trocknungskosten, Waschverluste	gewaschene Wolle
Waschwolle für rohweißes Gespinst	Berechnung der anteiligen Materialkosten der Mischungspartie	rohweiße Mischungspartie
Waschwolle für farbiges Gespinst	Berechnung der einzelnen Farbkosten, Berechnung der Materialkosten der Mischungspartie	farbige Mischungspartie
Mischungspartie	Materialkosten, Spinnkosten und Verluste, Garnnummer und Lauf der Partie	einfacher Faden
Einfacher rohweißer Kammgarnfaden	Materialkosten, Spulereikosten und Färbereikosten	einfacher Faden gefärbt
EinfacheKammgarn- oder Streichgarnfäden gefärbt	Materialkosten, Zwirnkosten, Dämpfkosten, Zwirnverluste und evtl. Spulkosten	Zwirn
Zwirn in Strangform	Materialkosten, Färbereikosten, Schußspulkosten	Zwirn

B. Die Betriebskalkulation.

1. Streichgarnspinnerei[1].

Allgemeines. Als Ergänzung zu dem technologischen Vorgang in der Spinnerei ist zu bemerken, daß einzelne Volltuchfabriken ihr Rohmaterial in ungewaschenem Zustand einkaufen, sortieren und in der eigenen Wäscherei waschen. Die Kosten des Waschprozesses richten sich nach dem Rendement. Je nach ihrer Herkunft enthalten die Wollen unterschiedliche Mengen an Wollfett und Bodenbestandteilen, die in dem Rendement bewertet werden. Unter Rendement versteht man die von 100 kg Rohwolle übrigbleibende Menge an reiner Wolle. Es wird in Prozent angegeben und bewegt sich in den Grenzen von etwa 25—55%, d. h. die Waschverluste liegen zwischen 75—45%.

Nehmen wir an, eine Australwolle rendiere mit 55% und der Preis für 100 kg Rohwolle betrage 216 RM, so ergibt sich eine Wollmenge in gewaschenem Zustand von 55 kg und der Preis pro kg zu 216 : 55 = 3,93 RM. Bei der Zusammenstellung einer Wollmischung ist daher zunächst der Materialpreis pro Einheit (kg) festzustellen und dazu die entsprechenden Waschkosten zu rechnen.

Materialkostenberechnung für die Spinnpartie. Bei der Verarbeitung der Wollen in der Streichgarnspinnerei tritt einerseits durch die Zugabe von ca. 10% Schmelze eine Mengenzunahme und andererseits durch kurzes ausgekrempeltes, staubiges Material eine Gewichtsabnahme der Partie ein. Von den Variationen der Partieberechnungen sei an dieser Stelle nur ein Typbeispiel wiedergegeben. Es soll ein Garn für olivfarbenes Rocktuch mit folgender Zusammenstellung gesponnen werden:

	Preis/kg
30% englische Wolle . . .	4,72 RM
18% Australwolle A/AA .	5,10 „
26% deutsche Wolle . .	5,90 „
9% weißer Kammzug . .	4,80 „
3% braune Wolle	2,68 „
14% Spinnereiabgänge . .	2,80 „

Die Mischung soll ein Garngewicht von 2100 kg bei einem Spinnverlust von 2% ergeben. Die vorgegebene Materialmenge muß daher um $\frac{100}{100-V} = \frac{100}{100-2} = 1{,}02$, d. h. um das 1,02fache größer sein als die fertig gesponnene Garnmenge. Es müssen demnach $2100 \times 1{,}02 = 2142$ kg Material vorgegeben werden. Die Materialmengen und Mengenkosten der einzelnen Wollen der Partie sind daher:

---

[1] Sustmann: Untersuchung der Selbstkostenberechnung der Streichgarnspinnerei einer Tuchfabrik. Melliand Textilber. 1935, III.

30% englische Wolle . .	2142×0,3 =	642,6 kg zu 4,72 RM/kg	=	3033,07 RM
18% Australwolle . . .	2142×0,18 =	385,6 „ „ 5,10 „	=	1966,36 „
26% deutsche Wolle . .	2142×0,26 =	556,9 „ „ 5,90 „	=	3285,83 „
9% weißer Kammzug .	2142×0,09 =	192,8 „ „ 4,80 „	=	925,44 „
3% braune Wolle . . .	2142×0,03 =	64,3 „ „ 2,68 „	=	172,32 „
14% Spinnereiabgänge .	2142×0,14 =	299,8 „ „ 2,80 „	=	839,44 „
		2142,0 kg		10222,46 RM

Materialpreis der Partie pro kg = 10222 : 2142 = 4,77 RM.

Wenn man aus Gründen des Wettbewerbs im Fertigwarenpreis nur eine bestimmte Summe für das Wollmaterial einsetzen kann, muß man aus den bekannten Wollpreisen der Einzelsorten das Mengenverhältnis suchen. Hierzu ein elementares Beispiel:

Der Mischungspreis betrage 4,50 RM/kg, die Wollsorte 1 koste 5,60 RM/kg, die Wollsorte 2 koste 2,20 RM/kg.

In welchen Mengen müssen die Wollen gemischt werden? — Wir verwenden die Formel, deren Richtigkeit ohne weiteres einzusehen ist:

$$100 \cdot a = (100 - x) \cdot b + x \cdot c,$$

darin ist

a = gegebener Mischungspreis, c = Preis der Wollsorte 2,
b = Preis der Wollsorte 1, x = prozentuale Verteilung der Mengen.

Daraus ergibt sich: $x = \frac{100 \cdot a - 100 \cdot b}{c - b}$ in %. Für den vorliegenden Fall ist $x = 32{,}4\%$. Das Mischungsverhältnis ist demnach 67,6% von Wollsorte 1 und 32,4% von Wollsorte 2.

Leistung der Spinnerei. Die Leistung der Spinnerei wird nach der Leistung der Selfaktoren beurteilt. Sie hängt ab von der Spindelzahl, der Garnnummer, der Maschinengeschwindigkeit und damit von der Garndrehung, dem Lauf der Partie und dem Zustand des Maschinenparks. Die Berechnung der Leistung und der Selbstkosten wird für eine Spinnerei mit 10 Selfaktoren von je 400 Spindeln und sonstigen Spinnereieinrichtungen durchgeführt.

Aus Gründen der rechnungsmäßigen Zweckmäßigkeit werden in der Berechnung alle Kosten auf eine Woche bezogen und der „Istleistung" in der gleichen Zeit gegenübergestellt. Die Istleistung ist aus der Höchstleistung und dem Wirkungsgrad ermittelt worden. Die Höchstleistung pro Woche ergibt sich nach der Formel:

$$L_h = \frac{S \cdot s \cdot w \cdot 60 \cdot 47}{N} \text{ in kg/Woche}$$

und die Istleistung aus: $L_i = L_h \cdot \eta$ in kg/Woche, worin

S = Gesamtspindelzahl, $60 \cdot 47$ = Arbeitsminuten pro Woche,
s = Ausfahrtlänge in Meter, N = metrische Garnnummer,
w = Wagenspiele pro Minute, η = Wirkungsgrad der Partie ist.

In dem Wirkungsgrad sind die Abziehzeiten, die Zeit für das Nachlegen voller Walzen, Fadenbrüche usw. eingeschlossen. Für die Garnnummern 6—27 nehmen wir ihn in den Grenzen von 65—80% an, was sich in etwa mit den Erfahrungen der Praxis deckt. Festliegende Normen gibt es hierfür nicht, denn der Wirkungsgrad ist eine Materialfrage im Zusammenhang mit dem Zustand der Maschinen und der individuellen Arbeitsweise der Belegschaft. Ein geringerer Wirkungsgrad bei gröberen Garnnummern und normal laufenden Partien gründet sich auf die Tatsache, daß die Verlustzeiten für das Abziehen voller Kötzer und das Nachlegen voller Vorgarnwalzen viel größer sind als bei feinen Nummern. Überprüfen wir dies bei der Höchstleistung eines Selfaktors, indem wir die Anzahl der Abzüge und die Zeit pro Abzug feststellen, so finden wir, daß für den Wirkungsgrad bei der Garnnummer 6 allein 11,1% und bei der Garnnummer 27 nur 2,86% anzurechnen sind. Die zu dieser Feststellung verwendeten Formeln sind:

$$\frac{L_1}{G_a} = A,$$

$$G_a = S_1 \cdot G_k \text{ kg},$$

$$t_s = \frac{47 \cdot 60}{A} \text{ Minuten},$$

$$t_s + t_a + t_n = t_g \text{ Minuten},$$

$$z = \frac{t_a}{t_s + t_a + t_n} \cdot 100 = \frac{t_a}{t_g} 100 \text{ in } \%.$$

darin ist L_1 = Leistung eines Selfaktors pro Woche in kg,
G_a = Abzuggewicht in kg,
A = Anzahl der Abzüge pro Woche,
S = Spindelzahl eines Selfaktors,
$47 \cdot 60$ = Arbeitsminuten pro Woche,
G_k = durchschnittliches Garngewicht pro Kötzer in kg,
t_s = Spinndauer pro Abzug in Minuten,
t_a = Abziehzeit in Minuten,
t_n = Zeit für das Nachlegen der Vorgarnwalzen in Minuten,
t_g = Gesamtverlustzeit + Spinnzeit pro Abzug in Minuten,
z = Zeitverlust für das Abziehen in %.

Die bei der Berechnung zu grunde gelegten Angaben sind: $S_1 = 400$ Spindeln/Selfaktor, eine durchschnittliche Ausfahrtlänge von $s = 1{,}60$ m, eine durchschnittliche Abziehzeit von $t_a = 10$ Minuten, eine durchschnittliche Zeit für das Nachlegen voller Walzen von $t_n = 5$ Minuten (auf zwei Abzüge ein einmaliges Nachlegen von 10 Minuten), ein Wagenspiel von $w = 2{,}5$ pro Minute und ein mittleres Kötzergewicht von $G_k = 60$ g. Gearbeitet wird 48 Stunden in der Woche, wovon eine Stunde für das Putzen der Maschinen abgerechnet wird.

Nach dem dargelegten Rechnungsverfahren ergibt sich die Istleistung von 10 Selfaktoren in der Woche und den mittleren Wagenspielen von 2,5 pro Minute (Tab. 6).

Tabelle 6.

Garnnummer	6	9	12	15	18	21	24	27
Istleistung kg/Woche .	4890	3350	2590	2130	1820	1610	1450	1320

Die graphische Darstellung des Produktionsverlaufes in Abhängigkeit von der Garnnummer (Abb. 8) weist einen hyperbolischen Anstieg bei gröber werdender Garnnummer auf.

Betriebskosten. Die Kosten setzen sich zusammen aus Löhnen, Gehältern, sozialen Lasten, Feriengeldern, Kraftkosten, Abschreibung und Verzinsung, Reparaturen, Heizung und Beleuchtung, Hülsenkosten, anteiligen allgemeinen Betriebsunkosten und Hilfsmaterialkosten.

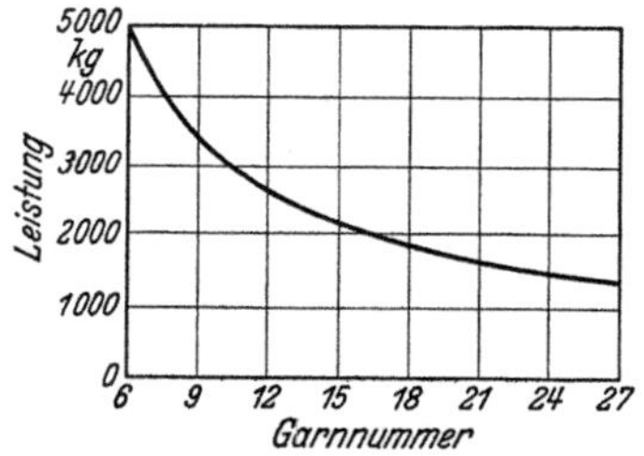

Abb. 8. Wochen-Istleistung von 10 Selfaktoren für das mittlere Wagenspiel von 2,5/Minute.

Lohnkosten. In diesen Kosten sind berücksichtigt: 2 Wolfer, 5 Kremplerinnen, 10 Spinnerinnen, 6 Fadnerinnen, 2 Krempelputzer, 1 Vorarbeiter, 1 Spinnmeister, 1 Melangeur, 1 Schreibkraft. Unter Berücksichtigung der Feriengelder und 10% sozialer Lasten ergeben sich nach dem Ortstarif berechnet: 931,50 RM/Woche.

Kraftkosten. Rechnungsmäßig ergeben sie mit 126,5 kW Gesamtkraftinvestierung, einer durchschnittlichen Laufdauer von 70% in 47 Stunden und 8 Pfg. pro Kilowattstunde: 334 RM/Woche.

Abschreibung und Verzinsung. Bei der Abschreibung und Verzinsung gehen wir von dem Neuwert aus. Der Gesamtwert der Maschinen einschließlich Montagekosten, elektrische Antriebe und Leitungen, Heizungsanlage usw. ergeben: 205 700 RM. Mit 12% Abschreibung und Verzinsung erhalten wir die Jahreskosten von 24 684 RM und die wöchentlichen Kosten (:50) zu 493,70 RM/Woche. Einer besonderen Behandlung bedürfen die Abschreibungen und Verzinsungen für Kratzenbeschläge und Lederzeuge. Wir erfassen die jährlichen Kosten mit genügender Genauigkeit, wenn wir für normale Verhältnisse in fünf Jahren abschreiben. Fassen wir den Neuwert der Kratzenbeschläge für fünf Sortimente von 20 000 RM und denjenigen der Lederzeuge mit 3000 RM zusammen und schreiben sie mit 20% zuzüglich 6% Verzinsung ab, so erhalten wir die wöchentlichen Kosten dieser Art zu 115 RM. Mithin betragen die zu verrechnenden Abschreibungs- und Verzinsungskosten: 609 RM/Woche.

Reparaturen und Instandhaltung. Diese Kosten nehmen wir mit 10% der Abschreibungssumme an. Der Hauptteil der Reparaturkosten ist bereits durch die Abschreibung der kurzlebigen Lederzeuge und der Kratzenbeschläge in der vorigen Position erfaßt. Wir setzen demnach hier pro Woche den Betrag von 33,90 ein. 33,90 RM/Woche.

Heizung und Beleuchtung. Eine überschlägige Berechnung und die Vergleichsschätzung mit Betriebsbilanzen ergab für die vorliegende Anlage auf ein Jahr erfaßt und auf alle Wochen gleichmäßig verteilt: 120 RM/Woche.

Hülsenkosten. Bei einer Gesamtspindelzahl von 4000 und unter der Annahme von 30 Abzügen pro Woche und Selfaktor beträgt bei einem Hülsenvorrat von drei Wochen und einem Hülsengewicht von 7 g das Hülsengewicht 2800 kg. Verwenden wir eine Dauerhülse mit 25facher Wiederverwendung, so ergibt sich ein effektiver Ausfall von 2800:(25 · 3) = 37,3 kg pro Woche, was bei einem Hülsenpreis von 60 RM pro 100 kg die wöchentlichen Kosten von 22,40 RM verursacht. 22,40 RM/Woche.

Anteilige allgemeine Betriebsunkosten. Wir nehmen an, daß die Spinnerei von den allgemeinen Unkosten des Gesamtbetriebs den Anteil von 46 RM zu tragen hat. 46 RM/Woche.

Hilfsmaterialkosten. Das hauptsächliche Hilfsmaterial der Streichgarnspinnerei ist Olein, welches, wie bereits erwähnt, gewöhnlich mit ca. 10% des Wollgewichtes gerechnet wird. 100 kg Olein werden zum Tagespreis von 65 RM berechnet. Die wöchentlichen Ausgaben dieser Art sind in den Tab. 7, 8 und 9 der Produktion entsprechend ausgerechnet. Zu diesen Kosten sind noch geringfügige Kosten für Schmieröle, Seile und Spindelschnüre zu rechnen.

Tabelle 7. Zusammenstellung der Spinnkosten.

Kostenart	Kosten RM/Woche	Kostenanteile %
Lohnkosten	931,50	38,60
Kraftkosten	334,—	13,83
Abschreibung und Verzinsung	609,—	25,20
Reparaturen und Instandhaltung	33,90	1,41
Heizung und Beleuchtung	120,—	4,98
Hülsenkosten	22,40	0,94
Anteilige allgem. Betriebskosten	46,—	1,91
Kosten ohne Hilfsmaterial	2096,80	—
Kosten für Hilfsmaterial (z. B. für Garnnummer 6)	318,—	13,13
Gesamtkosten für Garnnummer 6	2414,80	100,—

Berechnung der Kalkulationssätze. Zur Feststellung der Kalkulationssätze für die verschiedenen Garnnummern fügen wir zu den für die Herstellung aller Garne sich aus Tab. 7 ergebenden Wochenkosten von 2096,80 RM die der jeweiligen Produktion entsprechenden Oleinkosten und dividieren die Gesamtsumme (Tab. 8) durch die Wochenleistungen

Tabelle 8.

Garnnummer	Kosten aller Garne + Hilfsmaterialkosten RM	Leistung kg	Kalkulationssätze Pfg./kg
6	2096 + 318 = 2414	4890	49,5
9	2096 + 218 = 2314	3350	69,2
12	2096 + 169 = 2265	2590	87,6
15	2096 + 138 = 2234	2130	105,0
18	2096 + 118 = 2214	1820	121,5
21	2096 + 106 = 2202	1610	137,0
24	2096 + 94 = 2190	1450	151,0
27	2096 + 86 = 2182	1320	166,0

der einzelnen Garnnummern (Tab. 6). Bei den Spinnereien im Rahmen einer Tuchfabrik wird vielfach noch ein Gewinnaufschlag von etwa 5% hinzugefügt, da die Spinnerei meist als selbständige Abteilung behandelt wird und damit auch mögliche Beanstandungen des eigenen Webereibetriebes zu tragen hat. Der Gewinnzuschlag ist in dieser Rechnung nicht berücksichtigt, denn es soll hier nicht die Aufgabe sein, allgemeingültige Kalkulationssätze zu ermitteln, sondern den Aufbau der Kalkulation als solchen, den inneren Zusammenhang bei der Selbstkostenrechnung und die Größenordnung der Sätze zu klären.

Aus der Abb. 9, der graphischen Darstellung der Tab. 8 ist ersichtlich, daß der Kalkulationssatz mit feiner werdender Garnnummer fast linear ansteigt. Diese Darstellung könnte den Eindruck erwecken, daß die auf diese Weise gewonnenen Kalkulationssätze für die einzelnen Garnnummern unveränderlich seien. Praktisch treten aber, wie in dem folgenden Abschnitt dargelegt wird, erhebliche Schwankungen der in Abb. 8 und 9 dargestellten Leistungen und Kostensätze infolge der unterschiedlichen Garndrehung und des Laufes der Partie auf.

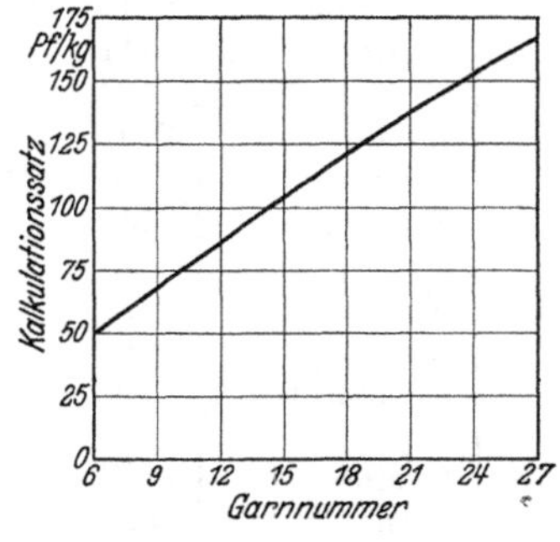

Abb. 9. Kalkulationssätze für das mittlere Wagenspiel von 2,5/Minute.

Beziehung zwischen Kalkulationssatz und Maschinengeschwindigkeit. Bei der bisherigen Berechnung war eine mittlere Maschinengeschwindigkeit, in der sich die Garndrehung, der Lauf der Partie und der Betriebszustand der Maschinen ausdrückt, von 2,5 Wagenspielen pro Minute angenommen. Es bedarf keiner näheren Erläuterung, daß die Wagenspiele pro Minute durch eine höhere Garndrehung oder durch einen schlechteren Lauf der Partie zurückgehen und bei den entgegengesetzten Voraussetzungen sich erhöhen und damit die Leistungen und Selbstkostensätze empfindlich beeinflussen. Unter Beibehaltung der früheren technischen Daten werden nun die Wochenistleistungen der Spinnerei für die Wagenspiele 1,5; 2; 2,5; 3 und 3,5 zusammengestellt und die Kalkulationssätze durch die Gegenüberstellung der Kosten berechnet.

Aus der schaubildlichen Darstellung der Ergebnisse (Tab. 9) in Abb. 10 und 11 geht deutlich die große Schwankungsbreite der Leistung und Kalkulationssätze bei den verschiedenen Wagenspielen hervor. *Es ist daher nicht angängig bei den einzelnen Garnnummern einen mittleren Satz zum Kalkulationssatz zu erheben*, da die Streuung der Sätze nach oben und unten zu groß ist. Wird trotzdem ein mittlerer Kalkulationssatz für 2,5 Wagenspiele pro Minute allgemein festgelegt, in der Hoffnung, daß sich bessere und schlechtere Partien ausgleichen, so besteht die

Tabelle 9.

Garnnummer		Wagenspiele pro Minute 1,5	2	2,5	3	3,5	
6	Kosten . .	2286,—	2344,—	2414,—	2478,—	2541,—	RM/Woche
	Leistung . .	2930	3910	4890	5870	6850	kg/Woche
	Kostensatz .	78,—	60,—	49,5	42,3	37,1	Pfg./kg
9	Kosten . .	2227,—	2270,—	2314,—	2355,—	2400,—	RM/Woche
	Leistung . .	2010	2680	3350	4020	4690	kg/Woche
	Kostensatz .	111,—	84,7	69,2	58,5	51,2	Pfg./kg
12	Kosten . .	2197,—	2230,—	2265,—	2298,—	2327,—	RM/Woche
	Leistung . .	1550	2070	2590	3110	3620	kg/Woche
	Kostensatz .	141,5	108,—	87,6	74,—	64,3	Pfg./kg
15	Kosten . .	2179,—	2206,—	2234,—	2262,—	2290,—	RM/Woche
	Leistung . .	1280	1700	2130	2560	2980	kg/Woche
	Kostensatz .	170,—	130,—	105,—	88,5	76,9	Pfg./kg
18	Kosten . .	2167,—	2190,—	2214,—	2238,—	2262,—	RM/Woche
	Leistung . .	1090	1450	1820	2180	2550	kg/Woche
	Kostensatz .	199,—	151,—	121,5	102,5	88,9	Pfg./kg
21	Kosten . .	2159,—	2180,—	2202,—	2221,—	2242,—	RM/Woche
	Leistung . .	965	1290	1610	1930	2250	kg/Woche
	Kostensatz .	224,—	169,—	137,—	115,—	99,8	Pfg./kg
24	Kosten . .	2153,—	2171,—	2190,—	2209,—	2228,—	RM/Woche
	Leistung . .	870	1160	1450	1740	2030	kg/Woche
	Kostensatz .	247,—	187,—	151,—	127,—	110,—	Pfg./kg
27	Kosten . .	2147,—	2165,—	2182,—	2199,—	2216,—	RM/Woche
	Leistung . .	793	1060	1320	1580	1850	kg/Woche
	Kostensatz .	271,—	204,—	166,—	139,—	119,5	Pfg./kg

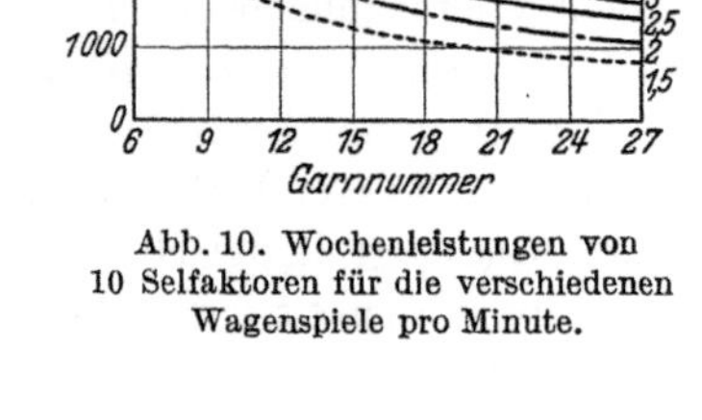

Abb. 10. Wochenleistungen von 10 Selfaktoren für die verschiedenen Wagenspiele pro Minute.

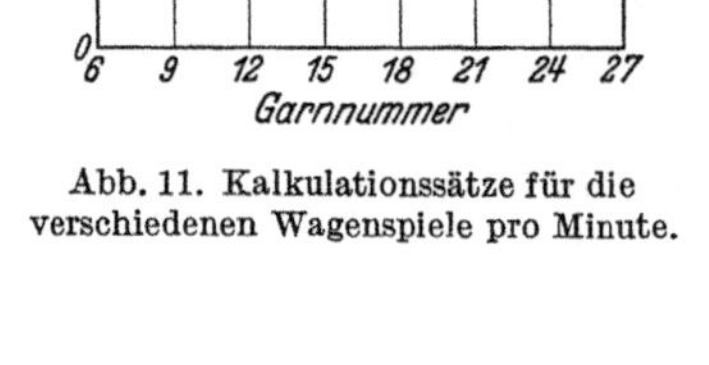

Abb. 11. Kalkulationssätze für die verschiedenen Wagenspiele pro Minute.

Gefahr von Betriebsverlusten. Eine exakte Kalkulation kann gestaffelte Sätze sowohl für die Vorkalkulation als auch für die Nachkalkulation hinsichtlich der verschiedenen Maschinengeschwindigkeiten nicht umgehen.

Kostensätze bei verschiedener Leistungsbasis. Es erhebt sich nun weiter die Frage, ob nicht eine Vereinfachung der Kostensätze durch Übergang von der Leistungsbasis „kg" auf die Basis „Strahn" möglich ist. Werden die in Tab. 9 ermittelten Leistungen (kg) nach der Formel:

$$\frac{L_i \cdot N}{1000} = L_{\mathrm{str}} \text{ in } 1000 \text{ m},$$

worin L_i = Gesamtistleistung pro Woche in kg,
N = metrische Garnnummer,
L_{str} = Strahnleistung pro Woche

ist, in Strähne umgerechnet, so gibt sich für die Größenordnung der Leistungen von groben und feinen Nummern eine bedeutende Annäherung; daraus erklärt sich auch die viel geringere Schwankungsbreite für den in Strähnen umgerechneten Kalkulationssatz. Aus Tab. 10 und 11 ist die prozentuale Abweichung der Garnnummern 6 und 27 (Garnnummer 6 als Basis) ersichtlich.

Tabelle 10. %-Abweichung der Kalkulationssätze für die Leistungsbasis in kg.

Kalkulationssatz	Wagenspiele pro Minute					
	1,5	2	2,5	3	3,5	
für Garn-Nr. 6	78,—	60,—	49,5	42,3	37,1	Pfg./kg
für Garn-Nr. 27 . . .	271,—	204,—	166,—	139,—	119,5	Pfg./kg
Prozentuale Abweichung für Garn-Nr. 27. . .	248	240	234	229	222	%

Tabelle 11. %-Abweichung der Kalkulationssätze für die Leistungsbasis in Strahn.

Kalkulationssatz	Wagenspiele pro Minute					
	1,5	2	2,5	3	3,5	
für Garn-Nr. 6	13,—	10,—	8,25	7,05	6,2	Pfg./Strahn
für Garn-Nr. 27. . . .	10,—	7,58	6,14	5,17	4,43	Pfg./Strahn
Prozentuale Abweichung für Garn-Nr. 27. . .	23,1	24,2	25,6	26,7	28,6	%

Der Vergleich der Tab. 10 und 11 führt zu dem Schluß, daß durch die Überführung der Kalkulationssätze auf die Basis Strahn keine Vereinfachung und Radikallösung eintritt, obwohl sich die Streuung des Sätze untereinander um das zehnfache verringert hat. Praktisch ist er also gleichgültig, ob die Kalkulation auf die Leistung in kg oder Strahn aufgebaut wird. Die Berechnung in kg hat den Vorzug der Ersparnis von Produktionsumrechnungen, weshalb sie auch die in der Praxis gebräuchlichste Kalkulationsbasis ist. Für die Beurteilung der Abhängigkeit des Kalkulationssatzes von dem Beschäftigungsgrad der Spinnerei ist aber die Strahnbasis infolge der geringeren Streuung durchaus brauchbar, zumal die Spinnereileistung praktisch leicht in Strähnen zu beurteilen ist.

Kalkulationssatz und Beschäftigungsgrad. Zur Klärung dieser Frage ist es notwendig, die Durchschnittsnummer und das mittlere Wagenspiel einer Woche zu kennen. Die Durchschnittsnummer der verschiedenen in einer Woche gesponnenen Garne ergibt sich aus der Produktion und der Garnnummer nach der Formel:

$$N_{\varnothing} = \frac{G_1 \cdot N_1 + G_2 \cdot N_2 + G_3 \cdot N_3 + \text{usw.}}{G_1 + G_2 + G_3 + \text{usw.}}.$$

Darin bedeutet $G_{1,\,2,\,3}$ = die wöchentliche Produktion der einzelnen Garnnummern in kg,

$N_{1,\,2,\,3}$ = die jeweilig gesponnene Garnnummer,

$N_{\varnothing}$ = mittlere Garnnummer.

Auf dieselbe Weise wird das mittlere Wagenspiel ermittelt. Zur beispielhaften Erläuterung der Veränderung des Kalkulationssatzes bei abnehmender Beschäftigung wird angenommen, daß die in einer Woche gesponnene Durchschnittsnummer 12 mit dem mittleren Wagenspiel von 2,5 pro Minute gelaufen ist. Für die in Tab. 12 durchgeführte Rechnung wird vorausgesetzt, daß die Lohnkosten für die Beschäftigungsgrade von 100—80% konstant bleiben und erst bei weiterem Beschäftigungsrückgang abnehmen. Weiter werden die Kosten für die Abschreibung und Verzinsung, die anteiligen allgemeinen Betriebsunkosten und die Heizungs- und Beleuchtungskosten als unveränderlich betrachtet. Von den übrigen Kosten wird die Anpassung an den Beschäftigungsgrad angenommen.

Tabelle 12.

Beschäftigungsgrad: Leistung in Strahn:	100% 31 100	90% 28 000	80% 24 850	70% 21 750	60% 18 650	
Lohnkosten	931,50	931,50	931,50	831,50	831,50	RM/Woche
Kraftkosten.	334,—	300,—	265,—	234,—	200,—	,,
Abschr. u. Verzinsung	609,—	609,—	609,—	609,—	609,—	,,
Reparaturen	33,90	31,50	28,50	25,50	23,50	,,
Heizung u. Beleuchtg.	120,—	120,—	120,—	120,—	120,—	,,
Hülsenkosten	22,40	20,—	18,—	16,—	14,—	,,
Allg. Betriebsunkosten	46,—	46,—	46,—	46,—	46,—	,,
Hilfsmaterialkosten .	168,—	151,—	134,50	117,50	101,—	,,
Gesamtkosten . . .	2264,80	2209,—	2152,50	1999,50	1945,—	RM/Woche
Kostensatz pro Strahn	7,3	7,9	8,66	9,2	10,4	Pfg.

Die Tab. 12 läßt erkennen, daß der Kalkulationssatz nicht so sehr durch die Kostenreduktion als durch den Rückgang der Produktion verändert wird. Das Kalkulationsbild wird sich auch bei größerem Rückgang der Lohnkosten als hier angenommen nur unwesentlich verändern.

Bei der Kalkulation im Betriebe nimmt man bei kleineren Beschäftigungsschwankungen nicht dauernd Regulierungen der Sätze vor, da man sonst aus der Rechnerei überhaupt nicht mehr herauskommen würde. Man hilft sich hier durch Einschließen eines Sicherheitszuschlages in den Kalkulationssatz, der z. B. so bemessen sein kann, daß die Grenze von Gewinn und Verlust bei 80% der Vollbeschäftigung liegt.

Zusammenfassung der Ergebnisse. Diese Darlegung und Beleuchtung des Kalkulationssatzes unter Einschaltung der betrieblichen Faktoren zeigt, daß hinter der Kalkulationsrechnung eine gewisse Problematik steckt, die jeder Betrieb nach seinen Eigenheiten zu lösen hat. Grundsätzlich hat die Untersuchung der Spinnereikalkulationssätze folgende Ergebnisse geliefert:

1. die Produktion steigt mit gröber werdender Garnnummer in der Form einer Hyperbel an;
2. der Kalkulationssatz wächst mit feiner werdender Garnnummer fast geradlinig;
3. die Produktion und damit der Kalkulationssatz ist in hohem Maße von der Garndrehung, dem Lauf der Partie und dem Zustand des Maschinenparks abhängig;
4. ein Übergang auf die Leistungsbasis in Strahn bedeutet für die Kalkulation keine Vereinfachung;
5. bei rückläufiger Beschäftigung nimmt der Kalkulationssatz in der Form einer Hyperbel zu.

Die Untersuchung der Größenordnung der Kalkulationssätze hat gezeigt, daß die Kostensätze nach den eingangs festgelegten Daten für die Garnnummer 6—27 bei 2,5 Wagenspielen pro Minute in den Grenzen von 50—166 Pfg. pro kg gesponnenem Garn liegen. Die Schwankungsbreite bei ein und derselben Nummer, durch das Wagenspiel bedingt, liegt im Mittel bei etwa 115%. Aus dieser Erkenntnis ergibt sich die Notwendigkeit einer exakten Staffelung der Sätze nach den beiden einflußreichsten Komponenten: Garnnummer und Wagenspiele pro Minute.

2. Zwirnerei[1].

Allgemeines. Die Zwirnerei hat bekanntlich die Aufgabe, den Garnen eine größere Festigkeit und ein bestimmtes Aussehen zu verleihen. Es werden mehrere einfache Fäden mit einer bestimmten Drehung rechts

[1] Sustmann: Die Selbstkostenberechnung der Zwirne, Erfahrung und Forschung. Dtsch. Wollengew. 1936, H. 24.

(Z-Drehung) oder links (S-Drehung) zusammengedreht. Bei diesem Arbeitsgang sind von Einfluß auf die Selbstkostenrechnung:

Die Garnnummer. Die Wirkung der Garnnummer auf die Leistung und Kostensätze ist genau dieselbe wie bei der Spinnerei.

Die Drehung. Die Drehung der Zwirne ist in gewissen Grenzen durch die Garnnummer bestimmt. Man spricht von loser, normaler, Mouliné und scharfer Drehung, was immer relativ zur Garnnummer zu verstehen ist. Allgemein liegen die praktisch vorkommenden Drehungen zwischen 150 und 2000 pro Meter. Am häufigsten kommen die Normaldrehungen vor. Für besondere Warengattungen wird die Moulinédrehung verwendet, die gewöhnlich doppelt so groß ist wie die Normaldrehung der entsprechenden Garnnummer (Abb. 12). Die noch höheren Drehungen fallen in den Bereich der scharfgedrehten Garne. Vom Gesichtspunkt der Selbstkostenrechnung aus betrachtet, ist eine höhere Drehung mit einer längeren Zwirndauer und damit mit einer steigenden Tendenz der Kostensätze der einzelnen Garnnummern verbunden. Daneben ist die bei bestimmten Drehungen auftretende Verkürzung der Fäden (Einzwirnung) in der endgültigen Berechnung des Zwirnpreises von besonderer Bedeutung.

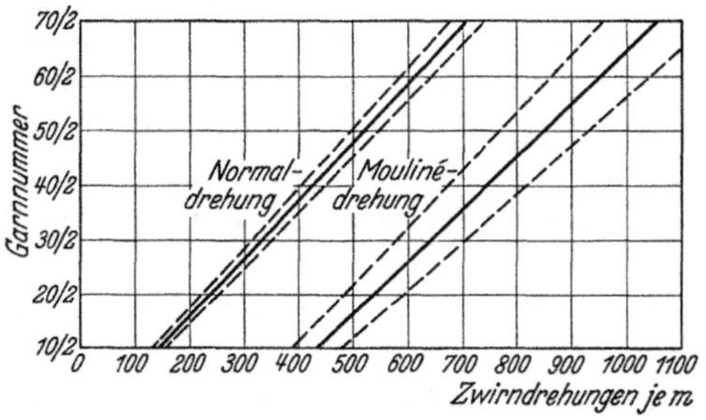

Abb. 12. Gebräuchliche Grenzwerte für die Drehung der Zwirne.

Die Drehrichtung. In den meisten Fällen werden die rechts gesponnenen Fäden links gezwirnt (zz/S), dabei dreht sich der gesponnene Faden z. T. auf. Für die Normaldrehung ist, wie später dargelegt wird, kein Einzwirnungsverlust zu berücksichtigen. Bei der Moulinédrehung dagegen und bei der Verzwirnung der Fäden in der Spinndrehrichtung (ss/S und zz/Z) treten bemerkenswerte Verkürzungen auf.

Von der Anzahl der verzwirnten Fäden. Man unterscheidet zweifache und mehrfache Zwirne. Für die Frage der Kostenrechnung hat die Fachung die Bedeutung der Garnnummer.

Die Anzahl der Zwirngänge. Wird ein bereits fertiggestellter Zwirn mit einem weiteren Faden verzwirnt, was man als Vor- und Nachzwirnen bezeichnet, so sind zwei Arbeitsgänge zu berechnen.

Die besondere Effektbildung. Die durch den Vorlauf eines Fadens (in der Hauptsache Seiden- und Baumwollfäden), ferner die durch Knoten- und Schlingenbildung usw. erzielten Zwirne, werden außer auf die Arbeitskosten und Einzwirnungsverluste noch auf den Mehrverbrauch an Material einzelner Garne berechnet.

Zwirnberechnung. 1. Die Gesamtnummer eines Zwirnes aus mehreren Fäden der gleichen Garnnummer ist:

$$\text{Zwirnnummer} = \frac{\text{Nummer des einfachen Fadens}}{\text{Anzahl der Fäden}}.$$

Beispiel: 28/1 mit 28/1 ergibt 28/2 = 14/1;
45/1 dreifach gezwirnt 45/3 = 15/1.

2. Die Gesamtnummer eines Zwirnes aus zwei Fäden mit verschiedener Garnnummer ist:

$$\text{Zwirnnummer} = \frac{\text{Nummer } a \cdot \text{Nummer } b}{\text{Nummer } a + \text{Nummer } b} = \frac{a \cdot b}{a + b}.$$

Beispiel: 30/1 mit 45/1 gezwirnt ergibt $\frac{30 \cdot 45}{30+45} = 18/1$.

3. Die Gesamtnummer eines Zwirnes aus drei Fäden mit verschiedener Garnnummer, bei welchem zwei Fäden vorgezwirnt und der dritte Faden angezwirnt ist:

$$\text{Zwirnnummer} = \frac{\frac{a \cdot b}{a + b} \cdot c}{\frac{a \cdot b}{a + b} + c}.$$

4. Bei Vorlaufzwirn ist die Garnnummer des schneller zulaufenden Fadens um den Prozentsatz des Vorlaufes zu verringern und mit dieser Nummer weiter zu berechnen.

Einzwirnungsverluste. Die angegebene Berechnung der Zwirnnummer gilt nur für die Normaldrehung der Zwirne. Bei den Garnen mit Mouliné-drehung und den mit hoher Drehung gezwirnten Spezialgarnen (Effektzwirne) ist die Nummerberechnung sowohl für die Warenberechnung als auch für die Selbstkostenberechnung der Zwirne durch den Einfluß der Einzwirnung zu berichtigen. Der Prozentsatz der Einzwirnung läßt sich nicht mathematisch berechnen, sondern ist von Fall zu Fall durch praktische Versuche mit Hilfe der *Präzisionsweife* festzustellen, indem man die Nummer der einfachen Fäden und die des Zwirnes bestimmt. Die Nummerndifferenz gibt uns die Einzwirnung an. Die Größe der Einzwirnung richtet sich nach:

1. der Drehrichtung des Zwirnes im Vergleich zu derjenigen der einfachen Fäden;
2. der Anzahl der Drehungen auf 1 m Zwirn;
3. der Anzahl der Zwirngänge (vor- und nachgezwirnt);
4. der Garnnummer der verzwirnten Fäden;
5. der Garnqualität und der Spinndrehung;
6. nach dem Fadenzug auf der Zwirnmaschine[1].

[1] Sustmann: Fadenzug und Einzwirnungsverlust bei Wollzwirnen. Melliand Textilber. 1937, H. 8.

Leistung. Die Leistung der Zwirnmaschine ist abhängig von der Maschinengeschwindigkeit, der Garnnummer, der Drehung pro Meter, der Güte des Garnmaterials und von der Geschicklichkeit der Bedienung.

Die Maschinengeschwindigkeit kommt in der Spindeldrehzahl und der Drehzahl des Lieferzylinders zum Ausdruck. Mit beiden Angaben läßt sich die Höchstleistung der Zwirnmaschine berechnen. Sie ergibt sich für die Spindeldrehzahl nach der Formel:

$$L_h = \frac{S \cdot n_s \cdot 60}{Dr \cdot N} \text{ in g/Stunde.}$$

Darin ist:

L_h = Höchstleistung in g/Stunde, 60 = Minuten/Stunde,
S = Spindelzahl, Dr = Zwirndrehung/Meter,
n_s = Spindeldrehzahl/Minute, N = metrische Zwirnnummer.

Für den Lieferzylinder gilt die Formel:

$$L_h = \frac{S \cdot n_1 \cdot u \cdot 60}{N} \text{ in g/Stunde.}$$

Darin ist: S = Spindelzahl,
n_1 = Drehzahl des Lieferzylinders/Minute,
u = Umfang der Lieferwelle in Meter,
N = metrische Zwirnnummer.

Die erste Formel ist für die Berechnung der Höchstleistung vorteilhafter, da in dieser die für die Leistung wesentlichen Faktoren, die Drehung und die Zwirnnummer gemeinsam vorkommen.

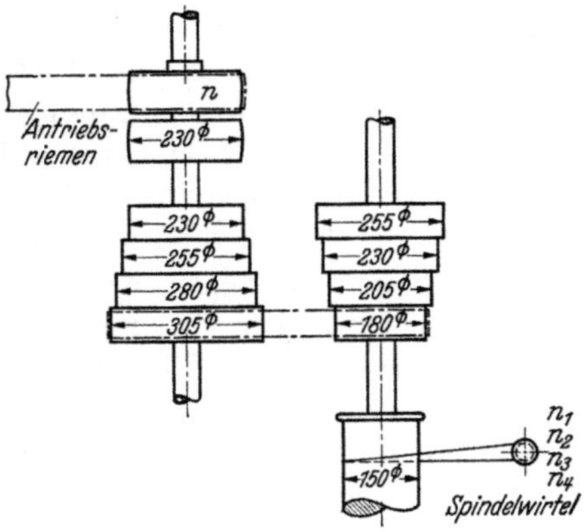

Abb. 13. Zwirnmaschinenvorgelege.

Die Spindeldrehzahl läßt sich bei den gewöhnlichen Bauarten der Zwirnmaschinen durch Verlegen des Riemens auf Stufenscheiben in vier verschiedene Geschwindigkeiten verändern. In größeren Zwirnereien verwendet man neuerdings direkt mit der Schnurentrommel gekuppelte Drehstromkollektormotore, die die Einstellung jeder beliebigen Spindeldrehzahl auf einfachste Weise gestatten. Dieser Abhandlung wird die Spezialmaschine für Buckskin- und Kammgarnwebereien der Firma W. Schlafhorst mit 90 mm Spindelteilung und einem Spezialring von 55 mm innerem Durchmesser zugrunde gelegt, mittels der sich sowohl Kett- als auch Schußspulen herstellen lassen. Hat die Vorlegewelle die Drehzahl von

700/Minute, so ergeben sich für den Wirteldurchmesser von 28 mm folgende Spindeldrehzahlen:

$$n_1 = 3190/\text{Minute}, \qquad n_3 = 4830/\text{Minute},$$
$$n_2 = 3930/\text{Minute}, \qquad n_4 = 5980/\text{Minute}.$$

Durch die Veränderung der Drehzahl ändert sich die Produktionsmenge. Bei schlechtem Material ist es meist infolge der vielen Fadenbrüche notwendig, die Drehzahl herabzusetzen. Umgekehrt ist es aber Sache der Aufsicht, die Maschine bei gutem Fadenmaterial mit größtmöglicher Geschwindigkeit laufen zu lassen.

Die praktische Leistung wird aus der Höchstleistung mit Hilfe des Wirkungsgrades ermittelt. In den Wirkungsgrad werden die Verlustzeiten für das Aufstecken der Spulen auf das Gatter, das Abziehen der vollen Zwirnspulen, das Aufstecken von leeren Hülsen und die Wiederherstellung von Fadenbrüchen eingeschlossen. Er läßt sich genau durch Zeitstudien ermitteln. Bei kleineren Zwirnereien lohnt es sich meist nicht, so sehr ins einzelne zu gehen. Man verwendet hier die Produktionsstatistik. Für die hier durchgeführte Rechnung wird der einfachere Weg unter Zugrundelegung der Produktionsstatistik beschritten. Man findet den Wirkungsgrad einer Zwirnpartie, indem man die in einer bestimmten Zeit gelieferte Produktion durch die in demselben Zeitabschnitt mögliche Höchstleistung dividiert. Auf diese Weise werden alle Einflußgrößen summarisch in dem Wirkungsgrad der Zwirnpartie zusammengefaßt. Wird dies auch in kleineren Zwirnereien systematisch durchgeführt, so ergeben sich mit der Zeit praktische Erfahrungswerte, mit welchen man zuverlässig in der Kalkulation rechnen kann. In diesem Zusammenhang wird der Wirkungsgrad in den Grenzen von 55—75% gewählt.

Bei der Untersuchung der Leistung sind im besonderen folgende Fragen zu klären:

1. Wie verhält sich die Leistung in Abhängigkeit von der Garnnummer?
2. Wie verhält sich die Leistung in Abhängigkeit von der Drehung?
3. Wie verhält sich die Leistung bei verschieden großer Maschinengeschwindigkeit?

Die beiden ersten Fragen lassen sich gleichzeitig betrachten, da zwischen Zwirnnummer und Drehung in der ersten Formel eine unmittelbare Beziehung besteht. Unter Zugrundelegung der erwähnten Wirkungsgrade und der Spindeldrehzahl von 4830/Minute wird die wöchentliche Leistung von 100 Spindeln in Tab. 13 berechnet. Die praktische Leistung (Istleistung) ergibt sich nach der Formel:

$$L_i = \frac{100 \cdot 4830 \cdot 60 \cdot 47 \cdot \text{Wirkungsgrad}}{\text{Zwirndrehung/Meter} \cdot \text{Garnnummer}} \text{ in kg/Woche.}$$

Die schaubildliche Darstellung der Leistung in Abhängigkeit von der Garnnummer ergibt den typischen asymptotischen Verlauf bei feiner

Tabelle 13. Zwirnmaschinenleistungen in kg pro Woche für 100 Spindeln und eine Spindeldrehzahl von 4830/Minute.

Garnnummer	Drehungen pro Meter									
	100	200	300	400	500	600	700	800	900	1000
1/6 zu 2/6	2500	1250	833	625	500	417	—	—	—	—
1/6 „ 3/6	3750	1875	1250	940	750	625	—	—	—	—
1/12 „ 2/12	1305	652	435	326	261	218	187	—	—	—
1/12 „ 3/12	1960	980	653	490	392	327	280	—	—	—
1/18 „ 2/18	892	446	287	223	178	148	127	111	—	—
1/18 „ 3/18	1340	672	447	335	268	223	191	167	—	—
1/28 „ 2/28	614	307	204	153	123	102	88	77	68	—
1/28 „ 3/28	920	460	307	230	184	153	131	115	102	—
1/36 „ 2/36	—	249	166	124	100	83	71	62	55	50
1/36 „ 3/36	—	375	250	187	150	125	107	94	83	75
1/36 „ 4/36	—	500	333	250	200	166	143	125	111	100
1/45 „ 2/45	—	209	139	104	84	70	60	52	47	42
1/45 „ 3/45	—	314	209	157	125	104	90	79	70	63
1/45 „ 4/45	—	418	278	209	167	140	120	105	93	84
1/56 „ 2/56	—	177	118	88	71	59	51	44	39	35
1/56 „ 3/56	—	266	177	133	106	89	76	67	59	53
1/56 „ 4/56	—	354	236	177	141	118	101	89	79	71
1/64 „ 2/64	—	163	109	82	65	54	47	41	36	33
1/64 „ 3/64	—	245	163	122	98	82	70	61	54	49
1/64 „ 4/64	—	326	217	163	130	109	93	81	72	65

werdender Nummer (Abb. 14). Die Kurven für die verschiedenen Drehungen bedürfen keiner näheren Erläuterung. Es ist klar, daß die Garne mit höherer Drehung eine längere Zwirndauer benötigen und dadurch die Leistung herabsetzen.

Für die Berechnung der Tab. 13 lag der Riemen auf der Geschwindigkeitsstufe 3. Ist diese Stufe für minderwertiges Garnmaterial infolge der Häufung der Fadenbrüche zu hoch, so geht man auf die Geschwindigkeitsstufe 2 bzw. 1 zurück, wodurch sich die Leistung im Vergleich zur Stufe 3 um 18,6 bzw. 34% verringert. Ist dagegen ein Arbeiten mit der Geschwindigkeitsstufe 4 möglich, so erhöht sich die Produktion um ca. 23,8%. Wird die Leistung bei der Stufe 2 als Basis für die Selbstkostenrechnung festgelegt, so läßt sich durch ein geschicktes Aufsichts-

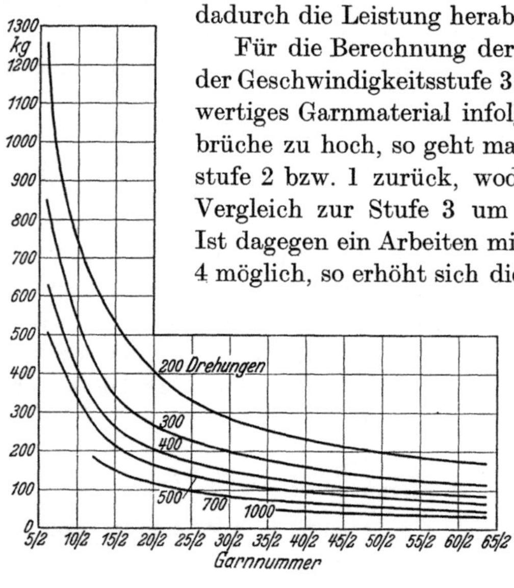

Abb. 14. Zwirnmaschinenleistung pro Woche und 100 Spindeln für 2fache Garne.

personal u. U. ein beachtlicher Betriebsüberschuß in dieser Abteilung erzielen. Werden für die einzelnen Garnnummern und Qualitäten vom Betriebsbüro aus bestimmte aus Erfahrung festliegende Geschwindigkeiten vorgeschrieben, so ist die Voraussetzung für eine scharfe Kalkulation gegeben.

Betriebskosten. Die im nächsten Abschnitt festzustellenden Kalkulationssätze der verschiedenen Garne und Drehungen lassen sich am einfachsten ermitteln, wenn man von der Vorstellung ausgeht, daß die Zwirnerei während der ganzen Woche nur mit der Herstellung einer Garnsorte beschäftigt ist. Diese Abstraktion der durchgängigen Beschäftigung erscheint notwendig, um die Kalkulation, die durch die vielen Umrechnungen der Kosten bei den verschiedensten Garnen und Partiegrößen unnötig erschwert würde, auf einfache Weise durchzuführen.

Der Wochenistleistung werden die Betriebskosten in der gleichen Zeit gegenübergestellt. Die Betriebskosten setzen sich zusammen aus Lohnkosten, Kraftkosten, Abschreibung und Verzinsung, Reparaturen und Instandhaltung, Heizung und Beleuchtung, Kosten für die Betriebshilfsmittel (Schmieröle, Ringfette, Spindelschnüre, Läufer) und die Kosten der Garndämpferei.

Tabelle 14. Zusammenstellung der Betriebskosten.

Kostenart	Wochenkosten	Anteil
Lohnkosten	462,96 RM	72,4%
Kraftkosten	83,— „	13,1%
Abschreibung und Verzinsung .	57,50 „	9,0%
Reparaturen und Instandhaltung.	5,75 „	0,9%
Heizung und Beleuchtung	20,— „	3,1%
Hilfsmaterial	10,— „	1,5%
Kosten	639,21 RM	100,0%
10% Sicherheitszuschlag	63,92 „	—
Zwirnereibetriebskosten	703,13 RM/Woche	—

Betriebsgröße. 5 Maschinen von 160 Spindeln je Seite = 1600 Spindeln.

Lohnkosten. Berücksichtigt: 10 Zwirnerinnen, 2 Hilfskräfte, 1 Steller, 1 Garnabwiegerin, 1 Garndämpfer, 10% soziale Lasten, Feriengeldumlage und ein geringer Zuschlag für mögliche Überstunden: 462,96 RM/Woche.

Kraftkosten. Gesamtkraftbedarf 29,4 kW, durchschnittliche Laufdauer 75%, Arbeitszeit 47 Wochenstunden, kWh-Preis 8 Pfg.: 83 RM/Woche.

Abschreibung und Verzinsung. Maschinenwert, Montage, Motore, elektr. Installation, Garndämpferei, Heizungs- und Beleuchtungsanlage 24000 RM. Mit 12% Abschreibung und Verzinsung 2880 RM Jahreskosten. 57,50 RM/Woche.

Reparaturen und Instandhaltung. 10% der Abschreibungs- und Verzinsungssumme (genau aus den jährlichen Auszügen feststellen): 5,75 RM/Woche.

Heizungs- und Beleuchtungskosten. Heizungskosten: aus den Jahreskosten nach dem beheizten Rauminhalt. Beleuchtungskosten: nach der eingebauten Wattzahl der Lampen und der durchschnittlichen Beleuchtungsdauer. Dampfkosten für den Garndämpfapparat. Auf die Woche umgelegt: 20 RM/Woche.

Hilfsmaterialkosten. Angenommen mit 10 RM/Woche.

Berechnung der Kalkulationssätze. Werden die Zwirnereibetriebskosten von 703,13 RM pro Woche durch die der jeweiligen Garnnummer entsprechenden Wochenleistungen bei 1600 Spindeln dividiert, so ergeben sich für die verschiedenen Garnnummern und Drehungen genau gestaffelte Kalkulationssätze (Tab. 15).

Tabelle 15. Zwirnereikalkulationssätze Pfg./kg.

Garnnummer	Drehungen pro Meter									
	100	200	300	400	500	600	700	800	900	1000
1/6 zu 2/6	1,75	3,5	5,27	7,02	8,78	10,5	—	—	—	—
1/6 „ 3/6	1,17	2,34	3,5	4,67	5,85	7,0	—	—	—	—
1/12 „ 2/12	3,36	6,72	10,1	13,4	16,8	20,1	23,4	—	—	—
1/12 „ 3/12	2,24	4,48	6,72	8,9	11,2	13,4	15,6	—	—	
1/18 „ 2/18	4,91	9,8	14,7	19,6	24,6	29,6	34,5	39,5	—	—
1/18 „ 3/18	3,27	6,5	9,8	13,1	16,3	19,6	22,9	26,2	—	—
1/28 „ 2/28	7,16	14,3	21,5	28,6	35,6	43,0	50,0	57,0	64,5	—
1/28 „ 3/28	4,76	9,5	14,3	19,0	23,8	28,6	33,5	38,2	43,0	—
1/36 „ 2/36	—	17,6	26,4	35,4	43,9	53,0	61,8	70,8	80,1	88,0
1/36 „ 3/36	—	11,7	17,5	23,4	29,2	35,0	41,0	46,7	52,8	58,5
1/36 „ 4/36	—	8,8	13,1	17,5	21,9	26,4	30,6	35,0	39,5	43,9
1/45 „ 2/45	—	21,0	31,6	42,2	52,3	62,8	73,2	84,5	93,5	104,0
1/45 „ 3/45	—	14,0	21,2	27,9	35,0	42,1	48,7	55,5	62,2	69,5
1/45 „ 4/45	—	10,5	15,7	21,0	26,2	31,3	36,5	41,8	47,1	52,2
1/56 „ 2/56	—	24,7	37,2	49,8	61,8	74,5	86,0	100,0	112,0	125,0
1/56 „ 3/56	—	16,5	24,8	33,0	41,4	49,3	57,7	65,5	74,3	82,8
1/56 „ 4/56	—	12,4	18,6	24,7	31,1	37,2	43,3	49,3	55,5	61,8
1/64 „ 2/64	—	26,9	40,2	53,5	67,5	81,3	93,5	107,0	122,0	133,0
1/64 „ 3/64	—	17,9	26,9	36,0	44,8	53,5	62,7	72,0	81,3	89,5
1/64 „ 4/64	—	13,4	20,2	26,8	33,7	40,2	47,1	54,2	61,0	67,5

Mit Hilfe der graphischen Darstellung der Kalkulationssätze (Abb. 15), die sich aus der vorstehenden Tab. 15 ergeben hat und beispielsweise für die zweifachen Zwirne wiedergegeben ist, *läßt sich der Kalkulationssatz eines beliebigen zweifachen Zwirnes von beliebiger Drehung auffinden.* Für die drei- und vierfachen Zwirne lassen sich ähnliche Schaubilder aufzeichnen. Abb. 15 läßt sich aber auch für diese Zwirne verwenden, und zwar durch Umrechnung der drei- und vierfachen Garne auf die einfache Nummer und Transformierung auf die zweifache Nummer. Zur leichteren Auffindung des Kalkulationssatzes sind die Kurvenscharen in Abb. 15 für die verschiedenen Drehungen noch durch die Linien der mittleren Normaldrehung und Moulinédrehung überlagert. Ist z. B. der Kalkulationssatz für die Garnnummer 52/2 mit 550 Drehungen festzustellen, so geht man bei der Garnnummer 52/2 senkrecht nach oben bis zur Mitte zwischen 500 und 600 Drehungen und geht dann nach links auf die Skala der Kostensätze, wo sich der Zwirnherstellungspreis von 65 Pfg./kg ergibt.

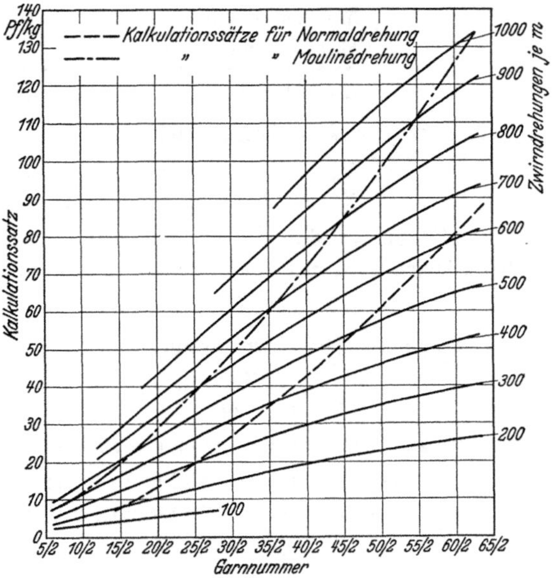

Abb. 15. Kalkulationssätze für zweifache Zwirne.

Zusammenfassende Berechnung von Zwirngarnen. Die in der Warenkalkulation einzusetzenden Preise für die im eigenen Werk hergestellten Zwirne haben folgende Faktoren zu berücksichtigen: Werkpreis der einfachen Garne (evtl. Kreuzspul- und Färbekosten), Einzwirnungs- und Abfallverluste und die Zwirnherstellungskosten. Für die Herstellung von Zwirnen aus Kammzug gefärbten Garnen einige Beispiele:

1. *Preis für einen zweifachen Zwirn.*

$$N_m = 56/1 \text{ Kammgarn zu } 11 \text{ RM/kg},$$
$$N_m = 45/1 \text{ Kammgarn zu } 10 \text{ RM/kg}.$$

Zunächst ist die Zwirnnummer zu berechnen:

$$\frac{a \cdot b}{a + b} = \frac{56 \cdot 45}{56 + 45} = 24{,}95 = 24\,950 \text{ m/kg} = N_{zwirn}\,.$$

Mengen- und Preisanteile der einzelnen Garne:

24 950 : 56 000 = 0,4455 kg	zu	11 RM	pro kg	4,90 RM
24 950 : 45 000 = 0,5545 kg	zu	10 RM	pro kg	5,545 RM
				10,445 RM.

Wir nehmen an, der Zwirn sei ein Mouliné mit 850 Drehungen. Der Einzwirnungsverlust betrage 3% und der Abfallverlust 0,5%, d.h. der Gesamtverlust 3,5%.

Mit dem Gesamtverlust von 3,5% ergeben sich die Zwirnmaterialkosten zu:

$$\frac{10{,}445 \cdot 100}{100 - 3{,}5} = 10{,}85 \text{ RM/kg}.$$

Aus der Abb. 15 ergibt sich für die Garnnummer 24,95/1 = 50/2 mit

850 Drehungen ein Herstellungskostensatz von 96 Pfg./kg. Der Garnpreis für die Warenkalkulation beträgt demnach:

Materialkosten	10,85 RM/kg,
Herstellungskosten	0,96 RM/kg.
Zwirnpreis	11,81 RM/kg.

2. *Preis für einen Freskozwirn.*

$N_m = 45/1$ Kammgarn zu 10 RM/kg,
$N_m = 36/1$ Kammgarn zu 9 RM/kg.

Diese Fäden werden zu einem Grundzwirn zusammengedreht. Der Grundzwirn wird mit einem dritten Faden angezwirnt:

$N_m = 64/1$ Kammgarn zu 12 RM/kg.

Grundzwirn. Die Garnnummer des Grundzwirnes ergibt sich zu:

$$\frac{a \cdot b}{a + b} = \frac{45 \cdot 36}{45 + 36} = 20 = N_{zwirn} = 20000 \text{ m/kg}.$$

Mengen und Preisanteile der Garne für den Grundzwirn:

20000 : 45000 = 0,444 kg	zu 10 RM/kg	4,44 RM,
20000 : 36000 = 0,556 kg	zu 9 RM/kg	5,— RM.
		9,44 RM/kg.

Wir nehmen an, der Zwirn sei mit 300 Drehungen pro Meter vorgezwirnt und habe keine Einzwirnungsverluste. Es bleibt daher nur der Abfallverlust, den wir mit 0,5% annehmen, zu berücksichtigen, wodurch sich der Materialpreis auf $\frac{9{,}44 \cdot 100}{100 - 0{,}5} = 9{,}50$ RM/kg erhöht. Dazu kommen noch die Herstellungskosten für $20/1 \doteq 40/2$ bei 300 Drehungen mit 30 Pfg./kg (Abb. 15), so daß die Gesamtkosten für den Grundzwirn betragen:

Materialkosten	9,50 RM,
Herstellungskosten	0,30 RM.
Preis des Grundzwirnes . .	9,80 RM/kg.

Andrahtzwirn (Freskozwirn):

$$\frac{20 \cdot 64}{20 + 64} = 15{,}25 = N_2 = 15250 \text{ m pro kg}.$$

Mengen und Preisanteile der Garne:

15250 : 20000 = 0,7625 kg	zu 9,80 RM/kg	7,47 RM,
15250 : 64000 = 0,2375 kg	zu 12,— RM/kg	2,85 RM.
		10,32 RM/kg.

Dieses neue Garn sei mit 450 Drehungen auf die Moulinédrehung von 750 Drehungen weitergedreht. Die Einzwirnung betrage in diesem Fall 3,5% und der Abfallverlust 0,5%, was einen Gesamtverlust von 4%

ergibt. Die Zwirnmaterialkosten des Freskozwirnes betragen demnach $\frac{10,32 \cdot 100}{100 - 4} = 10,75$ RM/kg. Der Herstellungskostensatz ergibt sich für 15,25/1 = 30,5/2 und 450 Drehungen pro Meter nach der Abb. 15 zu 35 Pfg./kg. Der in der Warenkalkulation einzusetzende Zwirnpreis ist daher:

Materialkosten	10,75 RM,
Herstellungskosten	—,35 RM.
Preis des Freskozwirnes .	11,10 RM/kg.

Auf diese Weise lassen sich alle übrigen Garnpreisberechnungen der Zwirne behandeln.

3. Kreuzspulerei.

Allgemeines. Die Kreuzspulerei kann im Fabrikationsgang einer Tuchfabrik eine der Zwirnerei, der Zettelei oder Schärerei und eine der Garnfärberei vorgeschaltete Abteilung sein. Bei der Zwirnerei hat sie den Zweck, die Garne zu fachen (doublieren), um die Garnverunreinigungen und losen Stellen zu beseitigen und durch ihr großes Fassungsvermögen zur Produktionserhöhung der Zwirnmaschine beizutragen. Außerdem erhält man durch die gute Parallellage der Garne qualitativ bessere Zwirne. Bei der Zettelei und Schärerei hat die Kreuzspulerei die Aufgabe, die Maschinenstillstände der Zettel- und Schärmaschinen zu reduzieren und damit das Arbeitsverfahren zu beschleunigen. Schließlich wird die Kreuzspulerei zur Herstellung von Farbspulen verwendet. Für diesen Zweck wird das Garn auf gelochte zylindrische Hülsen gespult.

Leistung. Die Leistung der Kreuzspulerei hängt ab von der minutlichen Fadengeschwindigkeit, der Güte des Garnmaterials und von der Arbeitsweise und Geschicklichkeit der Spulerin. Rechnerisch läßt sich die Leistung nach der Formel ermitteln:

$$L_i = \frac{S \cdot c_F \cdot 60 \cdot 47 \cdot \eta}{N} \text{ in kg/Woche,}$$

$$c_F = n \cdot u = n \cdot \pi \cdot d \text{ in m/Minute.}$$

Darin ist:

S = Spindelzahl,
c_F = Fadengeschwindigkeit in m/Minute,
$60 \cdot 47$ = Arbeitsminuten pro Woche,
η = Wirkungsgrad,
N = metrische Garnnummer,
n = Drehzahl der Spulwelle/Minute,
d = Durchmesser der Spulwelle in Meter.

Der Wirkungsgrad läßt sich durch längere Zeit andauernde Aufzeichnungen der tatsächlichen Produktion für die einzelnen Garnnummern und Qualitäten in bekannter Weise feststellen. Hier wird er mit 75% unter gleichzeitigem Einschluß der Verlustzeiten für Partiewechsel angenommen. Die Einzelfeststellungen müssen sich aus jedem Betrieb ergeben.

Der Berechnung wird die Kreuzspulmaschine M—3 der Firma W. Schlafhorst mit 350 m Fadengeschwindigkeit zugrunde gelegt. Mit zwei Maschinen von je 60 Spindeln ergeben sich für die einzelnen Garne in 47 Wochenstunden folgende praktische Leistungen:

Tabelle 16. Kreuzspulereileistung für 120 Spindeln und 350 m Fadengeschwindigkeit pro Minute.

Garnnummer . . .	18/2	28/2	36/2	45/2	56/2	64/2
Leistung kg/Woche	9860	6340	4925	3940	3165	2770

Zeichnet man sich auch hier wieder die Leistung in Abhängigkeit von der Garnnummer auf, so erhält man den von den früheren Abteilungen der Garnherstellung her bekannten typischen hyperbolischen Verlauf der Leistungskurve (Abb. 16).

Betriebskosten. Die Unkosten dieser Abteilung sind: Löhne, soziale Lasten, Kraftkosten, Abschreibung und Verzinsung, Reparaturen. Die Heizungs- und Beleuchtungskosten werden von der Zwirnerei getragen.

Betriebsgröße. 2 Maschinen von je 60 Spindeln = 120 Spindeln.

Lohnkosten. Berücksichtigt: 6 Spulerinnen, 10% soziale Lasten, Feriengeldumlage. 130 RM/Woche.

Kraftkosten. 3,68 kW stündlicher Kraftbedarf, 47 Wochenstunden, 100% Laufdauer, 8 Pfg./kWh. 13,80 RM/Woche.

Abschreibung und Verzinsung. Maschinenwert, Montage usw. 9000 RM. Jahressumme mit 12% Abschreibung und Verzinsung 1080 RM. 21,60 RM/Woche.

Reparaturen. 10% der Abschreibungs- und Verzinsungssumme. 2,20 RM/Woche.

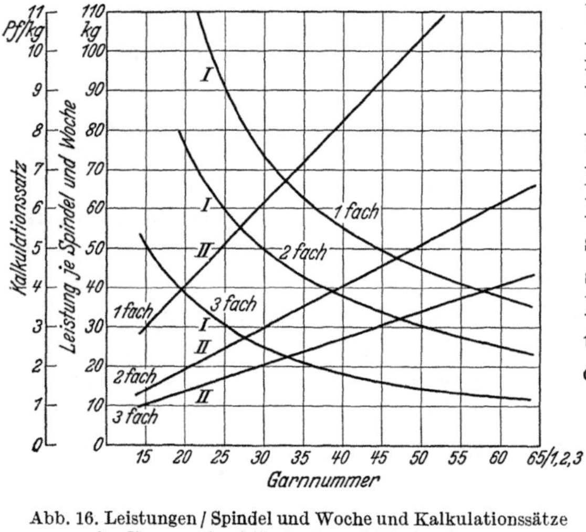

Abb. 16. Leistungen / Spindel und Woche und Kalkulationssätze der Kreuzspulerei für 1-, 2- und 3fache Garne. I = Leistungen, II = Kalkulationssätze.

Tabelle 17. Zusammenstellung der Betriebskosten.

Kostenart	Wochenkosten RM/Woche	Anteil %
Lohnkosten	130,—	77,5
Kraftkosten	13,80	8,3
Abschreibung und Verzinsung	21,60	12,9
Reparaturen.	2,20	1,3
Kosten	167,60	100,—
10% Sicherheitszuschlag . .	16,80	—
Kreuzspulereikosten	184,40	—

Berechnung der Kalkulationssätze. Mit den Betriebskosten von 184,40 RM/Woche und den Wochenleistungen der Tab. 16 ergeben sich die Kalkulationssätze von Tab. 18.

Tabelle 18. Kalkulationssätze der Kreuzspulerei für zweifache Garne.

Garnnummer . . .	18/2	28/2	36/2	45/2	56/2	64/2
Kostensätze Pfg./kg	1,87	2,91	3,74	4,68	5,82	6,65

Zur einfachen Ermittlung der Kalkulationssätze für beliebige Garnnummern sind die Ergebnisse der Tab. 18 in Abb. 16 gemeinsam mit den Leistungen und Kostensätzen der einfachen und dreifachen Garne dargestellt.

Ist z.B. der Kalkulationssatz von 50/2 gesucht, so ergibt sich aus der Abbildung der Kalkulationssatz von 5,2 Pfg. pro kg gespultes Garn. Aber auch wenn verschiedene Garnnummern zusammengespult werden, lassen sich diese Schaulinien verwenden. Man berechnet wie bei der Zwirnerei zunächst die einfache Nummer aus den Nummern der zusammengespulten Garne. Auf der Linie für einfache Garne ergibt sich dann der Kalkulationssatz.

Beispiel: 45/1 mit 36/1 zusammengespult, gibt die Garnnummer 20/1. Kalkulationssatz: 4,1 Pfg./kg.

Der Kalkulationssatz auf der Basis Strahn (1000 m) beträgt bei dem Wirkungsgrad von 75% für sämtliche Garne 0,208 Pfg.

4. Schußspulerei.

Allgemeines. In denjenigen Webereien, in welchen man infolge der Verschiedenartigkeit der Webstühle und der damit verbundenen unterschiedlichen Schützengröße gezwungen ist, die Garne auf kleinere Hülsen zu spulen, ist eine Schußspulerei notwendig. Kleinere Schußspulmaschinen sind fast in jedem Webereibetrieb zu finden. Wegen der untergeordneten Bedeutung dieser Abteilung schließt man die Kosten bei kleineren Betrieben in die Weberei-Nebenkosten ein und deckt sie in der Kalkulation durch den prozentualen Aufschlag auf die Webakkordkosten. An sich ist daher eine Sonderbehandlung der Selbstkostensätze nicht erforderlich, trotzdem bleibt die Klärung der Größenordnung der Leistung und der Kostensätze bei den verschiedenen Garnnummern interessant.

Leistung. Für die Leistungsbestimmung sind dieselben Faktoren wie bei der Kreuzspulerei maßgebend. Die Produktionsberechnung wird nach der Formel vorgenommen:

$$L_i = \frac{S \cdot c_F \cdot 60 \cdot 47 \cdot \eta}{N} \text{ in kg/Woche.}$$

Darin ist:

S = Spindelzahl, η = Wirkungsgrad,
c_F = Fadengeschwindigkeit/Minute, N = metrische Garnnummer.
$60 \cdot 47$ = Arbeitsminuten/Woche,

Wenn die Fadengeschwindigkeit der Spulmaschine nicht bekannt ist, läßt sie sich auf einfache Weise durch einen Versuch feststellen. Vor dem Spulen wird die Hülse und nach dem Spulen die Hülse mit der Garnmenge auf einer Analysenwaage gewogen. Mit Hilfe der Stoppuhr wird die wirkliche Spulzeit festgestellt und mit Hilfe der vorher genau bestimmten Garnnummer die Fadengeschwindigkeit nach der Formel

$$c_F = \frac{(G_2 - G_1) \cdot N}{t} \text{ Meter/Minute berechnet.}$$

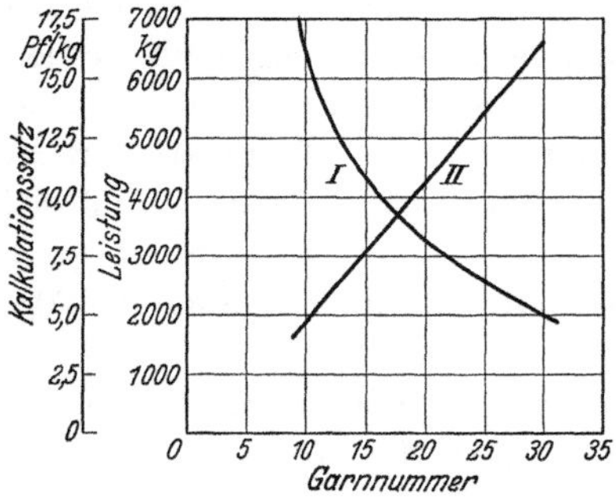

Abb. 17. Leistungen und Kalkulationssätze der Schußspulerei. I = Leistungen, II = Kalkulationssätze.

In dieser Formel ist:

G_2 = Gewicht von Hülse und Garn g,
G_1 = Hülsengewicht g,
N = Garnnummer,
t = Spulzeit in Minuten.

Die Berechnungsgrundlage bilden drei Schußspulmaschinen von je 60 Spindeln und 190 m Fadengeschwindigkeit. Jede Spulerin hat 15 Spindeln zu beaufsichtigen. Der durchschnittliche Wirkungsgrad wird mit 65% angenommen. Für die verschiedenen Garnnummern betragen die Leistungen bei 47stündiger Arbeitszeit (48 — 1 Putzstunde):

Tabelle 19. Schußspulereileistungen für 180 Spindeln und 190 m Fadengeschwindigkeit pro Minute.

Garnnummer	18/2	28/2	36/2	45/2	56/2	64/2
Leistungen kg/Woche . .	6960	4480	3480	2790	2240	1960

Betriebskosten. Die Kostenarten sind dieselben wie bei der Kreuzspulerei.

Betriebsgröße. 3 Maschinen von je 60 Spindeln = 180 Spindeln.

Lohnkosten. Berücksichtigt: 12 Spulerinnen, 10% soziale Lasten, Feriengeldumlage: 253 RM/Woche.

Kraftkosten. 3,31 kW stündlicher Kraftbedarf, 47 Wochenstunden, 100% Laufdauer, 8 Pfg./kWh: 12,45 RM/Woche.

Abschreibung und Verzinsung. Maschinenwert einschließlich Montage usw. 13500 RM. Jahreskosten mit 12% Abschreibung und Verzinsung 1620 RM.: 32,40 RM/Woche.

Reparaturen. 10% der Abschreibungs- und Verzinsungssumme: 3,25 RM/Woche.

Tabelle 20. Zusammenstellung der Betriebskosten.

Kostenart	Wochenkosten RM	Anteil %
Lohnkosten	253,—	84,—
Kraftkosten	12,45	4,18
Abschreibung und Verzinsung	32,40	10,75
Reparaturen	3,25	1,07
Kosten	301,10	100,—
10% Sicherheitszuschlag	30,10	—
Schußspulereikosten	331,20	—

Berechnung der Kalkulationssätze. Dividieren wir die Betriebskosten von 331,20 RM (Tab. 20) durch die wöchentliche Leistung (Tab. 19), so ergeben sich folgende Kalkulationssätze:

Tabelle 21. Kalkulationssätze der Schußspulerei.

Garnnummer	18/2	28/2	36/2	45/2	56/2	64/2
Kostensatz Pfg./kg	4,76	7,4	9,55	11,9	14,8	16,9

5. Platzkostenberechnung der Spinnerei und Zwirnerei.

Handelt es sich darum, Kostensätze ohne Ermittlung des Produktionswirkungsgrades von Fall zu Fall festzustellen, was besonders bei der Berechnung kleinerer Garnpartien zweckmäßiger ist, so läßt sich die Platzkostenrechnung vorteilhaft anwenden. Natürlich läßt sich diese Berechnung auch für größere Partien durchführen. Für diese hat sie aber den Nachteil, daß sie infolge der Produktionsschwankungen zu ständig veränderten Kostensätzen führt. Bei der Zwirnerei ist die Berechnung nach Platzkosten nur für die Aufträge der Musterei anzuwenden, denn bei den in den eigentlichen Waren verarbeiteten Garnen wird mit saisonmäßig festgelegten Zwirnereikalkulationssätzen gerechnet (vgl. Abb. 15).

Als Beispiel möge die Platzkostenberechnung der Spinnerei und Zwirnerei dienen, deren Kosten auf die Spinnstunde bzw. Zwirnstunde und Spindel berechnet werden. Diese Kosten sind allgemein:

$$K_P = \frac{K}{S \cdot T} \text{ Pfg./Spindel und Stunde.}$$

Darin ist: K_P = Platzkosten in Pfg./Spindel und Stunde,
K = Wochenkosten in Pfg.,
S = Gesamtspindelzahl,
T = 47 Arbeitsstunden in der Woche.

Mit den in dieser Arbeit zugrunde gelegten Angaben über:

K = Wochenkosten der Spinnerei (ohne Olein) = 2096 RM,
„ „ Zwirnerei = 703 RM,

S = Gesamtspindelzahl der Spinnerei = 4000 Spindeln,
,, ,, Zwirnerei = 1600 Spindeln,
T = wöchentliche Arbeitszeit (ohne Putzstd.) = 47 Stunden,

ergeben sich die Platzkosten für die

$$\textit{Spinnerei} \text{ von } \frac{209600}{4000 \cdot 47} = \mathbf{1{,}11}\ \textit{Pfg /Spindel und Stunde} = K_{Ps}.$$

$$\textit{Zwirnerei} \text{ von } \frac{70300}{1600 \cdot 47} = \mathbf{0{,}936}\ \textit{Pfg./Spindel und Stunde} = K_{Pz}.$$

Mit Hilfe dieser Kostensätze lassen sich die Kalkulationssätze der Garne mit den Angaben über die Spindelzahl, die Gesamtarbeitszeit der Partie und die in der Gesamtarbeitszeit hergestellte Garnmenge berechnen. *Für die Inanspruchnahme einer Spinnmaschine bzw. einer Zwirnmaschinenseite ergeben sich die gesamten Arbeitskosten aus:*

$$A = K_P \cdot S_1 \cdot t \text{ in Pfg.},$$

worin A = Gesamtarbeitskosten für das Zwirnen einschließlich des Aufsetzens und Abarbeitens der Maschine ist,
K_P = Platzkosten pro Spindel und Stunde in Pfg.,
S_1 = Spindelzahl pro Selfaktor oder Zwirnmaschinenseite,
t = Arbeitsdauer der Partie in Stunden.

Der Kalkulationssatz des Garnes errechnet sich aus:

$$K_x = \frac{A}{L} \text{ in Pfg./kg};$$

darin ist: K_x = Kalkulationssatz in Pfg./kg für die jeweilige Partie,
A = Arbeitskosten in Pfg.,
L = Leistung in der Gesamtzeit in kg.

Zur Veranschaulichung dieses Rechnungsverfahrens sei ein Beispiel aus der Zwirnerei wiedergegeben. Von 160 Spindeln einer Zwirnmaschinenseite arbeiten 60 Spindeln für eine kleinere Partie der Musterei (100 Spindeln laufen leer mit) 5,5 Stunden und liefern 14,3 kg Garn der Garnnummer 28/2 und 300 Drehungen. Wir hoch ist der Kalkulationssatz ?

$$\text{Arbeitskosten} = A = 0{,}936 \cdot 160 \cdot 5{,}5 = 825 \text{ Pfg.},$$

$$\text{Kalkulationssatz} = K_x = \frac{825}{14{,}3} = 57{,}7 \text{ Pfg./kg}.$$

Bei den Arbeitskosten sind die Kosten für die leer laufenden Spindeln einzuschließen und der kleineren Partie zu belasten, weil die Platzkosten mit der Betriebszeit gleichmäßig anwachsen, gleichgültig, ob die Spindeln arbeiten oder nicht. Je geringer daher die Arbeitsspindelzahl und je größer die Spindelzahl einer Zwirnmaschinenseite ist, desto größer wird der Kostensatz der kleinen Partie. Der höhere Kostensatz ist aus der Tatsache begründet, daß die kleinere Partie die Ursache der geringen Ausnutzung der Zwirnmaschine ist.

6. Prozentualkalkulation der Spinnerei und Zwirnerei.

Findet in größeren Spinnereien und Zwirnereien die Entlohnung im Akkord statt, so läßt sich auch die Prozentualkalkulation anwenden, die darin besteht, daß alle Nebenkosten in einem prozentualen Zuschlag zusammengefaßt und auf den Akkordlohn geschlagen werden. Zu diesem Zweck sind aus den Lohnkosten alle Kosten herauszuziehen, die nicht im Akkord bezahlt werden, wie z. B. die Putzstundenkosten, die sozialen Lasten, die Feriengeldumlage und sonstige Nebenarbeitskosten. Sie werden mit den übrigen Kosten wie Kraftkosten, Abschreibung und Verzinsung, Reparatur- und Instandhaltungskosten usw. vereinigt und auf die wöchentlichen Akkordkosten bezogen. Die Hilfsmaterialkosten der Spinnerei (Oleinkosten) sind jeweils gesondert zu berechnen, da sie in keinem Zusammenhang mit den direkten Lohnkosten stehen.

7. Kettschärerei.

Allgemeines. Zur Herstellung von Ketten unterscheidet man bekanntlich zwei Verfahren, das Schären und Zetteln. Unter Schären versteht man das Aufwickeln einer bestimmten der jeweiligen Warengattung entsprechenden Anzahl von Fäden in gegebener Reihenfolge und vorgeschriebener Länge in schmalen Bändern. Die Fadenzahl im Band bei einer Bandbreite bis ca. 30 cm kann je nach dem Fassungsvermögen des Spulengestelles bis 400 oder 600 Fäden betragen. Band wird neben Band gewickelt, bis die Kette die vorgeschriebene Fadenzahl enthält. Dieses Verfahren kann für alle Warengattungen, sowohl für Ketten mit Farbenstellungen als auch für einfarbige Ketten angewendet werden. Bei Ketten mit geringer Fadendichte und einfarbigen Garnen, meist rohweiß, ist das Zettelverfahren für die Massenfabrikation wirtschaftlich vorteilhafter, da sich Kreuzspulen mit großen Garnmengen und hohe Fadengeschwindigkeiten anwenden lassen. Bei diesem Verfahren laufen bis 400 bzw. 600 Fäden in ganzer Breite auf den sog. Zettelbaum auf. Durch die Vereinigung der Fadenlagen mehrerer Zettelbäume wird auf der Schlichtmaschine der eigentliche Webstuhlkettbaum hergestellt. Infolge der großen Fadenlängen der Zettelbäume lassen sich in kurzer Zeit zahlreiche Webstuhlketten sofort hintereinander herstellen.

In der Tuchindustrie, die sich mit der Herstellung von gemusterten Herren- und Damenstoffen in Kammgarn und Streichgarn von geringen bis sehr hohen Kettdichten befaßt, ist das Schären von Kötzern das gebräuchliche Verfahren. Neben Farbenstellung und hoher Kettdichte sind für die Anwendung dieses Verfahrens maßgeblich die für die Feintuchindustrie typischen Kleinaufträge in kurzen Ketten und die Verwendung von hochwertigen gefärbten Garnen, die wegen den verbleibenden Resten nicht in größeren Mengen auf Kreuzspulen festgelegt werden.

Leistung. Bei der Beurteilung der Arbeitszeiten an der Konusschärmaschine stellt man zunächst rein äußerlich fest, daß die Handarbeitszeiten im Vergleich zu den Maschinenlaufzeiten den weitaus größten Teil der Gesamtarbeitszeit beanspruchen. Es ist daher erklärlich, daß die individuelle Arbeitsweise und das Arbeitstempo die zum Schären einer Kette erforderliche Zeit in hohem Maße beeinflussen. Die in dieser Abhandlung zugrunde gelegten Zeiten haben sich aus einer großen Zahl von Zeitstudien ergeben. Sie machen keinen Anspruch auf Allgemeingültigkeit, denn sie sind zu sehr von der Geschicklichkeit der Bedienung abhängig. Da wir aber bei der Klärung betriebswirtschaftlicher Fragen die Individualität des Arbeitstypus ausschalten müssen, indem wir ihn als gleichbleibend voraussetzen, gelingt es, generelle Aufschlüsse über die verschiedenen Einflußgrößen zu erhalten.

Die für die Leistungsbestimmung notwendige Arbeitsanalyse läßt aus dem gesamten Arbeitsablauf folgende kritischen Arbeitsstufen erkennen:

1. Lauf der Trommel; 2. erstes Aufstecken; 3. Nachstecken der abgelaufenen Spulen; 4. Bandwechsel (Geleseschlagen, Abschneiden des Bandes, Wiederanlegen des Bandes, Einstellen der Trommeluhr, Verschieben des Schärsupportes); 5. Wiederherstellung von Fadenbrüchen; 6. Abbäumen der Kette auf den Kettbaum.

Für diese Arbeitsstufen und die Gesamtschärzeit wurden bei den verschiedensten Ketten Zeitstudien angestellt. Aus den Zeitstudien wurden die Zeiten der gleichartigen Stufen summiert und die Einzelsummen zur Gesamtschärzeit zusammengezogen. Bei der Vielheit der Fabrikationsbedingungen erscheint es zunächst schwierig, eine klare Linie in die Zeitstudien hereinzubringen und auf Grund der Feststellungen sowohl Selbstkostensätze als auch interessierende Betriebsverhältnisse zu untersuchen. Durch die eingehende Analyse und das Studium der Zeitverhältnisse der vielseitigen Einflußgrößen gelingt es aber, ihre Eigenwirkung und wechselseitigen Beziehungen aufzudecken und diese synthetisch für die Kalkulations- und Betriebsfragen auszuwerten.

Einfluß auf die Schärdauer haben folgende Faktoren:

Die Fadenzahl in der Kette. Die in der Tuchindustrie vorkommenden Kettfadenzahlen können in den Grenzen von 800—12000 Fäden liegen. Innerhalb dieser Grenzen ist jede beliebige Fadenzahl natürlich unter Berücksichtigung der Garnnummer möglich. Um anormale Fälle von vornherein auszuschalten, stellen wir zunächst die Grenzwerte der Kettdichten für die einzelnen Garnnummern fest. In großen Zügen können wir sagen, daß das Gewicht der einstückigen Kette (= 50 m) zwischen 6 und 18 kg liegt. Leichtere und schwerere Ketten auf ein Stück bezogen, kommen seltener vor. Durch das Kettgewicht und die Garnnummer liegen auch die Kettfadenzahlen fest. Sie ergeben sich nach der Formel

$$F = \frac{N \cdot G}{L} \text{ Kettfäden.}$$

Darin bedeutet:

F = Kettfadenzahl, G = Kettgewicht,

N = metrische Garnnummer, L = Kettlänge (50 m).

Nach dieser Formel ergibt sich die Tab. 22 und die Abb. 18, welche noch durch die Darstellung der Kettdichten bei 12 kg und 15 kg Ketten erweitert worden ist.

Die Garnnummer. Die für die verschiedensten Waren verwendeten Garnnummern der Wollgarne liegen etwa in den Grenzen von Garnnummer 4—35 metrisch. Um die zur Diskussion stehenden Fragen zu vereinfachen, betrachten wir alle Garne als einfache Garne und rechnen die Zwirne auf die einfache Nummer um. Die wesentliche Bedeutung der Garnnummer liegt in der Häufigkeit des Nachsteckens der abgelaufenen Spulen. Es bedarf keiner besonderen Erkenntnis, daß grobe Garnnummern ein häufigeres Nachstecken erfordern als feine Nummern und dadurch eine längere Schärzeit bedingt wird. Nehmen wir ein durchschnittliches Kötzergewicht von 60 g an, ein Gewicht, welches den meisten Kammgarnspulen und auch Streichgarnspulen entspricht (bei Streichgarn auch 80 g Kötzer), so sind die theoretischen Garnlängen pro Kötzer bei den einzelnen Garnnummern folgende (s. Tab. 23).

Tabelle 22. Grenzwerte der Kettfadenzahlen bei verschiedenen Garnnummern für die Kettgewichte von 6 und 18 kg pro 50 m Kette.

Garn-Nr.	Fadenzahl/Kette untere Grenze	Fadenzahl/Kette obere Grenze	Garn-Nr.	Fadenzahl/Kette untere Grenze	Fadenzahl/Kette obere Grenze
6	720	1440	24	2880	8640
8	960	2880	26	3120	9360
10	1200	3600	28	3360	10080
12	1440	4320	30	3600	10800
14	1680	5040	32	3840	11520
16	1920	5760	34	4080	12240
18	2160	6480	36	4320	12960
20	2400	7200	38	4560	13680
22	2640	7920	40	4800	14400

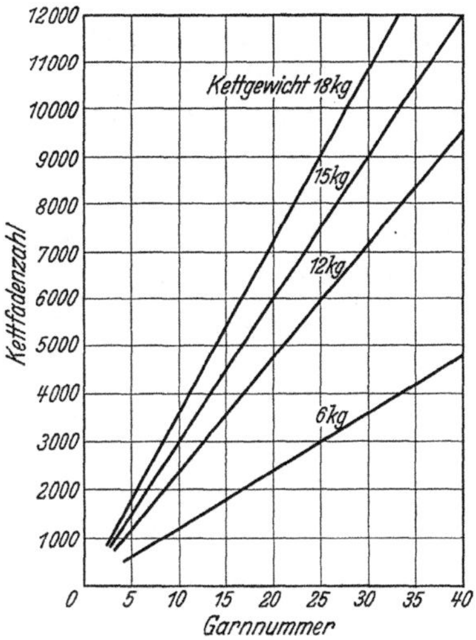

Abb. 18. Fadendichten in der Kette in Abhängigkeit der verschiedenen Garnnummern und Kettgewichte.

Die praktische Fadenlänge ist für Zwirne mit Normaldrehung mit ca. 1% infolge der Garnnummerschwankung und mit ca. 4% für Zwirne

Tabelle 23. Fadenlänge pro Kötzer bei verschiedenen Garnnummern.

Garn-Nr.	Garnlänge pro Kötzer m	Garn-Nr.	Garnlänge pro Kötzer m	Garn-Nr.	Garnlänge pro Kötzer m	Garn-Nr.	Garnlänge pro Kötzer m
4	240	12	720	20	1200	28	1680
5	300	13	780	21	1260	29	1740
6	360	14	840	22	1320	30	1800
7	420	15	900	23	1380	31	1860
8	480	16	960	24	1440	32	1920
9	540	17	1020	25	1500	33	1980
10	600	18	1080	26	1560	34	2040
11	660	19	1140	27	1620	35	2100

mit Moulinédrehung infolge der Einzwirnung niedriger anzunehmen, was aber für die durchgeführten Untersuchungen keine Bedeutung hat.

Die Anzahl der aufzuschärenden Bänder. Jede vorgegebene Kette muß für den Arbeitsgang auf der Schärmaschine besonders berechnet werden. Aus den Angaben über Kettfadenzahl, Webbreite und Fadenzahl im Rapport errechnet sich die Anzahl der nebeneinander auf die Trommel auflaufenden Bänder und deren Bandbreite.

Berechnungsbeispiele:

Gegeben. 4922 Kettfäden mit Leiste, 214 cm Webbreite, 15 Fäden/Figur.

Berechnung. Bandzahl: 13 Bänder zu 360 Fäden = 4680 Fäden,
1 Band zu 242 Fäden = 242 Fäden,
14 Bänder 4922 Fäden.

Schärbreite: = Webbreite + ca. 10—12 cm Eingang für die Schlichterei,
= 214 + 10 = 224 cm.

Bandbreite: 224 : 14 = 16 cm.

Gegeben. 9223 Kettfäden ohne Leiste, 183 cm Webbreite, 17 Fäden/Figur, Webblatt 63/8.

Berechnung. Anzahl der Leistenfäden: je 2 cm Leiste pro Warenseite = 4 cm; 63 Rohr auf 10 cm mit je 8 Fäden pro Rohr ergibt die Leistenfadenzahl von $\frac{63 \cdot 8}{10} \cdot 4 = 201$ Fäden. Gesamtkettfadenzahl = 9223 + 201 = 9424 Fäden.

Bandzahl: 30 Bänder zu 306 Fäden = 9180 Fäden,
1 Band zu 244 Fäden = 244 Fäden,
31 Bänder 9424 Fäden.

Die Fadenzahl eines Bandes hat folgende Bedingungen zu erfüllen:

a) sie muß wegen des Geleses geradzahlig sein;

b) sie muß durch die Figur (15 bzw. 17 in den Beispielen) teilbar sein, damit der Rapport innerhalb der Schärung nicht gestört wird;

c) sie darf 400 bzw. bei größeren Spulengestellen 600 Fäden nicht überschreiten, da das Fassungsvermögen der Spulengestelle beschränkt ist.

Schärbreite = Webbreite + 12 cm Leimereieingang + 4 cm Leiste,
= 183 + 12 + 4 = 199 cm,
Bandbreite: 199 : 31 = 6,4 cm.

Bei der Berechnung der Bandbreite wählt man die Bandzahl ganzzahlig, obwohl man durch die geringere Fadenzahl des letzten Bandes einen kleinen Fehler macht. Dieser Fehler ist aber zu vernachlässigen, da die Kette auf der Schlichtmaschine doch auf die vorgeschriebene Webbreite eingeht und entsprechend aufgebäumt wird.

Zur Beurteilung der Schärzeit interessiert an dieser Stelle nur die Anzahl der aufzuschärenden Bänder, da sie allein den Aufwicklungsvorgang und den Bandwechsel beeinflussen. Die Auflaufzeit auf die Trommel ist direkt proportional der Anzahl der Bänder, wobei beim ersten Band die doppelte Zeit eines der weiteren Bänder anzurechnen ist, da die Meßuhr genau beobachtet werden muß, und die Stücklängen bzw. kürzere Längen mit Kreide zu markieren sind.

Die Anzahl der Fäden eines Bandes. An dieser Stelle tritt eine Wechselbeziehung auf, die darin besteht, daß, je größer die Fadenzahl eines Bandes ist, um so geringer die Bandzahl wird und damit die Zeitdauer für den Auflaufvorgang auf die Trommel und die Häufigkeit des Nachsteckens für abgelaufene Spulen; um so länger wird aber auf der anderen Seite die Zeit für das erste Aufstecken und das Nachstecken während des Schärvorganges. Wir werden sehen, daß bei der Beurteilung der Fadenzahl eines Bandes keine absolute Abhängigkeit in der Form vorhanden ist, daß die Gesamtschärzeit bei wenigen Bändern und großer Fadenzahl im Band geringer wird als bei vielen Bändern und niedriger Fadenzahl pro Band. Die Untersuchung hat gezeigt, daß die Verhältnisse auch umgekehrt liegen können.

Die Kettlänge. Die zur Untersuchung des Einflusses der Kettlänge auf die Schärzeiten und Kosten heranzuziehenden Meterlängen sind 12 m (Kupons), 1stückige Ketten mit 50 m usw. bis 7stückige Ketten mit 350 m. Eine Beurteilung dieser Frage ist aber nur im Zusammenhang mit der Bandzahl und der Garnnummer möglich und muß bis zur eigentlichen später folgenden Untersuchung zurückgestellt werden. Die Binsenweisheit, daß sich mit größeren Kettlängen auch die Schärzeiten verlängern, ist undiskutabel.

Die Güte des Garnmaterials. Mit der Güte des Garnmaterials hängt unmittelbar die Anzahl der Fadenbrüche zusammen. Dieser Einfluß kann in diesem Zusammenhang kaum zahlenmäßig erfaßt werden. Aber selbst zahlenmäßige Betriebsfeststellungen lassen sich für die mögliche Verlustzeit nur schwer berücksichtigen, da sie bei denselben Garnpartien veränderlich sein können. Damit die durch die Fadenbrüche herbeigeführten Verlustzeiten ihre Berücksichtigung finden, ist die Annahme berechtigt, daß sie bei derselben Garnpartie mit zunehmender Kettlänge und Kettdichte wachsen.

Die individuelle Arbeitsweise und das Arbeitstempo. Da die Handarbeitszeiten bis zu 80 % und mehr der Gesamtschärzeit einnehmen, ist es offensichtlich, daß die Schärzeiten durch die individuelle Arbeitsweise und das Arbeitstempo außerordentlich stark beeinflußt werden können. Die Zeitdisziplin, die Handgeschicklichkeit, die Arbeitsgeschwindigkeit und der Leistungswille sind von ausschlaggebender Bedeutung. Der Einfluß läßt sich isolieren, wenn die einzelnen Arbeitstypen eingehend studiert werden. Bei dieser Untersuchung liegt nur ein Typus, und zwar der einer guten Schärerin vor. Wir setzen ihre Arbeitsgeschwindigkeit als gleichbleibend voraus, weil sonst eine Abgrenzung und Untersuchung der übrigen Faktoren nicht durchführbar ist.

Das Abbäumen. Die fertig geschärte Kette wird an eine Rute gebunden und auf den Kettbaum aufgewickelt. Die Zeitunterschiede für diesen Arbeitsvorgang sind nach den bei den verschiedensten Ketten vorgenommenen Zeitstudien nur minimal und haben auf die Gesamtschärzeit keinen nennenswerten Einfluß.

Die Ketten mit Farbenstellungen. Die gemusterten Ketten mit unterschiedlich vielen farbigen Fäden und Seideneffekten haben eine steigende Tendenz der Schärzeit zur Folge. Sie wirken sich in der Hauptsache bei dem ersten Aufstecken und dem Nachstecken der Spulen aus und können aber auch bei der gleichzeitigen Verwendung von Garnen mit entgegengesetzter Drehrichtung in einer Kette einen Einfluß auf die Fadengeschwindigkeit haben.

Das Verarbeiten von Restpartien. Auch diese für die Modewarenherstellung charakteristische Arbeit ist mit zunehmenden Schärzeiten verbunden, weil die Reste einer Partie sorgfältig auf dem Spulengestell 1 à 1 oder 2 à 1 untersteckt werden müssen. Der Einfluß macht sich auch wieder beim ersten Aufstecken und Nachstecken geltend.

Sonstiges. Bei der Verlustzeit für die Wiederherstellung von Fadenbrüchen ist wesentlich, ob die Schärmaschine durch Wächtereinrichtungen, insbesondere durch elektrische Fadenwächter, selbsttätig abgeschaltet und abgebremst wird. Fehlt eine derartige Einrichtung, so dauert die Wiederherstellung eines Fadenbruches die doppelte und dreifache Zeit, da die Schärerin gezwungen ist, das aufgelaufene Band solange zurückzuwickeln, bis das gebrochene Fadenende gefunden ist. Beim Wiederaufwickeln des zurückgedrehten Bandes entstehen leicht sog. lose Bänder, ein Fabrikationsfehler, der sich in der Ware nicht mehr ausbessern läßt.

Ordnet man die Einflüsse in die Tätigkeitsanalyse der Zeitstudie ein, so ergeben sich bei den Einzelvorgängen folgende Zuordnungen:

1. Zeitdauer für den Lauf der Schärtrommel	a) Drehzahl der Trommel, b) Anzahl der aufzuschärenden Bänder, c) Kettlänge.
2. Zeitdauer für das erste Aufstecken	a) Fadenzahl eines Bandes, b) Einfarbige Kette oder Kette mit Farbenstellung, c) Verarbeiten von Restpartien.
3. Zeitdauer für das Nachstecken der abgelaufenen Spulen	a) Garnnummer, b) Garngewicht der Spulen, c) Kettlänge, d) Bandzahl, e) Fadenzahl pro Band.
4. Zeitdauer für den Bandwechsel	Bandzahl.
5. Zeitdauer für die Wiederherstellung von Fadenbrüchen	a) Garnfestigkeit, b) Fadenzahl in der Kette, c) Kettlänge.
6. Zeitdauer für das Abbäumen	Kettlänge.

Untersuchung der Einflußgrößen. Nach der theoretischen Klärung der Zusammenhänge wird nun eine zahlenmäßige Untersuchung mit dem Ziele durchgeführt, die Gesamtschärzeiten bei den verschiedenen Kettlängen, Kettdichten und Garnnummern für besondere Betriebsverhältnisse und für die Berechnung der Selbstkostensätze zu ermitteln. Als Unterlage dient die Arbeitsanalyse, die im folgenden zeitlich eingehend behandelt wird.

Zeitdauer für den Lauf der Trommel. Es handelt sich hier um eine reine Maschinenlaufzeit, die sich rechnerisch aus der Fadengeschwindigkeit pro Minute, der Anzahl der Bänder und der Kettlänge ermitteln läßt. Die Fadengeschwindigkeit ergibt sich aus der minutlichen Drehzahl der Trommel und ihrem mittleren Bewicklungsdurchmesser. Der mittlere Bewicklungsdurchmesser ist durch die Garnnummer und die Kettlänge in geringem Maße veränderlich. Wählt man den Abstand von Konusmitte zu Konusmitte als mittleren Durchmesser, so ergibt sich die Fadengeschwindigkeit mit genügender Genauigkeit aus:

$$c_F = \pi \cdot D_m \cdot n \text{ m/Minute.}$$

Darin ist: c_F = Fadengeschwindigkeit in m/Minute,
D_m = mittlerer Bewicklungsdurchmesser in Meter,
n = Trommeldrehzahl/Minute.

Die Fadengeschwindigkeit läßt sich bei der Schönherrschen Konusschärmaschine durch Verlegen des Antriebriemens auf Stufenscheiben in drei Geschwindigkeiten verändern und dem Kettmaterial anpassen. Sie liegt bei 60 m, 120 m und 180 m/Minute. Mit 60 m Geschwindigkeit läuft die Maschine meist bei Streichgarnketten, bei Ketten mit scharf gedrehten Seideneffekten und solchen, bei denen die Effektgarne von zylindrischen Hülsen über Kopf abgezogen werden. Auch für Musterketten von 8—12 m liegt diese Geschwindigkeit vor.

Legen wir für die folgenden Untersuchungen und für die Ermittlung der Selbstkostensätze die Fadengeschwindigkeit von 60 m/Minute zugrunde, eine Geschwindigkeit, die man sehr häufig noch bei älteren Maschinen antrifft, so wird man den Betriebsverhältnissen der meisten Werke gerecht.

Die Laufzeit der Trommel ergibt sich aus der Formel:

$$t_1 = \frac{L \cdot B}{c_F} \text{ in Minuten,}$$

darin bedeutet:

t_1 = Laufzeit in Minuten, B = Bandzahl,
L = Kettlänge in Meter, c_F = Fadengeschwindigkeit in m/Minute.

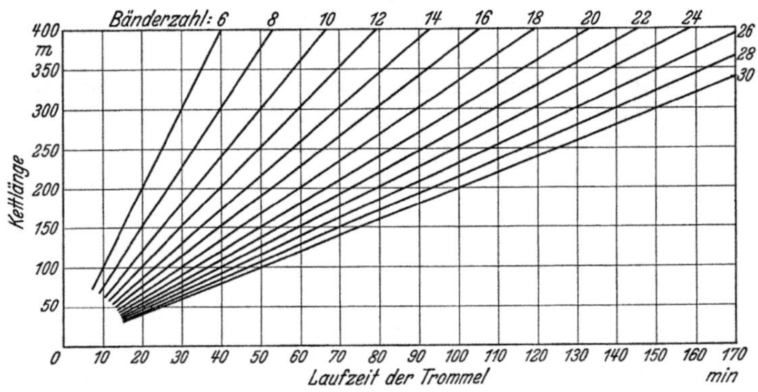

Abb. 19. Laufzeit der Schärtrommel in Abhängigkeit von der Kettlänge und der Bandzahl.

So z. B. ergibt sich die Laufzeit für eine 200 m lange Kette und 12 Bänder $t_1 = \frac{200 \cdot 12}{60} = 40$ Minuten.

Nach dieser Formel ergeben sich die Kurvenscharen in Abb. 19, nach welchen sich für alle Untersuchungen die Laufzeit der Trommel für jede beliebige Kettlänge und Bandzahl eindeutig bestimmen läßt. Sind die Bandzahlen nach der Berechnung des Schärbriefes ungradzahlig, so wird zwischen den jeweiligen geradzahligen Bandzahlen interpoliert; z. B. beträgt die Laufzeit bei 19 Bändern und 330 m Kette $t_1 = 104{,}5$ Minuten.

Zeitdauer für das erste Aufstecken. In diese Zeit wird das Abräumen des Spulengestelles von Spulen und Hülsen der vorher geschärten Kette und das Neuaufstecken bis zum Anlauf der Schärtrommel für das erste Band eingeschlossen. Darin ist gleichzeitig das Berechnen des Schärzettels und die Einstellung der Maschine berücksichtigt. Die Zeitdauer des ersten Aufsteckens hängt ab von der Fadenzahl des Bandes, von der Schwierigkeit des Schärmusters und von der erhöhten Aufmerksamkeit bei der Verarbeitung von Restpartien. Durch Zeitstudien wurden mittlere Zeiten für den Gesamtvorgang ermittelt und auf ein Spulenelement umgerechnet. Bei rohweißen Garnen ergaben sich 0,38 Minuten pro Spule. Da zwei Arbeitskräfte an der Schärmaschine tätig sind, entfällt auf jede die Hälfte der zu bedienenden Spulen. Sind z. B. 288 Spulen aufzustecken, so dauert das erste Aufstecken

$$t_a = \frac{F}{2} \cdot t_a \text{ Minuten.}$$

Darin ist: t_a = Gesamtzeit für das erste Aufstecken in Minuten,
F = Fadenzahl pro Band,
t'_a = Zeit in Minuten/Spule.

Beispiel: $$t_a = \frac{288}{2} \cdot 0{,}38 = 57{,}6 \text{ Minuten.}$$

Mit $t_a' = 0{,}38$ Minuten pro Spule als Durchschnittswert für das erste Aufstecken läßt sich die Abhängigkeit der Zeitdauer von der Fadenzahl als gerade Linie darstellen (Abb. 20).

Zeitdauer für das Nachstecken der abgelaufenen Spulen. Bei der Ermittlung dieser Zeit sind, wie die Zusammenstellung auf S. 61 zeigt, sehr viele Einflüsse zu berücksichtigen. Um einen Einblick in die Verhältnisse zu gewinnen, ist bezüglich des Garngewichts der Spule eine Annahme zu machen. Die vorliegende Untersuchung wird mit dem meist üblichen Kötzergewicht von 60 g durchgeführt. In diesem Zusammenhang sei auf die Tab. 23 zurückverwiesen, wo die Beziehung zwischen Garnnummer und Fadenlänge pro Kötzer dargelegt ist.

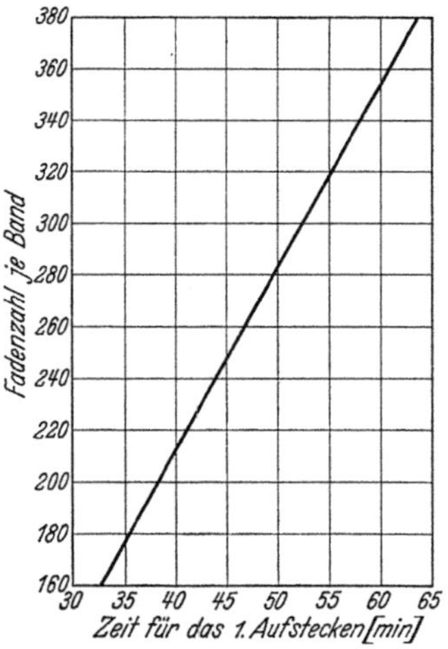

Abb. 20. Zeitdauer für das erste Aufstecken in Abhängigkeit von der Fadenzahl im Band.

Bevor die Garnnummer und damit die Fadenlänge bei der Zeitermittlung berücksichtigt werden kann, ist die während des ganzen Schärvorganges abzugebende Fadenlänge eines Spulenelementes zu ermitteln. Die Fadenlänge eines solchen Elementes hängt ab von der Kettlänge und der Anzahl der Bänder. Es besteht die Beziehung

$$L_e = L_k \cdot B \text{ in Meter.}$$

In dieser Formel bedeutet:

L_e = abzugebende Fadenlänge pro Spulenelement (m),
L_k = Kettlänge in Meter,
B = Bandzahl.

Mit Hilfe dieser Beziehung wird zunächst ein Diagramm: Kettlänge $= f$ (abzugebender Fadenlänge) für die praktisch mögliche Anzahl der zu schärenden Bänder entworfen (Abb. 21 oben rechts).

Ist die Fadenlänge eines Spulenelementes bekannt, so läßt sich die Häufigkeit des Nachsteckens unter Hinzuziehung der Garnnummer feststellen:

$$H = \frac{L_e}{L_s} - 1.$$

Es ist: H = Häufigkeit des Nachsteckens,
L_e = abzugebende Fadenlänge pro Spulenelement in Meter,
L_s = Fadenlänge pro Spule in Meter (Tab. 23),
-1 = erstes Aufstecken.

Für diese Beziehung läßt sich wiederum ein Diagramm aufstellen, und zwar: abzugebende Fadenlänge $= f$ (Häufigkeit des Nachsteckens) (vgl. Abb. 21 unten rechts). Für die nicht dargestellten Garnnummern ist zu interpolieren. Das Schaubild läßt sich für alle Zwirnnummern verwenden; sie sind lediglich auf die einfache Nummer umzurechnen. Die Häufigkeit des Nachsteckens ist z. B. für die Garnnummer 12 und der von einem Spulenelement abzugebenden Fadenlänge von 4000 m

$$H = \frac{4000}{720} - 1 = 5{,}55 - 1 = 4{,}5, \text{ d. h. } 5\text{mal}.$$

Aus der Tab. 24 erhalten wir zur Orientierung die Häufigkeit des Nachsteckens bei den verschiedenen Garnnummern und beispielsweise 4000 m abzugebender Fadenlänge.

Tabelle 24. Häufigkeit des Nachsteckens (Beispiel).

Garn-Nr.	Häufigkeit	Garn-Nr.	Häufigkeit
6	10,1 d. h. 11 mal	24	1,78 d. h. 2 mal
9	6,41 „ 7 „	27	1,47 „ 2 „
12	4,55 „ 5 „	30	1,22 „ 2 „
15	3,44 „ 4 „	33	1,02 „ 2 „
18	2,7 „ 3 „	36	0,85 „ 1 „
21	2,17 „ 3 „	39	0,7 „ 1 „

Nach dieser Überlegung sind zur Bestimmung der Verlustzeit für das Nachstecken wieder Zeitstudien einzuschalten. Zunächst wurde festgestellt, daß die Hilfskraft der Schärerin nur eine Seite des Spulengestelles normalerweise bedienen wird. Für die andere Seite muß die Schärerin einspringen und die Maschine stillsetzen. Es ergab sich, daß pro Spulenelement im Durchschnitt 0,28 Minuten erforderlich waren. In diese Zeit sind eingeschlossen: die Wegzeiten, das Abnehmen der leeren Hülsen, das Vorlegen auf den vorderen Dorn des doppelten Aufsteckzeuges, ferner Aufsetzen und Anknoten der neuen Spule. Mithin bedeutet das einmalige Nachstecken von 280 Spulen, d. h. von 140 Spulen für die Schärerin eine Verlustzeit von 140 · 0,28 = 38,2 Minuten, oder allgemein

$$t_n = \frac{F}{2} \cdot t'_n \text{ Minuten.}$$

Darin bedeutet:

t_n = Verlustzeit für ein einmaliges Nachstecken in Minuten,
F = Fadenzahl pro Band,
t'_n = Verlustzeit pro Spulenelement in Minuten.

Nach Fadenzahlen pro Band gestuft, wird nach dieser Beziehung das Diagramm Abb. 21 unten links entworfen.

Werden weiter die Grenzlinien für das 1-, 2- bis 6malige Nachstecken eingezeichnet, so läßt sich bei jeder beliebigen

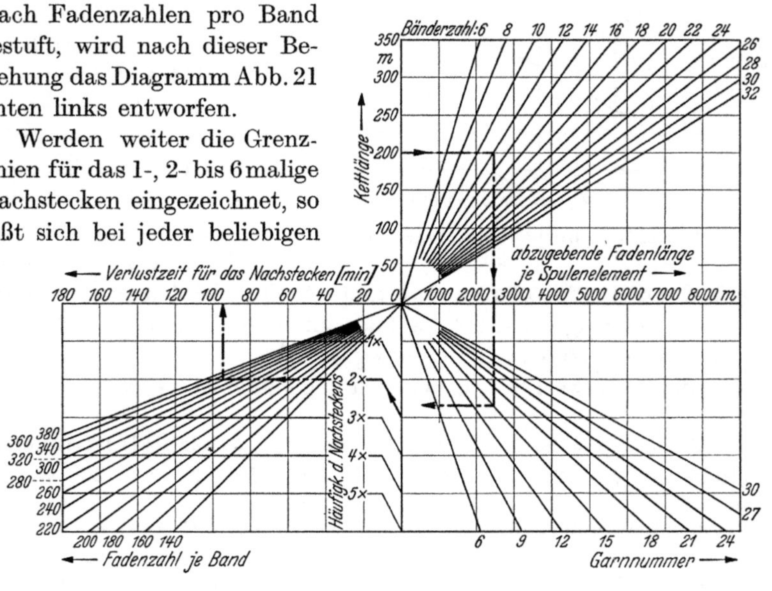

Abb. 21. Ermittlung der Verlustzeit für das Nachstecken.

Kette die Gesamtverlustzeit für das Nachstecken bei einem Schärvorgang feststellen. Ist z. B. folgende Kette gegeben: 4000 Fäden, Garnnummer 15, Kettlänge 200 m und wird nach der Schärberechnung

11 Bänder zu 340 Fäden =	3740 Fäden
1 Band zu 260 Fäden =	260 Fäden
12 Bänder	4000 Fäden

gearbeitet, so geht man von der Kettlänge 200 m in Abb. 21 horizontal auf die Linie 12 Bänder und von dem Schnittpunkt dieser beiden Linien senkrecht nach unten über die abzugebende Fadenlänge (2400 m) pro Spulenelement hinaus auf die Linie der Garnnummer 15. Diese wird im Bereich des 2maligen Nachsteckens geschnitten. Auf der Linie des 2maligen Nachsteckens nach links bis zum Schnittpunkt mit der Linie Fadenzahl pro Band (340 Fäden) und von dort vertikal nach oben gehend, ergibt sich für den vorliegenden Fall die Gesamtverlustzeit für das Nachstecken von $t_n = 92$ Minuten.

Zeitdauer für den Bandwechsel. Diese Zeit wird gerechnet von dem Augenblick des Abstellens der Schärtrommel bei der vorgeschriebenen Bandlänge bis zum Wiederanlauf der Trommel. Im besonderen sind darin berücksichtigt das Geleseschlagen mit dem Einlegen der Geleseschnüre am Anfang und Ende der Bänder, das Abschneiden des Bandes und das Verknoten des neuen Bandendes, das Einhängen der Fadenbündel in die Trommelstifte, die Verstellung des Schärsupportes und die Neueinstellung der Trommeluhr. Die für den Bandwechsel erforderliche Zeit ist unmittelbar und allein abhängig von der Anzahl der auflaufenden Bänder und für alle Ketten gleicher Bänderzahl durchweg dieselbe.

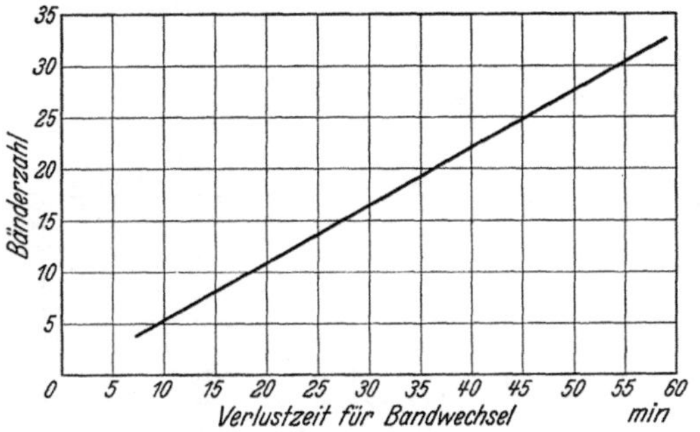

Abb. 22. Verlustzeit für Bandwechsel = f (Anzahl der Bänder).

Für den Bandwechsel ergaben sich folgende mittlere Zeiten:

Tabelle 25. Verlustzeit für Bandwechsel $= f$ (Anzahl der Bänder).

Bandzahl . .	6	8	10	12	14	16	18	20	22	24	26	28	30
Verlustzeit t_w Minuten	10,8	14,4	18,0	21,6	25,2	28,8	32,4	36,0	39,6	43,2	46,7	50,5	54,0

Zeitdauer für die Wiederherstellung von Fadenbrüchen. Die grundsätzlichen Verhältnisse über die Fadenbrüche bei einer Kette sind bereits unter „Güte des Garnmaterials“ dargelegt. Als mittlere Zeit für die Wiederherstellung eines Fadenbruches hat sich aus den Studien die Zeit $t'_f = 0{,}95$ Minuten herausgestellt. Beim Schären von Musterkupons kann diese Zeit vernachlässigt werden. Bei Stückketten ist eine Verlustzeit zu berücksichtigen, die sich nach der Formel ergibt:

$$t_f = 0{,}95 \cdot \text{Anzahl der Brüche in Minuten.}$$

Die unbestimmbare, von Kette zu Kette wechselnde Verlustzeit läßt sich nur erfassen, wenn wir von der bereits erwähnten Annahme ausgehen, daß die Fadenbrüche sich mit zunehmender Kettlänge und größerer Kettdichte häufen. Um sie rechnerisch berücksichtigen zu können, wird die Häufigkeit der Fadenbrüche, wie sie in Tab. 26 niedergelegt ist, angenommen. Aus dieser Häufigkeit ergibt sich dann die Tab. 27 als Zeitverlusttafel bei den verschiedenen Kettlängen und Kettdichten.

Tabelle 26. Anzahl der Fadenbrüche.

Kettfäden	50	100	150	200	250	300	350	m Kette
600— 2000	2	3	4	5	6	7	8	Fadenbrüche
2001— 4000	4	6	8	10	12	14	16	,,
4001— 6000	6	9	12	15	18	21	24	,,
6001— 8000	8	12	16	20	24	28	32	,,
8001—10000	10	15	20	25	30	35	40	,,
10001—12000	12	18	24	30	36	42	48	,,

Tabelle 27. Zeitverlusttabelle für Fadenbrüche.

Kettfäden	50	100	150	200	250	300	350	m Kette
600— 2000	1,9	2,85	3,8	4,75	5,7	6,65	7,6	Minuten
2001— 4000	3,8	5,7	7,6	9,5	11,4	13,3	15,2	,,
4001— 6000	5,7	8,55	11,4	14,3	17,1	20,0	22,8	,,
6001— 8000	7,6	11,4	15,2	19,0	22,8	26,6	30,4	,,
8001—10000	9,5	14,3	19,0	23,8	28,5	33,2	38,0	,,
10001—12000	11,4	17,1	22,8	28,5	34,2	39,9	45,6	,,

Zeitdauer für das Abbäumen der Kette. Der Vorgang vom Zeitpunkt des Stillstandes der Maschine nach dem Schären des letzten Bandes bis zum Stillstand der Bäummaschine setzt sich aus folgenden Tätigkeiten zusammen: Anknoten der Kette in Fadenbündeln an eine Rute, Herüberziehen der Kette über die Spannriegel und Befestigen an dem Kettbaum, Einstellen der Garnscheiben, Einlegen der Trommelbremse und Auflaufen der Kette auf den Baum. Die hier vorkommenden Handarbeitszeiten sind für alle Ketten nahezu dieselben. Unterschiedlich ist lediglich die Laufdauer der Bäummaschine für die verschiedenen Kettlängen. Die Zeitstudie dieses Vorganges lieferte folgende Ergebnisse:

Tabelle 28. Abbäumzeit und Kettlänge.

Kettlänge .	Muster	50	100	150	200	250	300	350	Meter
Abbäumzeit	7	8	9,2	10	10,7	11,3	11,7	12,1	Minuten

Da der Kettbaum direkt von der Maschine angetrieben wird, nimmt die Aufbäumgeschwindigkeit mit zunehmendem Kettbaumdurchmesser zu. Die Gesamtzeit des Abbäumvorganges ist aber im Vergleich zur Gesamtschärzeit so minimal, daß die Veränderung der Auflaufgeschwindigkeit vernachlässigt werden kann.

Beispiel einer Arbeitszeitanalyse. Zum allgemeinen Verständnis der Ausführungen sei die Zusammenstellung der Gesamtschärzeiten mit dem vorerwähnten Beispiel: 4000 Kettfäden und der Garnnummer 15 bzw. 30/2 einer einfarbigen Kette für verschiedene Kettlängen durchgeführt.

Tabelle 29. Arbeitszeitanalyse.

Vorgang	m Kette								
	Muster	50	100	150	200	250	300	350	
Lauf der Trommel .	2,4	10,0	20,0	30,0	40,0	50,0	60,0	70,0	Min.
1. Aufstecken . .	58,0	58,0	58,0	58,0	58,0	58,0	58,0	58,0	„
Nachstecken. . . .	—	—	46,0	92,0	92,0	138,0	138,0	184,0	„
Bandwechsel . . .	22,0	22,0	22,0	22,0	22,0	22,0	22,0	22,0	„
Fadenbruch	—	4,0	6,0	8,0	10,0	12,0	14,0	16,0	„
Abbäumen	7,0	8,0	9,0	10,0	10,7	11,3	11,7	12,1	„
Gesamtzeit	89,4	102,0	159,0	220,0	231,7	290,3	304,7	361,1	Min.
$\frac{\text{Trommellaufzeit}}{\text{Gesamtzeit}}$ . .	2,7	9,8	12,6	13,6	17,2	17,4	19,6	19,4	%
Verhältnis zur 1stückigen Kette	0,875	—	1,56	2,16	2,27	2,85	2,99	3,54	

Aus der Untersuchung dieses Sonderfalles lassen sich bereits folgende Schlüsse ziehen:

1. Das Schären von Mustern dauert fast genau so lange wie das Schären einer 1stückigen Kette;

2. der prozentuale Anteil der Trommellaufzeit an der Gesamtschärzeit liegt für Muster bis 7stückige Ketten in den Grenzen von 2,5—20%;

3. das Verhältnis der Schärzeiten der Stückketten zur 1stückigen Kette liegt in den Grenzen von 1,5- bis 3,5fach.

Die Tatsache der weitgehendsten Übereinstimmung der auf diese Weise gewonnenen Zeitwerte der Gesamtschärzeiten mit den praktischen Verhältnissen gestattet die systematische Klärung folgender Fragen:

1. Wie verhält sich die Schärdauer bei wenig Bändern und großer Fadenzahl pro Band im Vergleich zur Schärdauer bei vielen Bändern und geringer Fadenzahl pro Band?

2. Welchen Einfluß hat die Drehzahlveränderung der Trommel?

3. Welche Vorteile bietet die Verwendung von Kreuzspulen?

4. Welchen Vorteil bietet eine vergrößerte Maschinenbesetzung?

5. Welche Beziehung besteht zwischen Schärdauer und Garnnummer?

1. *Wie verhält sich die Schärdauer bei wenigen Bändern und großer Fadenzahl/Band im Vergleich zur Schärdauer bei vielen Bändern und geringer Fadenzahl/Band?*

Bei der Berechnung des Schärzettels für den Schärvorgang ist es der Schärerin überlassen, sich die Fadenzahl und die Bandzahl in gewissen Grenzen zu wählen. Sie muß lediglich bei der Durchführung der Rechnung die auf S. 58 erwähnten Bedingungen erfüllen. Allgemein ist man bestrebt, das Fassungsvermögen des Spulengestelles soweit wie möglich auszunutzen. Von den Spulengestellen mit 400 und 600 Spulen ist das Gestell mit 400 Spulen in der Praxis am häufigsten anzutreffen. Obwohl bei den übrigen Untersuchungen nur Spulengestelle mit einem Fassungsvermögen von 400 Spulen in Frage kommen, soll in diesem Zusammenhang die Verwendung von größeren Spulengestellen in Erwägung gezogen werden.

Der zur Untersuchung der obigen Frage zugrunde gelegte Schärbrief enthält folgende Angaben: Kettfadenzahl 4000, Garnnummer 15. Die Kettlängen werden variiert von Musterlängen bis zu 7stückigen Ketten. Die Fadengeschwindigkeit sei 60 m/Minute. Untersucht werden bei dieser Kette folgende Fälle:

a) 20 Bänder zu 200 Fäden/Band,
b) 16 Bänder zu 250 Fäden/Band,
c) 12 Bänder zu 340/260 Fäden/Band,
d) 8 Bänder zu 500 Fäden/Band.

Die in der Tab. 30 niedergelegten Gesamtschärzeiten ergaben sich nach dem gleichen Verfahren, nach welchem die Tab. 29 zusammengestellt worden ist.

Tabelle 30. Gesamtschärzeiten in Abhängigkeit von der Bandzahl und der Fadenzahl pro Band.

Fall	Muster	50	100	150	200	250	300	350	m Kette
a	85	130	177	225	272	320	367	414	Minuten
b	84	98	150	201	252	303	354	404	,,
c	89	102	159	220	232	290	305	361	,,
d	113	123	133	213	221	301	310	389	,,

Aus dieser Zusammenstellung ist ersichtlich, daß eine absolute Gesetzmäßigkeit zwischen Bandzahl und Fadenzahl/Band hinsichtlich der Arbeitszeiten nicht vorhanden ist. Eine gewisse Tendenz jedoch läßt sich

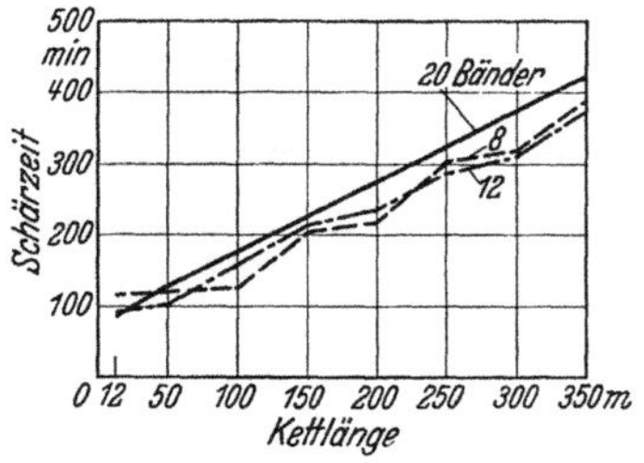

Abb. 23. Gesamtschärzeiten bei verschiedenen Bändern und Fadenzahlen/Band in Abhängigkeit von der Kettlänge. Beispiel: 4000 Kettfäden und Garnnummer 15.

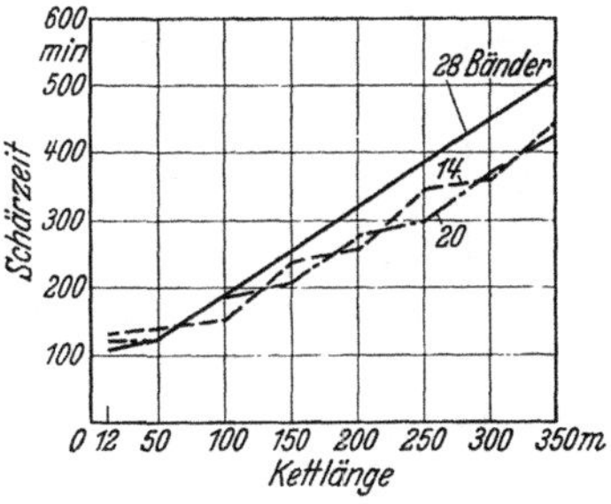

Abb. 24. Gesamtschärzeiten bei verschiedenen Bändern und Fadenzahlen/Band in Abhängigkeit von der Kettlänge. Beispiel: 7000 Kettfäden, Garnnummer 28.

erkennen, und zwar geht sie dahin, daß Stückketten vorteilhafter mit wenig Bändern und größerer Fadenzahl/Band geschärt werden (vgl. Abb. 23). Dasselbe geht aus einer weiteren Untersuchung mit 7000 Kettfäden und verschiedenen Bandzahlen hervor (Abb. 24). Die Überschneidungen der Kurven der verschiedenen Bandzahlen haben ihre Ursache in den verschieden großen zu den jeweiligen Bandzahlen gehörigen Zeiten (1. Aufstecken, Nachstecken, Trommellauf), unter denen sich die für das Nachstecken sprunghaft nach gewissen Kettlängen ändern.

Aus diesen Untersuchungen, die noch durch weitere Feststellungen auf ihre Richtigkeit geprüft worden sind, läßt sich folgern:

1. Günstige Schärzeiten werden im allgemeinen erreicht, wenn man das Spulengestell normal, d. h. mit 320—360 Fäden ausnutzt.

2. Spulengestelle mit einem Fassungsvermögen über 400 Spulenelemente bedeuten keine wesentliche Verringerung der Schärzeiten, da die Zeiten für das erste Aufstecken unvorteilhaft anwachsen. 600er Spulengestelle haben lediglich für das Schären großer Muster (Paletotfabrikation mit Abseite) besondere praktische Bedeutung.

2. *Einfluß der Drehzahlveränderung der Trommel.* Die Erhöhung der Geschwindigkeit der Schärtrommel kann sich nur auf die Trommellaufzeit bei den verschiedenen Kettlängen auswirken. Dabei könnte man einwenden, daß durch die größere Geschwindigkeit größere Verlustzeiten durch Fadenbrüche auftreten. Sie sind aber bei diesen Geschwindigkeiten noch nicht zu erwarten, denn auch andere Maschinen — Spulmaschinen — laufen ohne erhöhten Fadenbruch mit ähnlichen und weit höheren Geschwindigkeiten.

Die Tab. 31 erläutert das Verhalten der Gesamtschärzeit für 60, 120 und 180 m Fadengeschwindigkeit und das Beispiel: 4000 Kettfäden, Garnnummer 15 mit 12 Bändern geschärt.

Tabelle 31. Gesamtschärzeit in Minuten bei verschiedenen Fadengeschwindigkeiten für 4000 Kettfäden, Garnnummer 15, 12 Bänder.

Fadengeschwindigkeit m/Minute	12	50	100	150	200	250	300	350	m Kette
60	89	102	159	220	232	290	305	361	Minuten
120	89	97	149	205	212	265	275	326	,,
180	89	95	145	200	205	257	265	315	,,

Zur weiteren Klarstellung diene das Beispiel: 7000 Kettfäden, Garnnummer 56/2, 20 Bänder (s. Tab. 32).

Der Vergleich der Schärzeiten der beiden Tabellen untereinander und der verschiedenen Fadengeschwindigkeiten vermittelt uns *die Schlußfolgerung, daß eine erhöhte Fadengeschwindigkeit erst bei längeren Ketten und größeren Kettdichten von Bedeutung ist.* Die erhöhten Fadengeschwindigkeiten lassen sich aber nur erreichen, wenn die Schärmaschine mit elektrischer Fadenwächtereinrichtung und wirksamer Abbremsung

Tabelle 32. Gesamtschärzeit in Minuten bei verschiedenen Fadengeschwindigkeiten für 7000 Kettfäden, Garnnummer 56/2, 20 Bänder.

Fadengeschwindigkeit m/Minute	12	50	100	150	200	250	300	350	m Kette
60	106	127	195	216	283	304	370	437	Minuten
120	106	119	179	191	250	263	320	379	„
180	106	116	173	183	239	250	304	361	„

versehen ist. Sind diese Voraussetzungen nicht erfüllt, so wird die Verlustzeit durch das Zurückdrehen der Trommel zur Wiederherstellung eines gebrochenen Fadens zu sehr anwachsen und damit den Vorteil der höheren Fadengeschwindigkeit wieder aufheben. Für das Schären von Kötzern hat die höhere Trommeldrehzahl nicht die Bedeutung wie beim Schären von Kreuzspulen. Bei diesen kommt die Drehzahlerhöhung erst richtig zur Geltung.

3. *Welche Vorteile bietet die Verwendung von Kreuzspulen?* Wir setzen hier konische Kreuzspulen mit ballonförmiger Abwicklung voraus. Nur diese Kreuzspulform gestattet eine höhere Fadengeschwindigkeit und eine dauernd gleichbleibende Fadenspannung. Die Verwendung von zylindrischen Kreuzspulen kommt für gesteigerte Fadengeschwindigkeiten nicht in Frage, da sich die Fadenspannung mit abnehmendem Durchmesser der Spule ändert und die Fäden beim Anlauf infolge der Massenträgheit besonders bei vollen Spulen abreißen. Außerdem bereitet die Abbremsung der Spulen zur Verhinderung des Überlaufens Schwierigkeiten.

Verwenden wir Kreuzspulen mit 500 g Garngewicht, so kann ein Spulenelement die ca. 8fache Garnmenge im Vergleich zum Kötzer abgeben, wodurch eine ganz erhebliche Herabsetzung der Verlustzeit für das zeitraubende Nachstecken verbunden ist. In manchen Fällen ist ein Nachstecken überhaupt überflüssig, weil die für das Schären der Kette erforderliche Garnmenge auf den Kreuzspulen so bemessen wird, daß die Maschine durchlaufen kann. Ist ein Nachstecken und Unterstecken beim Übergang von einer Partie auf die andere notwendig, so verteilt sich die hierfür erforderliche Zeit auf eine größere Zahl von Ketten und ist nicht von Bedeutung.

Für die Gesamtdauer des Schärens ist weiter die Frage wesentlich, ob nach jeder Kette ein Kettwechsel stattfindet oder ob zwei oder mehr gleichartige Ketten hintereinander geschärt werden. Setzen wir den häufigeren Fall, den dauernden Kettwechsel voraus, so ergibt sich die mit der Zeit von 0,2 Minuten/Spulenelement für das Nachstecken ermittelte Zeittabelle 33.

Tabelle 33. Aufsteckzeiten für Kreuzspulen.

Fäden/Band	200	220	240	260	280	300	320	340	360	
Zeit für das Aufstecken . .	40	44	48	52	56	60	64	68	72	Minuten

Bei der Aufstellung der Zeitbilanz betrachten wir nur *7stückige Ketten (350 m)*, da für das Schären von Kreuzspulen nur Ketten mit hohen Stückzahlen in Frage kommen. Aus den umfangreichen Untersuchungen, die hier nur auszugsweise wiedergegeben werden können, werden Ketten mit dem Kettgewicht von 12 kg/50 m mit folgenden Schärangaben als typische Beispiele näher betrachtet (s. Tabelle 34).

Tabelle 34. Untersuchte Schärbeispiele.

Garnnummer	Kettfäden	Bandzahl	Fadenzahl/Band
60/2	7000	20	350
45/2	5400	17	318
30/2	3500	10	350
15/2	1800	6	300

Die bei der Aufstellung der Zeitbilanz, (Tab. 35) zugrunde gelegte Fadengeschwindigkeit beträgt 180 m/Minute.

Tabelle 35. Arbeitszeiten für das Schären von Kreuzspulen, Fadengeschwindigkeit $c = 180$ m/Minute.

Garnnummer	60/2	45/2	30/2	15/2	
Lauf der Trommel	38,6	32,5	20	12	Minuten
Aufstecken	70	64	70	60	,,
Nachstecken.	—	—	—	—	—
Bandwechsel	36	31	18	11	,,
Fadenbruch	30,4	22,8	15,2	7,6	,,
Abbäumen	12,1	12,1	12,1	12,1	,,
Gesamte Schärzeit	187,1	162,4	135,3	102,7	Minuten

Die ermittelten Schärzeiten für das Schären von Kreuzspulen werden mit den Schärzeiten für das Schären von Kötzern verglichen, und zwar für eine *Fadengeschwindigkeit von $c = 60$ m/Minute und $c = 120$ m/Minute.*

Tabelle 36. Arbeitszeiten für das Schären von Kötzern, Fadengeschwindigkeit $c = 60$ m/Minute.

Garnnummer	60/2	45/2	30/2	15/2	
Lauf der Trommel	116	98	60	35	Minuten
Aufstecken	59	55	59	52	,,
Nachstecken.	144	176	192	164	,,
Bandwechsel	36	31	18	11	,,
Fadenbruch	30,4	22,8	15,2	7,6	,,
Abbäumen	12,1	12,1	12,1	12,1	,,
Gesamte Schärzeit	397,5	394,9	356,3	281,7	Minuten

Tabelle 37. Arbeitszeiten für das Schären von Kötzern, Fadengeschwindigkeit $c = 120$ m/Minute.

Garnnummer	60/2	45/2	30/2	15/2	
Lauf der Trommel	58	49	30	17,5	Minuten
Übrige Zeiten	281,5	286,9	296,3	246,7	,,
Gesamte Schärzeit	339,5	335,9	326,3	264,2	Minuten

Bilden wir die Differenz der Arbeitszeiten der Tab. 35 (Schären von Kreuzspulen) und Tab. 36 (Schären von Kötzern), so stellen wir fest, daß sich die Produktionsgeschwindigkeit durch die Verwendung von Kreuzspulen mit 180 m Fadengeschwindigkeit gegenüber älteren Maschinen mit 60 m Fadengeschwindigkeit und Kötzern mehr als verdoppelt hat. Die Zeitersparnis liegt in den Grenzen von 53—63%. Aber auch gegenüber den neueren Schärmaschinen mit 120 m Fadengeschwindigkeit liegt die Zeitersparnis noch in den Grenzen von 38—61%. Der wesentlichste Grund für die Steigerung der Arbeitsgeschwindigkeit liegt in der Vermeidung des Nachsteckens abgelaufener Spulen durch die Verwendung von Kreuzspulen. Der Beitrag, welcher von der erhöhten Fadengeschwindigkeit geliefert wird, ist ca. 20% für Maschinen mit 60 m Fadengeschwindigkeit und ca. 15% bei Maschinen mit 120 m Fadengeschwindigkeit.

Die Verwendung von Kreuzspulen wird zeitlich noch günstiger, wenn ein ausfahrbares Gatter mit Reservegestell verwendet wird. Bei dieser Einrichtung fällt die Aufsteckzeit ganz weg. An ihre Stelle tritt die Zeit für das Abreißen der Spulenfäden im Schärgestell, das Ausfahren des Gatters mit den Spulen der vorher geschärten Kette, das Einfahren des neu besteckten Reservegatters und das Wiederanknoten der Spulenenden mit den Endfäden des Gestelles. Diese Arbeit nimmt für 320 Spulen eine Zeit von ca. 25 Minuten in Anspruch. Die für diese Einrichtung durchgeführte Revision der Zeitbilanz für das Schären von Kreuzspulen (Tab. 35) führt zu folgendem Ergebnis:

Tabelle 38. Arbeitszeiten für das Schären von Kreuzspulen unter Verwendung eines ausfahrbaren Gatters mit Reservegestell.

Garnnummer	60/2	45/2	30/2	15/2	
Schärzeit	142,1	123,4	90,3	67,7	Minuten

Daraus erkennen wir, daß die Verwendung eines ausfahrbaren Gatters mit Reservegestell eine weitere Zeitverkürzung von durchschnittlich 40 Minuten herbeiführt, was einer Zeitersparnis von ca. 25—35%, bezogen auf die Tab. 35, entspricht.

Generell läßt sich aus dieser Untersuchung festhalten: *Die Verwendung von Kreuzspulen führt gegenüber neueren Schärmaschinen und Arbeiten von Kötzern zu einer Produktionsbeschleunigung von ca. 75—120%. Unter Benutzung eines ausfahrbaren Gatters mit Reservegestell liegt sie in den Grenzen von 115—150%*. Die Auswirkung dieser Arbeitsbeschleunigung auf die Schärkosten wird später behandelt und ist im Zusammenhang mit den Spulereikosten zu betrachten.

4. *Welchen Vorteil bietet eine vergrößerte Maschinenbesetzung?* Bei der Vergrößerung der Maschinenbesetzung kann es sich nur um die Aufsetzerin, und zwar an Kötzergestellen handeln. Die Tätigkeit dieser Arbeitskraft besteht in der Hauptsache im Aufstecken und Nachstecken der Spulen. Der Einsatz von zwei Aufsteckerinnen kann sich daher nur auf diese Tätigkeiten erstrecken. Da nun insgesamt drei Arbeitskräfte (die Schärerin ist auch noch beteiligt) für diese Arbeiten tätig sind, reduzieren sich die für das Aufstecken und Nachstecken vorgesehenen Zeiten auf etwa zwei Drittel. Von diesen Untersuchungen sei nur eine charakteristische wiedergegeben, da die erzielbare Zeitersparnis für die übrigen Garnnummern und Kettdichten in derselben Größenordnung liegt.

Beispieltyp: 5400 Kettfäden, Garnnummer 45/2.

Tabelle 39. Zeitersparnis bei vergrößerter Maschinenbesetzung.

Kettlänge	12	50	100	150	200	250	300	350	Meter
Normale Besetzung .	95	107	162	172	227	281	292	346	Minuten
Vergrößerte Besetzung	76	89	129	139	179	218	229	266	„
Zeitersparnis	19	18	33	33	48	63	63	80	Minuten

Die Tab. 39 verdeutlicht, daß wesentliche Zeitersparnisse erst von 2stückigen Ketten an eintreten. *Allgemein läßt sich feststellen, daß die Zeitersparnis in den Grenzen von 20—80 Minuten liegt, was auf die frühere Schärzeit bezogen eine Zeitersparnis von ca. 20% im Mittel ergibt.* Dieser Prozentsatz ist eher zu niedrig als zu hoch ermittelt, denn die Verringerung der Wegzeiten der Schärerin und die Beihilfe der zweiten Aufsetzerin bei Fadenbruch sind hierbei nicht berücksichtigt. Die bei dieser Frage interessierende Veränderung der Schärkostensätze muß bis später zurückgestellt werden.

5. *Welche Beziehung besteht zwischen Schärdauer und Garnnummer?* Die Untersuchung dieser Frage klärt zugleich die Abhängigkeit der Schärdauer von der Fadenzahl in der Kette. Zur Aufhellung dieses umfangreichen Fragenkomplexes wurden bei den verschiedenen Garnnummern die Grenzfälle der Fadenzahlen in der Kette, bezogen auf die Kettgewichte von 15, 12 und 6 kg/50 m, untersucht. Da sich die Einzelzeiten nach den früheren Ausführungen leicht feststellen lassen und im besonderen nicht von Interesse sind, werden lediglich die Ausgangsdaten und die Ergebnisse wiedergegeben. Letztere sind der Einfachheit und Übersichtlichkeit halber unmittelbar schaubildlich in den Abb. 25—28 dargestellt.

Tabelle 40. Ausgangsdaten.

Garn-nummer	Kettfäden	Bandzahl	Garn-nummer	Kettfäden	Bandzahl
60/2	9000	25	45/2	6800	20
	7000	20		5400	17
	3600	10		2700	9
30/2	4500	15	15/2	2200	7
	3500	10		1800	6
	1800	6		900	6

Betrachtet man die Abb. 25—28 in ihrer Gesamtheit, so ist offensichtlich, daß innerhalb der Grenzlinien unendlich viele Schärzeiten mög-

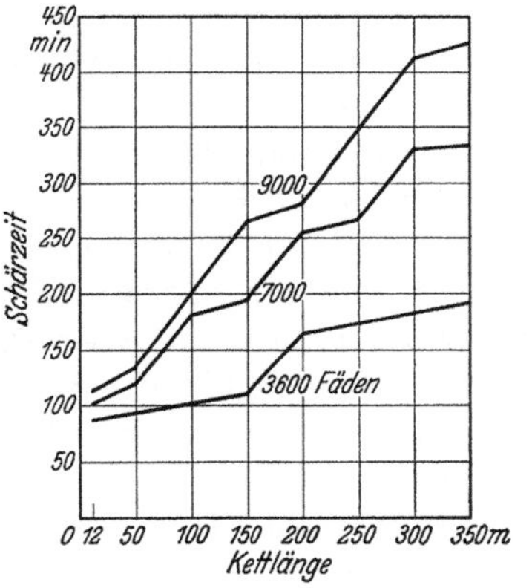

Abb. 25. Streufeld der Schärzeiten für die Garnnummer 60/2.

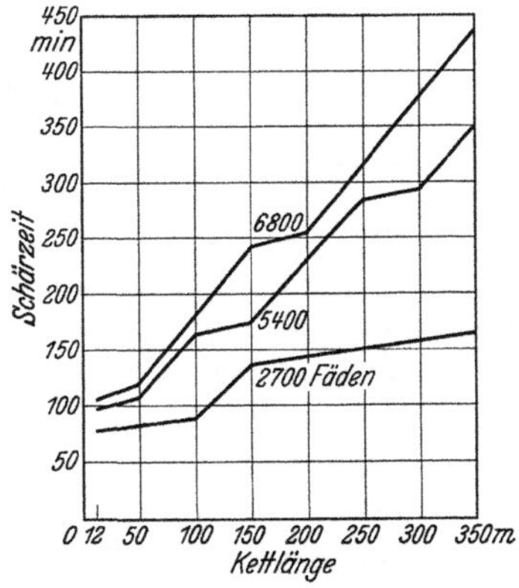

Abb. 26. Streufeld der Schärzeiten für die Garnnummer 45/2.

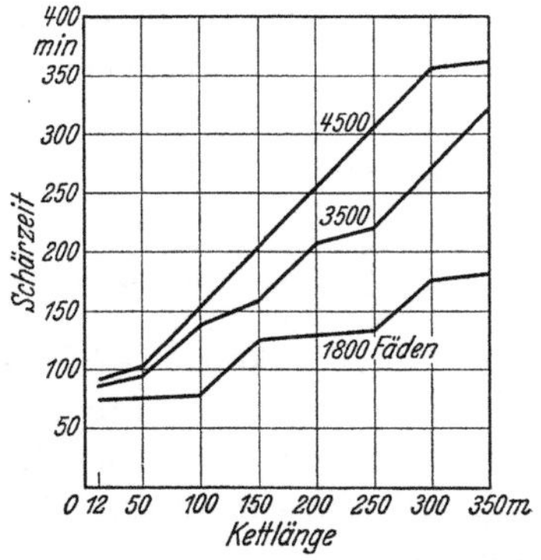

Abb. 27. Streufeld der Schärzeiten für die Garnnummer 30/2.

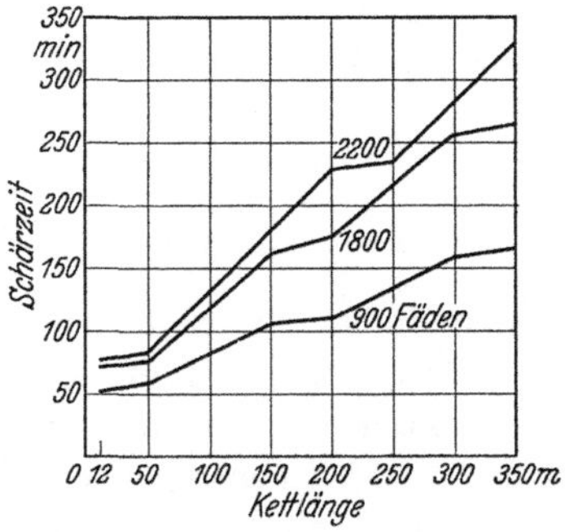

Abb. 28. Streufeld der Schärzeiten für die Garnnummer 15/2.

lich sind. Dies liegt an der wechselseitigen Beziehung zwischen Kettlänge, Fadendichte und Garnnummer. Eine gleichmäßige Zunahme der

Schärzeiten mit der Kettlänge ist nur selten feststellbar. Meist treten sprunghafte Änderungen auf, die auf die unterschiedliche Häufigkeit des Nachsteckens zurückzuführen sind. Zur Veranschaulichung der Abhängigkeit der Schärzeiten von der Garnnummer zeichnen wir uns aus den Abb. 25—28 ein neues Schaubild (Abb. 29) auf. *Aus dieser Darstellung erkennen wir eine durchweg steigende Tendenz mit feiner werdender Garnnummer.* Es liegt also die Tatsache vor, daß *trotz* der feineren Garnnummer und damit der größeren Fadenlängen pro Kötzer die Schärzeiten bei gleichem Kettgewicht anwachsen. Die Ursache dieser Erscheinung ist durch die mit der feineren Garnnummer verbundenen höheren Kettdichte begründet.

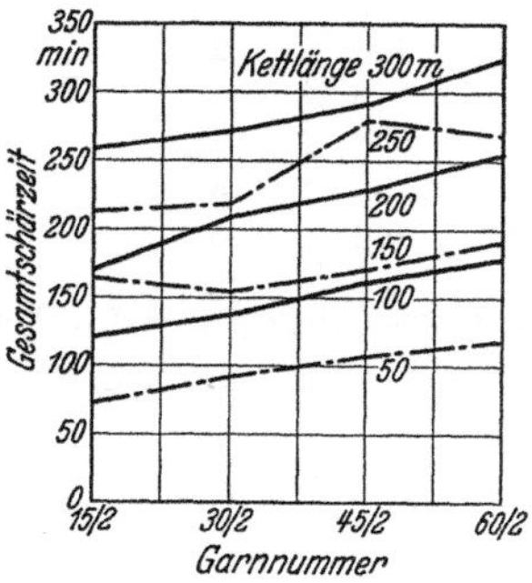

Abb. 29. Abhängigkeit der Schärzeiten von der Garnnummer.

Arbeitszeiten und Kalkulation. Wie besonders aus der letzten Untersuchung ersichtlich ist, gibt es unendlich viele Schärzeiten für die verschiedenen Warengattungen und die unterschiedliche Größe der Aufträge. *In der Kalkulation ist es infolge dieser Vielheit nicht möglich, mit einer derart starken Differenzierung zu rechnen.* Durch Vereinfachung der Einflußgrößen muß man dazu übergehen, gewisse Richtsätze zu schaffen, z. B. indem man die Fadenzahl in der Kette und die Kettlänge in eine Größe, und zwar in Strahn (1000 m) zusammenzieht und eine bestimmte Kalkulationsbasis für die verschiedenen Warengruppen wählt. So z. B. kann man für Modewaren eine 2stückige Kette (100 m) und für Stapelartikel eine 4stückige Kette (200 m) als Kalkulationsbasis festlegen.

Für die folgende Feststellung der Kalkulationssätze ist es weiter zweckmäßig, die Schärdauer für 1 Strahn (1000 m) zu berechnen. Dazu werden die Formeln benutzt:

$$\text{Strähne} = \frac{\text{Kettenlänge} \cdot \text{Fadenzahl}}{1000},$$

$$\text{Schärzeit/Strahn} = \frac{\text{Gesamtschärzeit}}{\text{Strähne}} \text{ in Minuten/Strahn.}$$

Die Ergebnisse dieser Umrechnung zeigen uns die Abb. 30—32. Aus diesen Diagrammen geht deutlich die Vereinfachung des ganzen Zeitproblems der Schärerei hervor. Im Gegensatz zu der früher vorhandenen sprunghaften Änderung der Arbeitszeiten erhalten wir auf diese Weise einen sehr gleichmäßigen Verlauf der Kurven.

In Abb. 30 erkennen wir den Verlauf der Schärzeiten/Strahn für 1-, 2- und 3stückige Ketten in Abhängigkeit von der Garnnummer. Die Kurven gelten für mittlere Fadendichten entsprechend dem Kettgewicht von 12 kg/50 m Kette. Abb. 31 und 32 stellen die Grenzen der Streuung

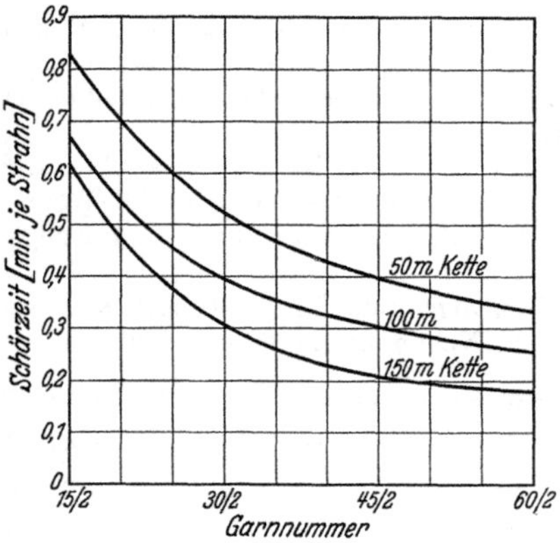

Abb. 30. Schärzeiten in Minuten/Strahn für 1-, 2- und 3stückige Ketten bei mittlerer Kettdichte (12 kg Kette/50 m).

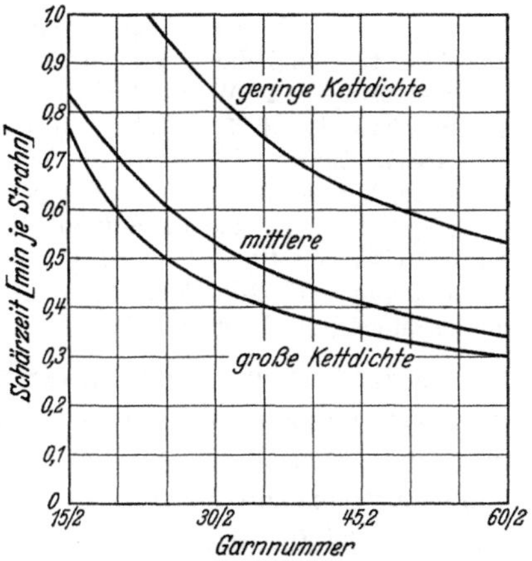

Abb. 31. Schärzeiten für 1stückige Ketten bei 15, 12 und 6 kg Ketten/50 m.

der Schärzeiten für 1- und 2stückige Ketten dar. *Allgemein läßt sich die Feststellung machen, daß die Arbeitszeiten/Strahn mit feiner werdender Garnnummer asymptotisch fallen.*

Betriebskosten für das Schären von Kötzern. Die Kosten setzen sich zusammen aus: Löhnen, sozialen Lasten, Feriengeldumlage, Kraftkosten, Abschreibung und Verzinsung, Reparaturen, Heizungs- und Beleuchtungskosten. Die Kosten werden auf eine Woche und Maschine bezogen.

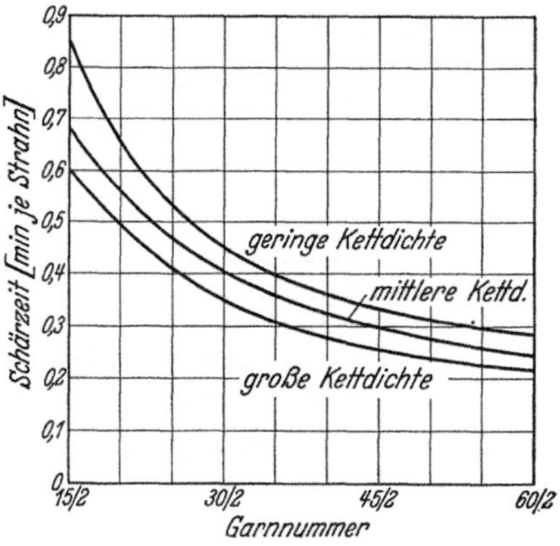

Abb. 32. Schärzeiten für 2stückige Ketten bei 15, 12 und 6 kg Ketten/50 m.

Tabelle 41. Wochenkosten/Schärmaschine für das Schären von Kötzern.

Kostenart	Wochenkosten RM	Anteil %
Lohnkosten	79,20	88,90
Kraftkosten	1,15	1,30
Abschreibung und Verzinsung . .	6,73	7,55
Reparaturen und Instandhaltung.	0,67	0,75
Heizung und Beleuchtung	1,36	1,50
Kosten	89,11	100,—
10% Sicherheitszuschlag	8,91	—
Wochenkosten	98,02 RM/Schärmaschine	

Lohnkosten. Berücksichtigt: 1 Schärerin, 1 Aufsetzerin, soziale Lasten, geringer Zuschlag für mögliche Überstunden, Feriengeldumlage. 79,20 RM/Woche.

Kraftkosten. 1,2 kW stündlicher Verbrauch, 47 Wochenstunden, 25% Laufdauer (im Höchstfalle), 8 Pfg./kWh: 1,15 RM/Woche.

Abschreibung und Verzinsung. Maschinenwert, Motor, Montage usw. 2800 RM Jahreskosten mit 12% Abschreibung und Verzinsung: 336 RM. 6,73 RM/Woche.

Reparatur und Instandhaltung. 10% der Abschreibungs- und Verzinsungssumme (jährlich 40 RM): —,67 RM/Woche.

Heizung und Beleuchtung. Anteilige Heizungs- und Beleuchtungskosten für 6 Maschinen und Jahr 408 RM. Wöchentliche Kosten pro Maschine: 1,36 RM.

Betriebskosten für das Schären von Kreuzspulen. Für das Schären von Kreuzspulen erfahren die Lohnkosten eine Herabsetzung, da hierfür nur eine Arbeitskraft notwendig ist. Die Abschreibung und die Verzinsung dagegen erhöhen sich, da der Maschinenwert mit Motor, Montage usw. mit 3700 RM anzusetzen ist. Rechnen wir auch wieder mit 12% Abschreibung und Verzinsung, so ergeben sich die wöchentlichen Kosten dieser Art zu 8,90 RM. Die Zusammenstellung der Kosten zeigt uns folgendes Bild:

Tabelle 42. Wochenkosten/Schärmaschine für das Schären von Kreuzspulen.

Kostenart	Wochenkosten RM	Anteil %
Lohnkosten	52,70	81,0
Kraftkosten	1,15	1,8
Abschreibung und Verzinsung . .	8,90	13,7
Reparaturen und Instandhaltung.	0,89	1,4
Heizung und Beleuchtung . . .	1,36	2,1
Kosten	65,—	100,—
10% Sicherheitszuschlag	6,50	
Wochenkosten	71,50	

Betriebskosten für das Schären von Kötzern und vergrößerter Maschinenbesetzung. Infolge der Lohnkosten für die zweite Aufsetzerin ändern sich die Lohnkosten der Tab. 41 auf 111,50 RM/Woche. Die übrigen Kosten bleiben unverändert (s. Tab. 43).

Kosten pro Schärminute. Aus der Erkenntnis heraus, daß die Strahnleistung die Leistung der Schärmaschine am eindeutigsten zum Ausdruck bringt, berechnen wir auch die Kalkulationssätze pro Strahn. Hierzu ist vorher eine Zwischenrechnung, die in der Rechnung der Kosten pro Schärminute besteht *(Platzkosten)*, notwendig. Unter Abrechnung einer Putzstunde werden 47 Stunden in der Woche gearbeitet. Rechnen wir mit 75% voller Ausnutzung der Arbeitszeit, d.h. mit 25% Verlustzeit für Kettwechsel, Wartezeiten usw., so ergibt sich eine tatsächliche Ar-

Tabelle 43. Wochenkosten/Schärmaschine für die vergrößerte Maschinenbesetzung.

Kostenart	Wochenkosten RM	Anteil %
Lohnkosten	111,50	91,90
Kraftkosten	1,15	0,95
Abschreibung und Verzinsung . .	6,73	5,50
Reparaturen	0,67	0,55
Heizung und Beleuchtung	1,36	1,10
Kosten	121,41	100,–
10% Sicherheitszuschlag	12,14	
Wochenkosten	133,55	

beitszeit für das Schären von $47 \cdot 60 \cdot 0{,}75 = 2120$ Minuten/Woche. *Eine Schärminute kostet demnach:*

für das Schären von Kötzern . . $\frac{\text{Wochenkosten}}{\text{Arbeitsminuten}} = \frac{9802}{2120} = \underline{4{,}62 \text{ Pfg.}}$

für das Schären von Kreuzspulen . „ $= \frac{7150}{2120} = \underline{3{,}36 \text{ Pfg.}}$

für das Schären von Kötzern bei vergrößerter Maschinenbesetzung „ $= \frac{13355}{2120} = \underline{6{,}3 \text{ Pfg.}}$

Die Kostensätze pro Strahn ergeben sich auf einfache Weise durch Multiplikation der Arbeitszeit pro Strahn mit den Schärkosten pro Minute:

$$\frac{\text{Minuten}}{\text{Strahn}} \cdot \frac{\text{Pfg.}}{\text{Minute}} = \frac{\text{Pfg.}}{\text{Strahn}}.$$

Nach dieser Methode finden wir ohne komplizierte Rechnung die verschiedenen Kalkulationssätze. Bei den Schärereikosten mit Kreuzspulen sind die Kosten von 0,208 Pfg./Strahn für alle Garnnummern durchweg anzusetzen.

Schärkosten für die verschiedensten Betriebsbedingungen. 1. *Schärkosten und Kettlänge.* Infolge der einfachen Umrechnung der Schärzeiten pro Strahn auf die Schärkosten/Strahn bleibt der charakteristische Verlauf der Kurven in Abb. 30—32 vollkommen erhalten. Bei diesen Abbildungen ist lediglich eine neue Skala für die Kosten pro Schärminute in der vertikalen Richtung anzubringen. Im vorliegenden Fall bedeutet für das Schären von Kötzern entsprechend der soeben durchgeführten Rechnung 1 Schärminute 4,6 Pfg.

Zur Klärung des Verhaltens der Schärkosten/Strahn bei verschiedenen Kettlängen wird ein neues Schaubild (Abb. 33), welches die Kurven für alle Garnnummern bei 1- bis 6stückigen Ketten und mittlerer Fadendichte (12 kg Kette/50 m) enthält, entworfen. Ist z. B. die Fadenzahl in der Kette 4000 für die Garnnummer 28/2, so ergeben sich für die 1stückige Kette (50 m) $\frac{50 \cdot 4000}{1000} = 200$ Strähne, für die 2stückige Kette (100 m) 400 Strähne usw. Geht man bei diesen Strahnzahlen, die, wie soeben dargelegt, einer bestimmten Kettlänge entsprechen, auf die entsprechenden Kurven in Abb. 33, so kann man an der Kostenskala den

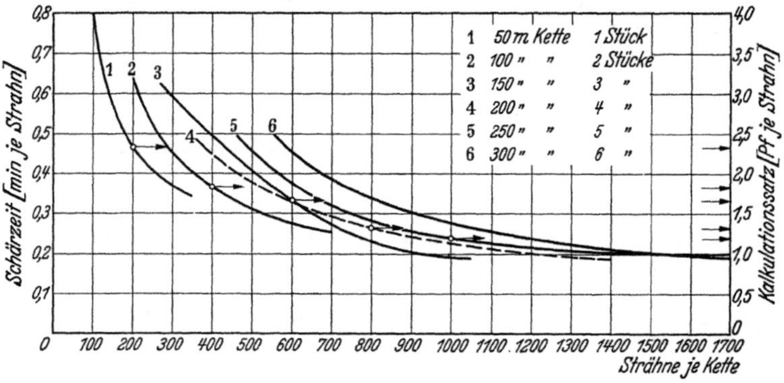

Abb. 33. Verlauf der Schärzeiten und Kalkulationssätze pro Strahn für 1- bis 6 stückige Ketten mittlerer Fadendichte (12 kg Kette / 50 m).

zugehörigen Kalkulationssatz ablesen. Für die verschiedenen Kettlängen und obiges Beispiel ergeben sich folgende Kalkulationssätze:

	Kette	Pfg./Strahn		Kette	Pfg./Strahn
1stückige Kette	50 m	2,3	4stückige Kette	200 m	1,4
2stückige Kette	100 m	1,8	5stückige Kette	250 m	1,2
3stückige Kette	150 m	1,6	6stückige Kette	300 m	1,2

Oder bei einem anderen Beispiel: 6000 Kettfäden, Garnnummer 50/2, wobei 1 Stück $= \frac{6000 \cdot 50}{1000} = 300$ Strähne, 2 Stücke $= 600$ Strähne usw. sind.

	Kette	Pfg./Strahn		Kette	Pfg./Strahn
1stückige Kette	50 m	1,85	4stückige Kette	200 m	1,0
2stückige Kette	100 m	1,4	5stückige Kette	250 m	1,0
3stückige Kette	150 m	1,0	6stückige Kette	300 m	1,0

An Hand dieser beiden Beispiele erkennt man schon, daß es für die Selbstkostenrechnung wesentlich ist, welche Kalkulationsbasis gewählt wird. Sind im Betrieb sehr viele Kleinaufträge in 1- und 2stückigen Ketten zu erledigen, so ist eine Differenzierung der Kalkulationssätze empfehlenswert. Aber auch allgemein für die anderen Kalkulationssätze gesehen, *ist eine exakte Stufung für die Berechnung der Preislisten der fertigen Waren hinsichtlich der Auftraggröße zweckmäßig*, um Preisnachlasse bei größeren Aufträgen besser überblicken zu können.

Eine Verbreiterung der Kalkulationsbasis über 4 stückige Ketten hinaus ist nicht erforderlich, da die Selbstkostensätze bei Ketten mit höheren Stückzahlen, wie aus der Aufstellung ersichtlich ist, sehr dicht zusammenliegen, bzw. in der Größenordnung gleich sind.

2. *Schärkosten — Kettdichte und Garnnummer.* Zeichnet man sich die Schärzeiten und -kosten für die Kettdichten der 6, 12 und 15 kg-Ketten/50 m auf und überlagert diese Kurven durch die Linien gleicher Garnnummer, so erhält man eine Abgrenzung des Streufeldes für die Schärzeiten und Kalkulationssätze (Abb. 34). *Diese Abbildung vermittelt uns klar und eindeutig die Schlußfolgerung, daß auch eine exakte Stufung der Selbstkostensätze in bezug auf die Kettdichten und Garnnummern vorteilhaft ist, was besonders für eine vielseitige Fabrikation wichtig ist,* wie z. B. für die gemischte Damen- und Herrenstoffherstellung. Das Streufeld läßt sich zu diesem Zweck in weitere Zonen für 6, 8, 10 usw. kg Kettgewicht nach Garnnummern von 2 zu 2 Nummern gestuft, aufteilen und zu einer Tabelle auswerten (s. Tabelle 48).

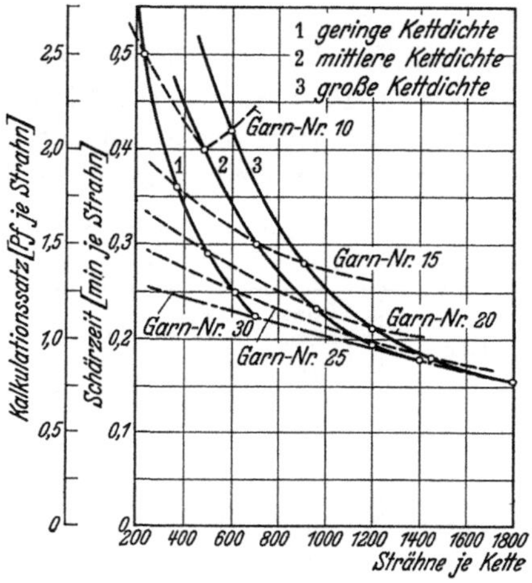

Abb. 34. Schärzeiten und Kalkulationssätze pro Strahn. Grenzlinien für Kettdichten und Garnnummern.

Aus der Abb. 34 erkennen wir weiter, daß die Selbstkostensätze bei feineren Garnnummern immer dichter zusammenrücken, bei groben Nummern dagegen beachtliche Spannen aufweisen. *Daher ist die Stufung der Kalkulationssätze für gröbere Garnnummern von größerer Bedeutung als für feinere Garnnummern.*

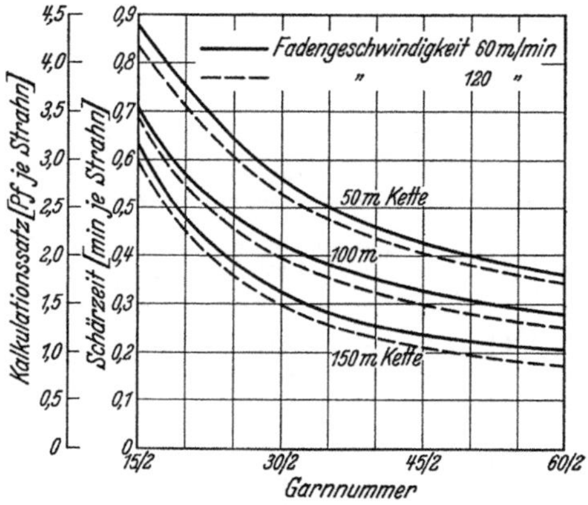

Abb. 35. Schärzeiten und Kostensätze pro Strahn in Abhängigkeit von der Garnnummer bei verschiedenen Fadengeschwindigkeiten und Kettlängen.

3. *Schärkosten und Maschinengeschwindigkeit.* In der Abb. 35 ist der Einfluß der Fadengeschwindigkeit von 60 m/Minute bei älteren Maschinen und von 120 m/Minute bei neueren Maschinen auf die Schär-

kosten pro Strahn dargestellt. Man erkennt, daß durch die Erhöhung der Fadengeschwindigkeit auf das Doppelte sich der Selbstkostensatz um durchschnittlich 0,1 Pfg./Strahn senkt, was eine Kostenherabsetzung von ca. 3—10% bedeutet.

Der gleiche Rückgang der Kosten/Einheit läßt sich aucn für noch größere Kettlängen nachweisen. Eine weitere Erhöhung der Fadengeschwindigkeit von 120 m/Minute auf 180 m/Minute würde eine zusätzliche Senkung der Selbstkostensätze von 1—4% herbeiführen. Die Ursache der an sich geringen Senkung der Kostensätze bei doppelter und dreifacher Fadengeschwindigkeit liegt an der geringen Maschinenlaufzeit im Rahmen der Gesamtschärzeit. Bei der Verwendung von Kreuzspulen ist diese Frage aber ernsthaft in Erwägung zu ziehen.

Tabelle 44. Ausgangsdaten für die Untersuchung.

Garnnummer	Kettgewicht/50 m kg	Fadenzahlen/ Kette	Strähne
15/2	6	900	315
	12	1800	630
	15	2200	788
30/2	6	1800	630
	12	3600	1260
	15	4500	1575
45/2	6	2700	945
	12	5400	1890
	15	6800	2362
60/2	6	3600	1260
	12	7200	2520
	15	9000	3150

4. *Schärkosten bei der Verwendung von Kreuzspulen.* Um die Frage der Selbstkostensätze mit dem Ziele der größeren Wettbewerbsfähigkeit für das Schären von Kreuzspulen gegenüber dem Schären von Kötzern näherzutreten, gehen wir von den Schärzeiten/Strahn bei 7stückigen

Tabelle 45. Schärzeiten für Kötzer und verschiedene Kettdichten.
a) Schärzeiten für Kötzer.

Garnnummer	Kettgewicht/50m kg	Schärzeiten in Minuten	Schärzeit in Minuten pro Strahn
15/2	6	163	0,518
	12	264	0,420
	15	331	0,430
30/2	6	182	0,289
	12	326	0,266
	15	363	0,230
45/2	6	163	0,178
	12	346	0,183
	15	432	0,182
60/2	6	185	0,147
	12	339	0,138
	15	425	0,135

Tabelle 46. Schärzeiten für Kreuzspulen und verschiedene Kettdichten.
b) Schärzeiten für Kreuzspulen ohne Verwendung eines ausfahrbaren Gatters.

Garnnummer	Kettgewicht/50m kg	Schärzeiten in Minuten	Schärzeit in Minuten pro Strahn
15/2	6	72,7	0,230
	12	102,7	0,163
	15	116,3	0,151
30/2	6	102,7	0,163
	12	135,3	0,110
	15	150,9	0,096
45/2	6	120,8	0,128
	12	162,4	0,086
	15	179,0	0,075
60/2	6	137,9	0,109
	12	187,1	0,076
	15	216,1	0,068

Ketten (350 m) aus. Die Schärzeiten für Kötzer und 7stückige Ketten gehen aus der Tab. 37 für die mittlere Kettdichte einer 12 kg schweren Kette/50 m und verschiedenen Garnnummern hervor. Um aber noch eine tiefere Kenntnis der Veränderung der Kostensätze bei anderen Kettdichten zu erhalten, werden im folgenden auch die Kettdichten für 6 und 15 kg-Ketten/50 m Schärlänge untersucht.

Untersucht wurden folgende 7stückige Ketten (s. Tabellen 44—46).

Stellen wir die vorstehenden Schärzeiten/Strahn zusammen und multiplizieren sie mit den Kosten/Arbeitsminute, und zwar für Kötzer mit 4,62 Pfg./Minute und für Kreuzspulen mit 3,36 Pfg./Minute (vgl. Kostenberechnung S. 79), so ergeben sich die Kostensätze in den Spalten 5 und 6 der Tab. 47. Spalte 7 gibt uns die Schärkosten/Strahn für das Arbeiten mit Kreuzspulen unter Einbeziehung der Spulereikosten von 0,208 Pfg./Strahn wieder.

Tabelle 47. Vergleichskostenrechnung.

Spalte 1	2	3	4	5	6	7	8
Garnnummer	Kettgewicht/ 50 m kg	Schärzeiten/Strahn		Schärkosten in Pfg./Strahn			Kostensenkung %
		Kötzer Minuten	X-Spulen Minuten	Kötzer	Kreuzspulen ohne Spulereikosten	Kreuzspulen mit Spulereikosten	
15/2	6	0,518	0,230	2,380	0,775	0,983	58,5
	12	0,420	0,163	1,940	0,548	0,756	61,0
	15	0,430	0,151	1,980	0,507	0,715	64,0
30/2	6	0,289	0,163	1,330	0,560	0,768	42,2
	12	0,266	0,110	1,230	0,370	0,578	53,0
	15	0,230	0,096	1,060	0,323	0,531	49,8
45/2	6	0,173	0,128	0,800	0,430	0,638	20,3
	12	0,183	0,086	0,845	0,289	0,497	41,2
	15	0,182	0,075	0,840	0,252	0,460	45,3
60/2	6	0,147	0,109	0,678	0,366	0,574	15,2
	12	0,138	0,076	0,636	0,255	0,463	27,2
	15	0,135	0,068	0,622	0,228	0,436	29,3

Durch den Vergleich der Spalten 5 und 6 finden wir, daß entsprechend der früher festgestellten Produktionsbeschleunigung von 75—120% für den reinen Schärvorgang ganz erhebliche Kostensenkungen eingetreten sind. Die eigentlichen vergleichsfähigen Spalten sind Spalte 5 und 7, da in Spalte 7 die Kreuzspulereikosten berücksichtigt sind. Wir erkennen, daß ein Teil der Kostensenkung für das Schären von Kreuzspulen von den Spulereikosten aufgezehrt wird. Aber dennoch ist, wie wir aus Spalte 8 erkennen, *eine Kostensenkung um ca. 50% im Mittel, d.h. von der Kostenbasis für Kötzer aus betrachtet, auf die Hälfte möglich.* Weiter ist festzustellen, *daß die Tendenz der größeren Kostensenkung bei den gröberen Garnnummern und den größeren Kettdichten vorhanden ist.*

5. *Schärkosten und vergrößerte Maschinenbesetzung.* Ein Teil des Zahlenmaterials sei an dieser Stelle für die mittlere Kettdichte (12 kg Kette/50 m) auszugsweise und unmittelbar graphisch wiedergegeben (Abb. 36). Die Verkürzung der Arbeitszeit durch den Einsatz der zweiten Aufsetzerin läßt sich für die früheren und neuen Verhältnisse auf derselben Skala ablesen; für die Kostensätze jedoch ist eine neue Skala für den Fall der vergrößerten Maschinenbesetzung (vgl. Platzkostenberechnung S. 79) einzutragen.

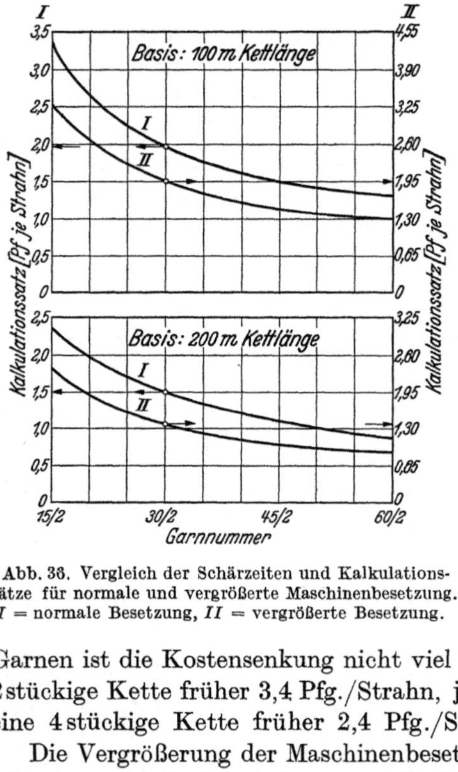

Abb. 36. Vergleich der Schärzeiten und Kalkulationssätze für normale und vergrößerte Maschinenbesetzung. *I* = normale Besetzung, *II* = vergrößerte Besetzung.

Gehen wir bei irgendwelchen Garnnummern auf die frühere *(I)* und die jetzige *(II)* Kurve und von dort auf die zugehörigen Kostensätze, *so stellen wir für die vergrößerte Maschinenbesetzung nur geringe Kostensenkungen fest,* z. B. für eine 2stückige Kette (100 m) und Garn-Nr. 30/2 früher 2 Pfg./Strahn, jetzt 1,95 Pfg./Strahn, oder für eine 4stückige Kette früher 1,5 Pfg./Strahn, jetzt 1,45 Pfg./Strahn. Bei gröberen Garnen ist die Kostensenkung nicht viel größer; z. B. für 15/2 und eine 2stückige Kette früher 3,4 Pfg./Strahn, jetzt 3,3 Pfg./Strahn, oder für eine 4stückige Kette früher 2,4 Pfg./Strahn, jetzt 2,35 Pfg./Strahn.

Die Vergrößerung der Maschinenbesetzung um eine Aufsetzerin hat, wie wir gesehen haben, in bezug auf die Kostensenkung keine besonderen Vorteile. Die Ersparnis an Zeit und damit der Rückgang der Kosten für die früheren Verhältnisse wird fast vollkommen durch die Lohnkosten der weiteren Hilfskraft kompensiert. *Als wesentlicher Vorteil bleibt dennoch die größere Ausnutzung der Schärmaschine und die schnellere Herstellung der Ketten bestehen.* Diese Feststellung hat die Bedeutung, daß sich die Leistung bei Überbeschäftigung ohne Schwierigkeit und zusätzliche Kosten mit dem vorhandenen Maschinenpark um ca. 20% steigern läßt, wodurch Überstunden und Arbeiten bei künstlichem Licht vermieden werden.

6. *Schärkosten für Musterkupons.* Aus den Untersuchungen ergaben sich für das Schären von Musterkupons (12 m) fast dieselben Zeiten wie für das Schären einer 1stückigen Kette (vgl. Abb. 25—28). Der

Grund für diesen erheblichen Zeitaufwand ist darin zu suchen, daß bei dieser geringen Schärlänge ca. 95% der Gesamtschärzeit Handarbeitszeiten sind, welche in gleichem Maße für die 1 stückige Kette benötigt werden. Stellt man die Schärzeiten/Strahn und die Kostensätze/Strahn wieder graphisch dar (Abb. 37), *so stellt man ein Anwachsen der Zeiten und Kostensätze um fast das Vierfache gegenüber 1 stückigen Ketten fest.*

Die typische Verbreiterung des Streufeldes der Kalkulationssätze in Richtung der gröberen Garnnummern tritt auch hier wieder zutage. Bei mittlerer Kettdichte (12 kg Kette/50 m) sind die Kalkulationssätze für

60/2	45/2	30/2	15/2	
7	7,5	10	17	Pfg./Strahn

Sind die Musterlängen noch geringer als 12 m, so erhöhen sich die Kalkulationssätze in erheblichem Maße weiter, da die Schärzeiten auch für die noch geringeren Kettlängen fast konstant bleiben.

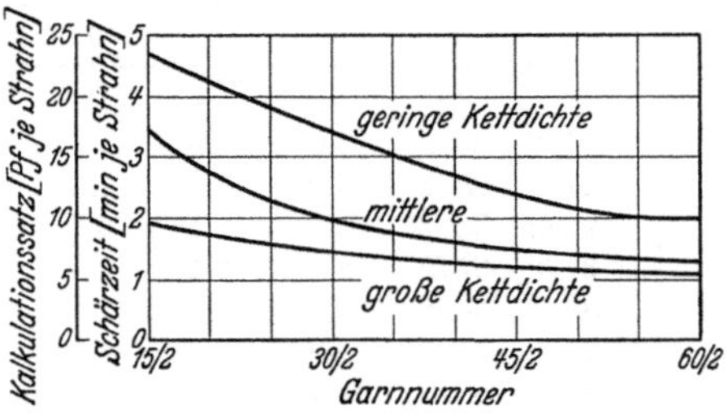

Abb. 37. Schärzeiten und Kostensätze/Strahn für Musterkupons.

In der Praxis werden die Schärkosten für die Musterkupons meist nicht nach Kalkulationssätzen berechnet. Man notiert die Gesamtarbeitszeit des Schärens und rechnet mit Stundenkosten. Auf welche Weise nun die Berechnung der Musterkosten durchgeführt wird, ist gleichgültig. In jedem Fall müssen die Kosten für das Schären von Musterkupons zur exakten Ermittlung des prozentualen Zuschlages im Rahmen der kaufmännischen Spesen für die Fertigwarenberechnung festgestellt werden.

Prozentualkalkulation in der Kettschärerei. In Betrieben mit gut ausgearbeiteten Akkordlohntarifen für die Kettschärerei ist häufig die Prozentualkalkulation auf den direkten Lohn der Schärerin in Anwendung. Die Höhe des prozentualen Zuschlages ergibt sich aus der Tab. 41. Zur Berechnung des Prozentsatzes sind die reinen Akkordlohnkosten von den übrigen Kosten (Lohnkosten der Aufsetzerin, 10% soziale Lasten, Feriengeldumlage, Putzstundenkosten usw.) zu trennen. Für den vorliegenden Fall stehen den Akkordlohnkosten der Schärerin von 37,60 RM die Nebenkosten von 60,42 RM gegenüber. *Der prozentuale Zuschlag für die Kalkulation auf die Akkordsätze ist daher:* $\frac{60,42}{37,60} = 1,6$, d. h. 160%.

Kalkulationssätze der Kettschärerei. Aus dem Abschnitt „Arbeitszeiten und Kalkulation“ (vgl. S. 76) und aus der Darlegung „Schärkosten und Kettdichte“ (vgl. S. 81) geht hervor, daß die Kalkulationssätze nach Garnnummern und Kettdichten für die Selbstkostenrechnung zu ordnen sind. Zur Verfeinerung der Kostenrechnung ist eine Trennung der Sätze für rohweiße Kammgarnketten, bunte Kammgarnketten und Streichgarnketten notwendig. Schließlich sind auf die nach Warengruppen getrennten Grundkalkulationssätze bestimmte Zuschläge zu machen, welche die Schärlänge, die Anzahl der Farben in der Kette, die Verwendung von Seideneffekten und besondere Gelese berücksichtigen.

Die in Tab. 48 niedergelegten Angaben stützen sich auf die vorliegenden Untersuchungen und haben als Basis die 3stückige Kette. Die Kettdichte wird in diesem Fall nicht in Fadenzahlen angegeben, sondern als Kettgewicht von 50 m Schärlänge, was ja bekanntlich im Zusammenhang mit der Garnnummer immer einer bestimmten Fadenzahl entspricht.

Tabelle 48. Kostensätze der Schärerei.

Garnnummer	6	8	10	12	14	16	kg/Kette
			Kammgarn rohweiß.				
15/2—20/2	4,0	3,6	3,3	3,1	2,8	2,6	Pfg./Strahn
21/2—25/2	3,2	2,9	2,6	2,4	2,2	2,0	„
26/2—30/2	2,8	2,4	2,1	1,8	1,6	1,5	„
31/2—35/2	2,4	2,1	1,8	1,5	1,5	1,5	„
36/2—40/2	2,1	1,8	1,6	1,4	1,4	1,4	„
41/2—45/2	1,9	1,6	1,4	1,2	1,2	1,2	„
46/2—50/2	1,7	1,5	1,3	1,1	1,1	1,1	„
51/2—60/2	1,5	1,3	1,1	1,0	1,0	1,0	„
			Kammgarn bunt.				
15/2—20/2	4,7	4,3	4,0	3,7	3,4	3,2	Pfg./Strahn
21/2—25/2	3,8	3,4	3,1	2,8	2,6	2,4	„
26/2—30/2	3,3	2,8	2,4	2,1	1,9	1,8	„
31/2—35/2	2,8	2,4	2,0	1,7	1,7	1,7	„
36/2—40/2	2,4	2,0	1,7	1,5	1,5	1,5	„
41/2—45/2	2,2	1,8	1,6	1,4	1,4	1,4	„
46/2—50/2	1,9	1,7	1,5	1,3	1,3	1,3	„
51/2—60/2	1,7	1,5	1,3	1,2	1,2	1,2	„
			Streichgarn.				
7— 9	5,2	4,7	4,3	4,0	3,7	3,4	Pfg./Strahn
10—12	4,1	3,7	3,4	3,1	2,8	2,6	„
13—15	3,5	3,0	2,6	2,3	2,1	1,9	„
16—18	3,0	2,5	2,2	1,9	1,9	1,9	„
19—21	2,6	2,2	1,9	1,6	1,6	1,6	„
22—24	2,3	2,0	1,7	1,5	1,5	1,5	„
25—27	2,1	1,7	1,5	1,4	1,4	1,4	„
28—30	1,9	1,5	1,4	1,3	1,3	1,3	„

Bei 2stückigen Ketten sind die Sätze um 20% zu erhöhen,
bei 1stückigen „ „ „ „ „ 50% „ „ } (vgl. Abb. 33),
bei Musterkupons von 12 m „ „ 500% „ „

bis 2 Farben in der Kette haben die obigen Sätze Gültigkeit,
bei 3—5 „ „ „ „ sind die Sätze um 0,2 Pfg./Strahn zu erhöhen,
bei 6—8 „ „ „ „ „ „ „ „ 0,3 „ „ „ „
Ketten mit Scharfdraht und Seideneffekten: Zuschlag 50 Pfg./Kette,
Ketten mit besonderem Gelese: Zuschlag 90 Pfg./Kette.

Beispiel. Gesucht ist der Kalkulationssatz für eine 2stückige Kette mit 3700 Fäden und Garnnummer 28/2 rohweiß.

$$\text{Kettgewicht} = \frac{50 \cdot 3700}{14000} = 13{,}2 \text{ kg}.$$

In der Tab. 48 wird zwischen der 12- und 14 kg-Kette und zwischen der Garnnummer 26/2 und 30/2 interpoliert und man erhält als Kalkulationssatz: 1,7 Pfg./Strahn + 20% Zuschlag für die 2stückige Kette. Damit ist der in der Warenkalkulation einzusetzende Kalkulationssatz: 2,04 Pfg./Strahn.

Die in den Betrieben verwendeten Kalkulationstabellen sind in ihrem Aufbau und in ihrer Feinheit sehr unterschiedlich. Ohne weitgehende Differenzierung der Sätze rechnet z.B. ein Betrieb:

einfache Kammgarne	3,2	Pfg./Strahn,
zweifache Kammgarne bis 36/2 . . .	3,0	„ „
„ „ 37/2 „ 56/2 . . .	2,5	„ „
„ „ 57/2 und darüber .	1,75	„ „
Streichgarn bis 15	3,75	„ „
„ 16 und darüber .	3,25	„ „

Ein zweiter Betrieb rechnet mit der Ordnung der Kalkulationssätze in Stufen von 1000 zu 1000 Kettfäden und der Leistungsbasis pro Meter Kette. Bei den Lohnbetrieben ist beispielsweise folgender Tarif in Anwendung:

Kammgarne.

10/2—23/2 . . .	3,0 Pfg./Strahn	49/2—63/2 . . .	1,5 Pfg./Strahn
24/2—36/2 . . .	2,5 „ „	64/2 und darüber	1,1 „ „
37/2—48/2 . . .	2,0 „ „		

Zuschläge. Bei Ketten mit mehreren Arten von Garnen oder verschiedenen Garnstärken . . . . 0,2 Pfg./Strahn mehr
bei mehrfarbigen Ketten . . . . 0,3 „ „ „
Ketten aus einfachem Garn . . . . 0,4 „ „ „
Schären von Schußbobinen, 40/2 und darunter . 0,4 „ „ „

Streichgarne und Cheviots.

1— 5	4,5 Pfg./Strahn	16—19	2,5 Pfg./Strahn
6—12	3,5 „ „	20 und darüber	2,2 „ „
13—15	3,0 „ „		

Zuschläge. Bei Ketten mit mehreren Arten von Garnen oder verschiedenen Garnstärken . . . . 0,4 Pfg./Strahn mehr
bei mehrfarbigen Ketten . . . . 0,6 „ „ „
Schären von Schußbobinen . . . . 0,8 „ „ „

Weitere Zuschläge.

Ketten bis 55 m	1,7 Pfg./Strahn mehr
Ketten von 55—110 m	0,8 ,, ,, ,,

8. Schlichterei.

Allgemeines. Im Fabrikationsbetrieb wird das Schlichten der Kette auf der kombinierten Schlicht-, Trocken- und Bäummaschine vorgenommen. Die Kettbahn wird durch eine heiße Schlichteflotte hindurchgeleitet, zwischen Quetschwalzen von dem überschüssigen Leim befreit, durch den Trockenraum geführt und unter Spannung auf den Webstuhlkettbaum aufgewickelt. Die zur Festigung des Kettfadens verwendete Schlichtemasse besteht meist aus Kartoffelmehl, welches unter Zusatz von Aufschließungsmitteln (Aktivin, Senegalin, Orapret usw.) vorher zu einer gallertartigen sämigen Masse aufgekocht wird. Die Zusammensetzung der Schlichte ist je nach den verwendeten Aufschließungsmitteln und nach der Garnart verschieden und wird nach den Erfahrungen der Betriebe vorgenommen. In diesem Zusammenhang seien zwei in der Tuchindustrie angewendete Rezepturen angegeben: 15,3 kg Kartoffelmehl, 15 g Aktivin mit ca. 150 l Wasser ergeben ca. 165—170 l Schlichte, oder 18 kg Kartoffelmehl, 800 g Orapret ergeben mit 250 l Wasser ca. 270 l Schlichte. Auf dem Gebiete der Schlichterei gibt es noch eine Unzahl von weiteren Mitteln und Zusätzen, die aber für die grundsätzliche Klärung der Selbstkostensätze nicht in diesen Rahmen hinein gehören.

In der Tuchindustrie wird in den meisten Fällen mit einem einzigen Kalkulationssatz für gezwirnte Kammgarne gerechnet. Nur dort, wo auch einfache Garne in der Ware verarbeitet werden, wird ein zweiter Satz angewendet. Streichgarne werden in vielen Fällen gar nicht geschlichtet. Es hat daher keinen Sinn, eine Stufung der Kalkulationssätze hinsichtlich der Garnarten vorzunehmen, wenn nicht wesentliche Unterschiede in der Schlichtezusammensetzung bei den verschiedenen Garnarten vorhanden sind. Hinzu kommt, daß der Rechnungssatz ohnehin auf den Fabrikationspreis keinen großen Einfluß hat. Die Basis des Selbstkostensatzes ist das Kettgewicht in Kilogramm.

Leistung. Die Leistung der Schlichtmaschine hängt von der Garnart, der Kettdichte und der Größe des Trockenraumes ab und wirkt sich praktisch in der Maschinengeschwindigkeit aus. Mit Hilfe von Zeitstudien lassen sich die Maschinenarbeits- und Leerzeiten für jede Kette ermitteln und daraus die Beanspruchung der Maschine und der Arbeitskräfte exakt erfassen. Diese Methode ist sehr mühsam und wird meist nur in Sonderfällen angewendet. Wir gehen hier so vor, daß wir die Leistung in Kilogramm geschlichteter Kette in dem Zeitraum von 4 Wochen erfassen und sämtliche Unkosten in der gleichen Zeit feststellen. Dividieren wir die Unkosten durch die Leistung, so ergibt sich der Kalkulationssatz in Pfg./kg.

Da wir in dieser Abteilung mit einer reinen Mengenproduktion zu tun haben ohne Unterteilung nach fabrikatorischen Gesichtspunkten, wie wir sie bisher haben vornehmen müssen, führen wir eine Staffelung der Kalkulationssätze nach der Leistung von 2000, 3000—6000 kg Kette durch, wodurch wir eine genaue Stufung der Selbstkostensätze in Abhängigkeit des Beschäftigungsgrades erhalten[1].

Betriebskosten. Die Unkosten der Schlichterei setzen sich zusammen aus: Arbeitslöhnen, sozialen Lasten, Hilfsmaterial, wie Kartoffelmehl, Aufschließungsmitteln und sonstigen Zusätzen, Dampfverbrauch für das Aufkochen der Schlichte, für die ständige Erwärmung des Schlichtetroges und für die Beheizung des Trockenraumes, ferner Kraftverbrauch für den Antrieb und den Ventilator, Reparaturen und Instandhaltung, wie Schlichtefilze, Leder usw. und schließlich die Abschreibung und Verzinsung der Schlichtmaschine und des Schlichtekochers.

Tabelle 49. Gesamtkosten und Kalkulationssätze der Schlichterei bei verschiedenen Betriebsleistungen.

Zusammenstellung der Betriebskosten.

Kostenart	Leistung in kg Kette/4 Wochen					
	2000	3000	4000	5000	6000	
Lohnkosten	350,—	350,—	350,—	350,—	350,—	RM/4 Wochen
Kraftkosten	9,15	13,80	18,25	22,80	27,40	„
Abschreibung u. Verzins.	125,—	125,—	125,—	125,—	125,—	„
Dampfkosten	39,40	59,20	78,90	98,50	118,—	„
Reparaturen.	11,45	15,—	22,85	31,70	39,60	„
Hilfsmaterial	120,—	180,—	240,—	300,—	360,—	„
Sicherheitszuschlag . .	25,—	30,—	35,—	40,—	45,—	„
Gesamtkosten	680,—	773,—	870,—	968,—	1060,—	RM/4 Wochen
Kalkulationssatz . . .	34,—	25,75	21,70	19,35	17,65	Pfg./kg-Kette

Lohnkosten. Berücksichtigt: 1 Schlichter, 1 Gehilfe, 10% soziale Lasten, Feriengeldumlage. 87 RM/Woche.

Kraftkosten: 2,2 kW stündlicher Kraftverbrauch, 48 Stunden Arbeitszeit, durchschnittlich 80% Laufdauer, 8 Pfg./kWh. 27,40 RM/4 Wochen.

Abschreibung und Verzinsung. Maschinenwert, Montage, elektrische Anlage, Dampfleitungen usw. 13100 RM Jahreskosten mit 12% Abschreibung und Verzinsung 1570 RM. 125 RM/4 Wochen.

Dampfkosten. Rechnen wir mit einem Dampfverbrauch von 3,5 kg Dampf/kg Kette und dazu ca. 25% für die übrigen Dampfverbraucher der Schlichterei und für die Anheiz- und Strahlungsverluste, ferner mit einem Dampftonnenpreis von

[1] Sustmann: Kalkulationssatz und Beschäftigungsgrad. Erfahrung und Forschung, Nr. 2, DWG, Heft 32, 1934; Spinner und Weber, Heft 29, 1934.

4,50 RM, so erhalten wir für die verschiedenen Leistungen folgende Dampfmengen und Kosten:

2000 kg Kette	8750 kg Dampf	39,40 RM/4 Wochen
3000 kg „	13130 kg „	59,20 „
4000 kg „	17500 kg „	78,50 „
5000 kg „	21870 kg „	98,50 „
6000 kg „	26250 kg „	118,00 „

Reparaturen und Instandhaltung. Sie ergeben sich aus den jährlichen Auszügen der Betriebsbilanzen. Hier rechnen wir mit den in der Tab. 49 angegebenen Kosten.

Hilfsmaterial: Die aus einer Reihe von Betriebsbilanzen festgestellten Kosten für Kartoffelmehl und sonstige Mittel mögen im Durchschnitt 6 RM/100 kg-Kette ergeben haben. Mit diesem Satz sind die Hilfsmaterialkosten in der Zusammenstellung der Betriebskosten der Produktion entsprechend berechnet.

Kritische Betrachtung der Kalkulationssätze. Zeichnen wir uns die Gesamtkosten in Abhängigkeit von der Leistung auf und dazu die

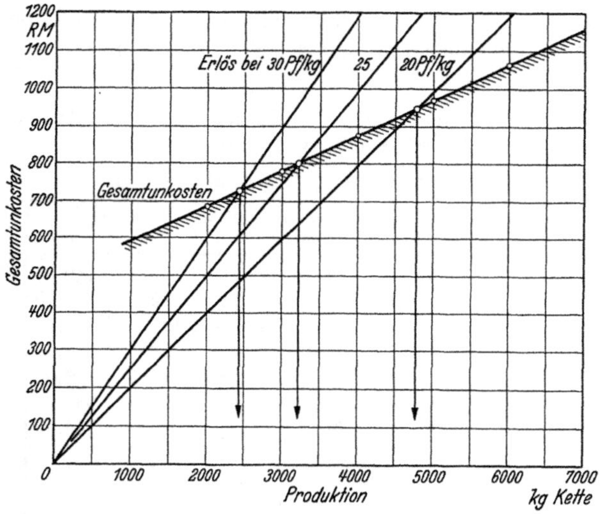

Abb. 38. Unkosten- und Erlöskurve der Schlichterei.

Kurvenscharen für die Erlöse bei den Kalkulationssätzen von 20, 25 und 30 Pfg./kg, so erhalten wir „kritische Schnittpunkte" (Abb. 38). Die Linien unterhalb der Unkostenkurve liegen im Verlustbereich, die darüber hinausragenden zeigen Betriebsgewinn an. Wenn der Kalkulationssatz von 20 Pfg./kg verwendet wird, so muß die Schlichtmaschine eine Mindestleistung von 4750 kg in 4 Wochen, für den Satz von 25 Pfg./kg 3200 kg und für 30 Pfg./kg 2400 kg Kette in 4 Wochen erreichen. Wenn also der Kalkulationssatz von 30 Pfg./kg Kette bei einer normalen Maschinenleistung von 5000 kg Kette in 4 Wochen angewendet wird, wird mit erheblichem Betriebsüberschuß gearbeitet. Wie aus Abb. 39 der Darstellung der Kalkulationssätze in Abhängigkeit von der Leistung ersichtlich, ist bei dieser Leistung von 5000 kg Kette/4 Wochen ohne Bedenken der Kalkulationssatz von 25 Pfg./kg zu verwenden, und zwar solange, bis die Betriebsleistung von 3200 kg Kette nicht unterschritten wird.

Aus Abb. 39 ist der typische Verlauf einer Kurve für Kalkulationssätze bei veränderlicher Beschäftigungslage zu erkennen. Durch die Veränderung der Lohnkosten würde sich mit geringer werdender Leistung nur ein unbedeutend veränderter Verlauf der Kalkulationssätze ergeben. Hier sind sie als gleichbleibend für alle Leistungen vorausgesetzt, da die Erfahrung der Praxis gezeigt hat, daß sich die Lohnkosten infolge der mit Krisenzeiten verbundenen Kürze der Liefertermine nur schlecht in der Schlichterei an die Beschäftigungslage anpassen lassen. Die Schlichterei hat in ständiger Betriebsbereitschaft zu sein.

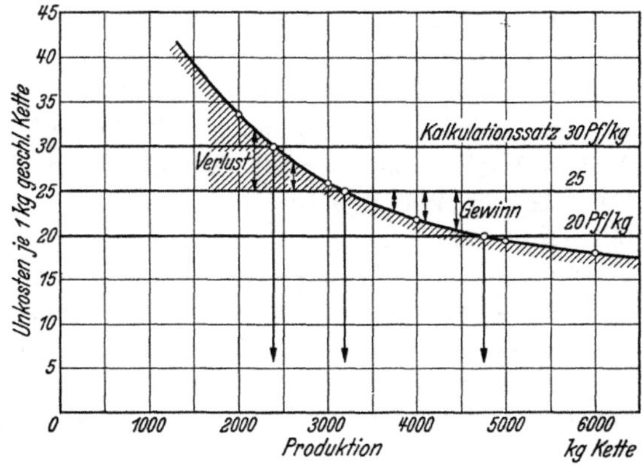

Abb. 39. Kalkulationssätze der Schlichterei in Abhängigkeit von der Leistung.

Die heute in der Tuchindustrie üblichen Kalkulationssätze liegen in den Grenzen von 20—30 Pfg./kg Kette.

9. Weberei.

Allgemeines. Mit dem Abschluß der Vorbereitungsarbeiten für Kette und Schuß beginnt die eigentliche Herstellung des Gewebes auf dem Webstuhl. Die Arbeiten des Webers bestehen aus dem Einhängen des Geschirres, dem Andrehen der Kette, dem Anweben und dem Weben selbst. Während des Webens sind Stuhl und Gewebe zu überwachen, im besonderen die Kett- und Schußfadenbrüche auszubessern und die Schützen mit den abgelaufenen Schußspulen auszuwechseln.

Die Kosten des Webvorganges hängen ab von der Garnart, der Garnnummer, der Fadenzahl in der Kette, der Anzahl der Schäfte, dem Reihzug, der Anzahl der Farben in der Kette und im Schuß, der Anzahl der Schützen und der Drehzahl des Stuhles. Dazu kommen noch die Kosten für die Vorrichtungsarbeiten der Kette im Stuhl bei Kettwechsel. Da die Vorrichtungsarbeiten längere Stuhlstillstände bedingen und dadurch den Webstuhlwirkungsgrad herabmindern, ist man bestrebt, möglichst lange Ketten vorzugeben und die Kette außerhalb des Stuhles in das Geschirr einzuziehen, was bei einfachen Waren und in der Damenkleiderstoffindustrie üblich ist, um die Kosten auf eine möglichst große Stückzahl zu verteilen bzw. sie an sich klein zu halten.

Leistung. Bei der Feststellung der Leistung der Weberei sind zu berücksichtigen: Die Drehzahl der Stühle, die Kettlänge, die Leistungsfähigkeit der Belegschaft, die Warenqualitäten mit den bindungstechnischen Schwierigkeiten, die Garnfestigkeit und die organisatorische Zusammenarbeit zwischen Verkauf und Betrieb.

Die Drehzahl der Stühle liegt für die Tuchindustrie gewöhnlich in den Grenzen von 80—100 Umdrehungen/Minute. In den seltensten Fällen ist sie einheitlich. In den meisten Werken gibt es Stühle mit 80, 85, 90, 95 und 100 Touren, in Einzelfällen sogar noch Stühle mit 75 Touren. Bei manchen Warengattungen werden die langsamer laufenden Stühle bevorzugt, da sie das Kettmaterial in höherem Maße schonen. Werden bestimmte Warengattungen immer auf langsam laufenden Stühlen verarbeitet, so ist dies kalkulatorisch zu berücksichtigen. Webt man aber auf den 80—100tourigen Stühlen alle Warengattungen, so ist für die Selbstkostenrechnung eine mittlere Drehzahl festzulegen, die sich aus der Anzahl der Stühle und deren Tourenzahl errechnet.

$$n_m = \frac{n_1 \cdot S_1 + n_2 \cdot S_2 + \text{usw.}}{S_1 + S_2 + \text{usw.}} \text{ Umdrehungen/Minute.}$$

In dieser Formel ist:

n_m = mittlere Stuhldrehzahl der Weberei, Umdr./Min.
n_1, n_2 usw. = jeweilige Drehzahl der einzelnen Stuhlgruppen,
S_1, S_2 usw. = Anzahl der Stühle zu den jeweiligen Drehzahlen n_1, n_2 usw. gehörig.

Nehmen wir einen Betrieb mit 200 Webstühlen und durchschnittlicher Drehzahl von 90/Minute an, so ergibt sich die Leistung der Weberei unter Zugrundelegung von 47 Arbeitsstunden in der Woche und einem mittleren Wirkungsgrad von 63% zu:

$$L_i = \frac{S \cdot n \cdot 60 \cdot 47}{1000} \cdot \eta = \frac{200 \cdot 90 \cdot 60 \cdot 47}{1000} \cdot 0{,}63$$
$$= 31\,978{,}8 \text{ in 1000 Schuß/Woche und 200 Stühle.}$$

Darin bedeutet: L_i = Istleistung in 1000 Schuß/Woche,
S = Anzahl der Webstühle,
n = mittlere Stuhldrehzahl/Minute,
$60 \cdot 47$ = Arbeitsminuten/Woche,
η = Wirkungsgrad der Weberei.

Im allgemeinen kann man mit einer Durchschnittsleistung pro Stuhl und Woche von 160000—175000 Schuß rechnen, wobei die Verlustzeiten für den Kettwechsel berücksichtigt sind. Diese Produktionsberechnung kann aber nur einen Anhaltspunkt für die Kosteneinheit geben. Über die einzelnen Warengattungen sagt sie uns nichts aus. Um diese beurteilen zu können, sind Zeitstudien anzustellen. Hier ziehen wir einen langjährig erprobten Werkakkordtarif, der in der Zeit 1927/30 Gültigkeit hatte, heran. Nach diesem Tarif läßt sich der reine Lohnakkordsatz für 1000 Schuß und die verschiedensten Warengattungen und der größte Teil der Webereinebenkosten feststellen.

Hauptkosten der Weberei. Mit dem folgenden Akkordtarif (Tab. 50) liegen die für die Kalkulation verwendeten Sätze der reinen Schußarbeit der Weberei fest. In diesem Tarif sind außerdem die in der Selbstkostenrechnung verwendeten Akkordsätze der Stuhlvorrichtungsarbeiten gegeben. Derartige Tarife sind in jedem Werk in mehr oder minder feiner Staffelung vorhanden.

Tabelle 50. Webereiakkordtarif.

1. *Grundlohn für 1000 Schuß:*

Kammgarnkette oder Streichgarnkette mit Kammgarnschuß oder Streichgarnzwirnschuß	23,5	Pfg.
mit einfachem Streichgarnschuß	24	„
einfache Kette mit Zwirnschuß	24	„
einfache Kette mit einfachem Streichgarnschuß	24,5	„
Kammgarnoberkette mit Streichgarnunterkette	24,5	„
9 schäftiger Drapé mit Streichgarnschuß, mehr	0,5	„

2. *Schäfte:*

7—12 Schäfte, Zuschlag/1000 Schuß	0,5	Pfg.
13—18 „ „ 1000 „	1	„
19—23 „ „ 1000 „	1,5	„
24—28 „ „ 1000 „	2	„
29 und darüber „ 1000 „	2,5	„
Leistenschäfte werden nicht berechnet.		
Verreihtes Geschirr, Zuschlag/1000 Schuß	0,5	„
Doppelriet, Zuschlag/1000 Schuß	1	„

3. *Fadenzahl mit Leiste:*

Kammgarn:	5000— 6999 Fäden, Zuschlag/1000 Schuß	0,5	Pfg.
	7000— 8999 „ „ 1000 „	1	„
	9000—10999 „ „ 1000 „	1,5	„
	11000—12000 „ „ 1000 „	2,5	„
Streichgarn:	4000— 5499 „ „ 1000 „	0,5	„
	5500— 7000 „ „ 1000 „	1	„

4. *Farben in der Kette:*

Wollfarbig, einfarbig bis 2 Farben, Zuschlag/1000 Schuß	0,5	Pfg.
über 2 Farben „ 1000 „	1	„
Stückfarbig, mit mehreren Farben „ 1000 „	0,5	„
Hosen mit Seide „ 1000 „	0,5	„

5. *Farben im Schuß:*

über 2 Farben, Zuschlag/1000 Schuß	0,5	Pfg.

6. *Schützenzahl:*

3—4 Schützen, Zuschlag/1000 Schuß	0,5	Pfg.
5 „ „ 1000 „	1	„
6 „ „ 1000 „	1,5	„

7. *Garnstärke im Schuß:*

Garnnummer 6 und darunter, Zuschlag/1000 Schuß	1,5	Pfg.
„ 7— 8 „ 1000 „	1	„
„ 9—13 „ 1000 „	0,5	„
bei kleineren Streichgarnspulen von Nr. 15 an, Zuschlag/1000 Schuß	0,5	„

8. *Drehzahl des Stuhles:*

66— 70 Umdr./Min., Zuschlag/1000 Schuß	2	Pfg.
71— 75 „ „ „ 1000 „	1,5	„
76— 85 „ „ „ 1000 „	1	„
86— 95 „ „ „ 1000 „	0,5	„
96—100 „ „ „ 1000 „	—	„
101—110 „ „ Abzug/1000 „	0,5	„

9. *Arbeiten mit 2 Bäumen:*

Streichgarnunterschuß, Zuschlag/1000 Schuß	0,5	Pfg.
Durchrauher	0,5	„
schwere Winterhosen	1	„

10. *Geschirraufhängen:*

pro Schaft	19,0	Pfg.

11. *Andrehen:*

bei 3stückigen Ketten und mehr für 100 Fäden	12	Pfg.
„ 2 „ „ „ 100 „	13	„
„ 1 „ „ „ 100 „	14	„
„ Muster bis 20 m „ 100 „	15	„

12. *Einrichten:*

neues Geschirr	220	Pfg.
über 16 Schäfte, Zuschlag/Schaft	5	„
dasselbe Geschirr	170	„

Einige Beispiele für die Ermittlung der Schußakkordkosten.

a) Kettfäden: 3288, Schuß/10 cm: 200, Schäftezahl: 8, verreiht. Kette und Schuß: 28/2 Kammgarn rohweiß, Schützenzahl: 3.

1. Grundlohn	23,5 Pfg./1000 Schuß
2. Schäfte (8)	0,5 „ 1000 „
3. verreihtes Geschirr	0,5 „ 1000 „
4. Fadenzahl in der Kette	— „ 1000 „
5. Farben in der Kette	— „ 1000 „
6. Farben im Schuß	— „ 1000 „
7. Schützenzahl	— „ 1000 „
8. Garnstärke	— „ 1000 „
9. Tourenzahl, 90/Minuten	0,5 „ 1000 „
10. Arbeiten mit 2 Bäumen	— „ 1000 „
Webakkord	25,0 Pfg./1000 Schuß.

b) Kettfäden: 8850, Schuß 10 cm: 280, Schaftzahl: 18, verreiht, Kette: 64/2 Kammgarn rohweiß, Schuß: 20/1 Streichgarn.

1. Grundlohn	23,5 Pfg./1000 Schuß
2. Schäfte (18)	1,0 „ 1000 „
3. verreihtes Geschirr	0,5 „ 1000 „
4. Fadenzahl in der Kette . . .	1,0 „ 1000 „
5. Tourenzahl, 80/Minute . . .	1,0 „ 1000 „
Webakkord	27,0 Pfg./1000 Schuß

Auf diese Weise lassen sich die Webakkordsätze für jede Warengattung ausrechnen. Die Sätze werden für die Kalkulation um ca. 10% erhöht, um die Veränderung des Kalkulationssatzes durch die Drehzahl der Stühle auszuschalten, da sich kaum die Möglichkeit bietet, bestimmte Waren dauernd auf die Stühle gleicher Drehzahl zu disponieren.

Nebenkosten der Weberei. Es ist üblich, in der Kalkulation alle Nebenkosten der Weberei durch einen prozentualen Zuschlag auf den Webakkord zu berechnen. In diesem Zuschlag sind enthalten: die unproduktiven Lohnkosten des Garnlagers, der Geschirrmacherei, der Webereisteller, der Meister und Kartenjungen, ferner die Gehälter des Webereibüros, die Webereihilfsmaterialien, die Abschreibung und Verzinsung des Maschinenparks und der Garnlagereinrichtung, die anteiligen allgemeinen Betriebsunkosten, die Feriengeldumlage, die Kosten für die Putzstunde, die Zusatzlöhne, 10% soziale Lasten, Heizungs- und Beleuchtungskosten, Kraftkosten und schließlich die Kosten für das Büromaterial.

Lohnkosten. Rechnen wir mit einem Durchschnittsverdienst von 48 RM pro Woche und Weber, so ergeben sich für die Sozialbeiträge 960 RM/Woche, bei einer Belegschaft von 200 Webern. Die Summe der unproduktiven Löhne und Gehälter ergibt: 1158,30 RM/Woche. Darin sind berücksichtigt: 1 Garnmeister, 1 Kettausgeber, 1 Schußausgeber, 3 Garnjungen, 1 Vorarbeiterin der Geschirrmacherei, 4 Geschirrmacherinnen, 5 Hilfsmädchen der Geschirrmacherei, 1 Webereileiter, 1 Disponent, 1 Garnbuchhalter, 1 Schreibkraft, 1 Lohnrechner, 1 Webmeister, 3 Steller, 2 Kartenjungen und 10% soziale Lasten der unproduktiven Lohnkosten. Die wöchentlichen Putzstundenkosten betragen bei 80 Pfg./Stunde 160 RM. Die Lohnverlustkosten durch Reparaturen und Weblohnzusätze wurden mit 350 RM/Woche angesetzt (vgl. Abb. 42). Die Feriengeldumlage stellt sich pro Woche auf ca. 235 RM.

Kraftkosten. 200 Webstuhlmotore mit je 1 PS verbrauchen pro Stunde bei einem Wirkungsgrad von 80% $\frac{200 \cdot 0{,}736}{0{,}8} = 184$ kW. Rechnen wir mit 70% Laufdauer in 47 Wochenstunden und 8 Pfg/kWh, so erhalten wir die Kosten von 484 RM/Woche.

Abschreibung und Verzinsung. Maschinenwert der Weberei mit 200 Kurbelstühlen einschließlich Montage, der Kraft- und Heizungsanlage, beträgt etwa 480 000 RM. Mit 12% Abschreibung und Verzinsung ergibt sich die Jahressumme von 57 500 RM. 1150 RM/Woche.

Hilfsmaterialien kurzfristiger Lebensdauer. Hierin werden eingeschlossen: Riete, Pickers, Litzen, Schläger, Ersatzteile, Kartenmaterial, Schmieröle usw. In dieser

Sparte werden gleichzeitig die Reparaturen berücksichtigt. Die wöchentlichen Kosten werden aus den Jahreskosten ermittelt und gleichmäßig auf die Wochen verteilt. Sie werden angenommen zu 360 RM/Woche.

Schreib- und Papiermaterial (angenommen): 14 RM/Woche.

Anteilige allgemeine Betriebsunkosten. Wir nehmen an, die Aufschlüsselung der allgemeinen Betriebsunkosten, die aus den Jahreskosten ermittelt werden müssen, möge betragen 280 RM/Woche.

Tabelle 51. Weberei-Nebenkosten.

Kostenart	Kosten RM/Woche
Lohnkosten: a) soziale Lasten der Weblöhne	960,—
b) unproduktive Löhne und Gehälter	1158,—
c) Putzstundenkosten	160,—
d) Lohnverlustkosten und Zusatzlöhne	350,—
c) Feriengeldumlage	235,—
Kraftkosten	484,—
Abschreibung und Verzinsung	1150,—
Hilfsmaterial kurzfristiger Lebensdauer und Reparaturen	360,—
Heizungs- und Beleuchtungskosten	120,—
Schreibmaterial	14,—
Anteilige allgemeine Betriebsunkosten	280,—
Summe:	5271,—
10% Sicherheitszuschlag	527,—
Weberei-Nebenkosten	5798,—

Bevor sich der Kalkulationszuschlag auf den Webakkord berechnen läßt, ist von der wöchentlich ausgezahlten Webereilohnsumme von 9600 RM der Betrag für die Sonderarbeiten bei Kettwechsel, für die Putzstunden und für die Weblohnzusätze abzuziehen, so daß die reinen Webakkordkosten übrigbleiben.

An Hand einer Betriebsuntersuchung (Abb. 40) wurde ein durchschnittlicher Kettwechsel von 0,35 pro Stuhl und Woche festgestellt. Bei 200 Webstühlen ergeben sich daher 70 Kettwechsel pro Woche. Rechnen wir im Durchschnitt mit 16schäftiger Ware und 4000 Kettfäden, so erhalten wir für den Kettwechsel folgende Kosten:

Geschirraufhängen 19 Pfg./Schaft	3,04 RM
Einrichten	2,20 „
Andrehen	4,20 „
Kosten pro Kette	9,44 RM.

Gesamtkosten für den Kettwechsel	$9{,}44 \cdot 70 =$	660,80 RM/Woche
Kosten für die Putzstunde		160,— „ „
Zusatzlohnkosten		350,— „ „
Sonderlohnkosten		1170,80 RM/Woche

Ziehen wir von der Webereilohnsumme von 9600 RM die Sonderlohnkosten von 1171 RM ab, so bleiben die reinen Schußlohnkosten von

8429 RM pro Woche übrig. *Mithin sind auf den in der Kalkulation für die jeweiligen Waren eingesetzten Webakkord/1000 Schuß*

$$\frac{\text{Weberei Nebenkosten}}{\text{Schußakkordkosten}} = \frac{5798}{8429} \cdot 100 = \textit{68,7\% zuzuschlagen.}$$

In vielen Betrieben werden in diesen Zuschlag auch die Kosten der *Schußspulerei* einbezogen, wenn die Schußspulerei für die Umspulung aller Garne in Frage kommt. Die Weberei-Nebenkosten erhöhen sich dann um die Kosten von 331 RM (vgl. Tab. 20):

Weberei-Nebenkosten + Schußspulereikosten = 5798 + 331 = 6129 RM/Woche. *Dies entspricht einem Zuschlag von 72,8%.*

Werden schließlich auch noch die Kosten der *Kreuzspulerei* (vgl. Tab. 17), wenn diese nur eine untergeordnete Bedeutung hat, zu den Weberei-Nebenkosten gerechnet, so ergibt sich *ein Zuschlag von 76,3%.*

Die in der Tuchindustrie auf den Webakkord berechneten Zuschläge sind von Betrieb zu Betrieb verschieden. Sie liegen meist in den Grenzen von 65—100%. Die Unterschiede sind lediglich auf die Verschiedenheit der Einzelkosten in den Betrieben zurückzuführen.

Kalkulationsbasis. Für jeden Betrieb erhebt sich die Frage, auf welcher Kettlänge bzw. auf welcher Stückzahl die Kalkulation aufgebaut werden soll. Um dies zu entscheiden, ist die Verfolgung der Stückzahl der einzelnen Ketten in der Weberei lange Zeit hindurch notwendig. Eine vom Verfasser im Jahre 1929 durchgeführte Untersuchung dieser Frage zeigt uns Abb. 40, die zahlenmäßig ausgedrückt folgende Verteilung der Aufträge ergibt (s. Tab. 52).

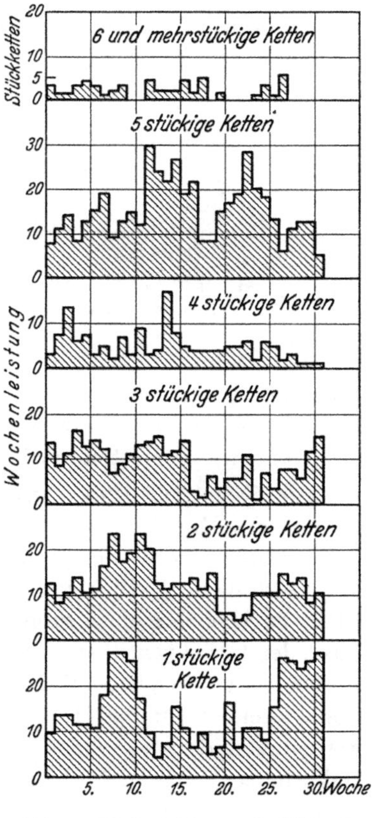

Abb. 40. Wochenleistungen der Weberei in Stückketten.

Die prozentuale Verteilung in Tab. 52 gibt an, wie groß der Anteil der verschiedenen Stückzahlen der Stückketten an der Gesamtproduktion im Mittel war. Durch eine weitere Untersuchung wurde in diesem Zusammenhang festgestellt, daß ca. 66—70% der Produktion in Modewaren

Tabelle 52.

1stückige Ketten	⌀: 16,5 Ketten/Woche	=	16,5 Stücke/Woche	9,5%
2 ,, ,,	⌀: 13,8 ,, ,,	=	27,6 ,, ,,	15,9%
3 ,, ,,	⌀: 9,57 ,, ,,	=	28,7 ,, ,,	16,6%
4 ,, ,,	⌀: 5,34 ,, ,,	=	21,4 ,, ,,	12,3%
5 ,, ,,	⌀: 14,3 ,, ,,	=	71,5 ,, ,,	41,3%
6 u. mehr ,,	⌀: 1,25 ,, ,,	=	7,5 ,, ,,	4,4%
Kettwechsel/Woche	⌀: 60,76;	Leistung	=173,16 Stücke/Woche;	100%

und ca. 34—30% auf Stapelartikel entfielen. *Da die Stapelartikel nur in großen Stückketten (im Mittel 5stückige Ketten) vorgegeben werden, kann man bei diesen Waren die 5stückige Kette als Kalkulationsbasis wählen.* Zur Feststellung der Kalkulationsbasis für Modewaren ist eine neue prozentuale Verteilung der Produktion der 1—4stückigen Ketten vorzunehmen (Tab. 53).

Tabelle 53.

1stückige Ketten mit	16,5 Stücken/Woche	17,5%
2 ,, ,, ,,	27,6 ,, ,,	29,3%
3 ,, ,, ,,	28,7 ,, ,,	30,5%
4 ,, ,, ,,	21,4 ,, ,,	22,7%
Modewaren mit	94,2 Stücken/Woche	100%

$$k_m = \frac{k_1 \cdot s_1 + k_2 \cdot s_2 + \text{usw.}}{s_1 + s_2 + \text{usw.}} = \frac{1 \cdot 16{,}5 + 2 \cdot 13{,}8 + 3 \cdot 9{,}57 + 4 \cdot 5{,}34}{16{,}5 + 13{,}8 + 9{,}57 + 5{,}34}$$

$$= \frac{94{,}2}{45{,}2} = \textit{ca. 2stückige Kette.}$$

Darin ist: k_m = mittlere stückige Kette,
k_1, k_2 usw. = 1-, 2- usw. stückige Kette,
s_1, s_2 usw. = Ketten pro Woche.

Aus dieser Aufstellung und Berechnung ist ersichtlich, daß man im vorliegenden Fall für Modewaren mit der Basis der 2stückigen Ketten zu rechnen hat. In Zeiten der guten Konjunktur besteht u. U. die Möglichkeit, auf die Basis der 3stückigen Kette überzugehen. In schwierigen Zeiten ist es dagegen bei einer großen Zahl von Kunden notwendig, auf die Basis der 1stückigen Kette zurückzugehen.

Die unterschiedliche Kalkulationsbasis wirkt sich bei der Fabrikationskostenberechnung für das Einrichten der Kette (denn diese Kosten werden gesondert berechnet und durch die Basis dividiert) und auf den Unkostenzuschlag der Weberei aus (s. Kalkulationsschema Abb. 56 und Abschnitt „Einfluß des Webstuhlwirkungsgrades auf die Kalkulation“).

Webstuhlwirkungsgrad[1]. Der Webstuhlwirkungsgrad ist in allen Betrieben ein Maßstab für die Wirtschaftlichkeit. Jedesmal nach Ablauf

[1] Sustmann: Betriebswirtschaftliche Untersuchung über die Einflußgrößen des Webstuhlwirkungsgrades. Deutsches Wollengewerbe, „Erfahrung und Forschung“ 1934, Heft 43.

einer Lohnwoche wird der mittlere Wirkungsgrad durch die Summation aller Wirkungsgrade und die Division durch die Anzahl der Stühle ermittelt. Er gibt, obwohl er jedesmal zur Kritik herausfordert, nur ein ungenaues Bild der Leistung des Betriebes (Abb. 41).

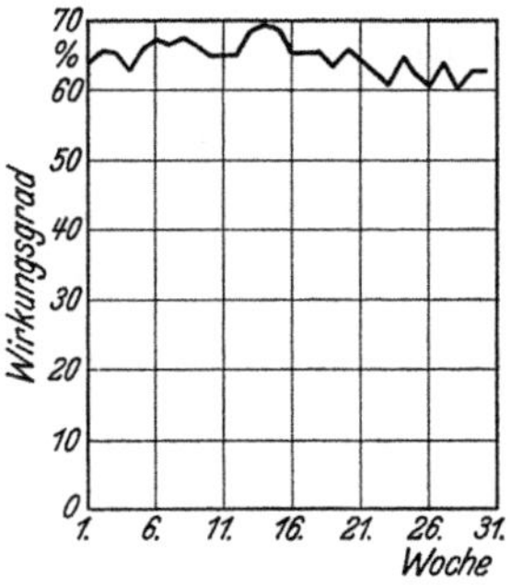

Abb. 41. Mittlerer Webereiwirkungsgrad im Verlauf der Jahreswochen.

Die Schwankungen der Kurve lassen sich nur durch den Wochenbericht über die Einzelwirkungsgrade erläutern, da in diesen die Ursachen vermerkt sind oder „vermerkt sein sollen!“. Der Verlauf läßt sich graphisch sehr leicht deuten, wenn die Wirkungsgradkurve mit den Unkostenkurven (Reparatur- und Versäumnisstundenkosten und Weblohnzulage) in Verbindung gebracht wird (Abb. 42). Durch die Addition der Kurve *b* und *c* entsteht die eigentliche Lohnverlustkurve *a*, die auf die Unzulänglichkeit des Betriebes hindeutet. In Abb. 41 ist festzustellen, daß die Wirkungsgradkurve gewöhnlich dann absinkt, wenn die Lohnverlustkurve ansteigt (vgl. Woche 9—12 und 15—23).

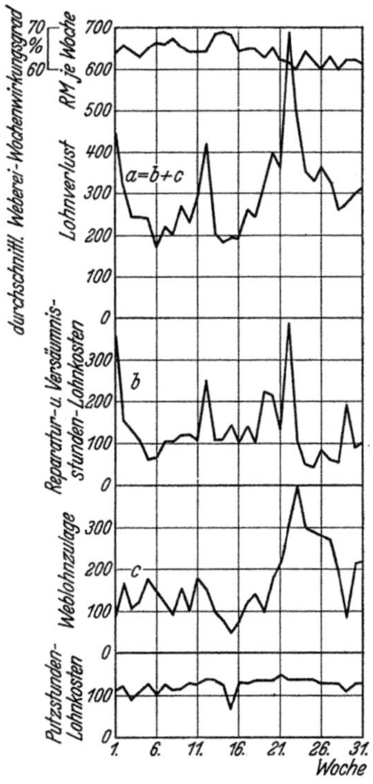

Abb. 42. Webereiwirkungsgrad und Lohnverlustkurve im Verlauf der Jahreswochen.

Sehen wir uns im gleichen Zusammenhang die in den gleichen Zeiträumen gezahlten produktiven Schußkosten für Stückketten an (Abb. 43), so stellen wir fest, daß die Lohnverlustkosten im Durchschnitt 4,5 % der reinen Webakkordkosten betragen. Beziehen wir noch die Kosten für die wöchentliche Putzstunde ein, so erhöht sich der Satz auf 6,3 %.

Die Schwankungen der Akkordlohnkostenkurve (Abb. 43) sind auf alle möglichen Betriebseinflüsse zurückzuführen. U. a. wirken sich die Veränderungen der wöchentlichen Arbeitszeit durch Feiertage und die Zunahme der in der Weberei geleisteten Arbeit für Musterkupons aus, was aus der darunterliegenden Kurve klar hervorgeht.

Zur weiteren Klärung der Schwankungen des Webstuhlwirkungsgrades müssen wir den tieferen Ursachen nachgehen. Der mittlere Wirkungsgrad der Weberei ergibt sich, wie bereits erwähnt, aus den Einzelwirkungsgraden der Stühle. Die unterschiedlich starke Stufung der Einzelwirkungsgrade geht aus Abb. 44 hervor, die nach dem Zahlenmaterial eines Webereibetriebes aufgestellt wurde. Bei der in der Weberei üblichen Berechnung des Wirkungsgrades stehen sich die wöchentlich geleisteten Schußzahlen, ausgewiesen durch das Schußlohnbuch des Webers und die in dem fraglichen Zeitabschnitt möglichen Schußzahlen bei 100% Laufdauer des Stuhles, gegenüber. Damit sind alle Verlustzeiten für das Einrichten, Andrehen usw. in den Wirkungsgrad eingeschlossen.

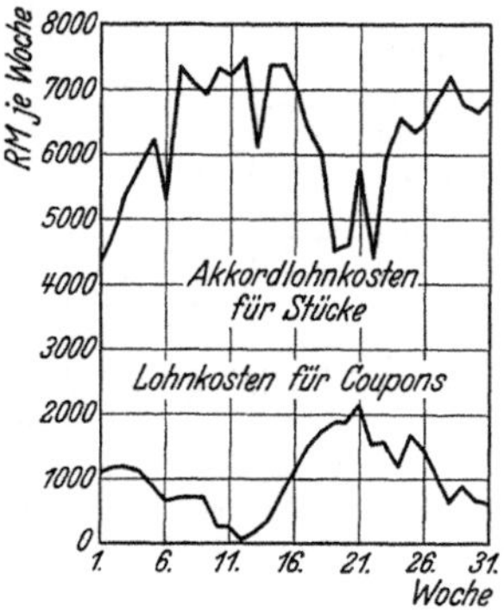

Abb. 43. Webkosten für Stücke und Kupons im Verlauf der Jahreswochen.

Nach dieser Aufstellung einer Woche (Abb. 44) erkennen wir, daß 22 Stühle einen Wirkungsgrad über 80% haben, 16 Stühle im Bereich von 70—80%, 26 Stühle im Bereich von 60—70%, 16 Stühle im Bereich von 50—60% und 15 Stühle unter 50% liegen. Dies ergibt einen mittleren Wirkungsgrad von 70%. Jedem Webereifachmann sind die Zahlen der mittleren Ausnutzung der Weberei (unter Ausschluß der Stühle mit Musterarbeit) für die Modewarenherstellung von Herrenstoffen von 66—69% und für die Stapelwarenfabrikation in der Damentuch- und Halbwollfabrikation von 75—78% bekannt. Weniger geläufig jedoch ist die zahlenmäßige Abgrenzung der in Frage stehenden Einflußgrößen.

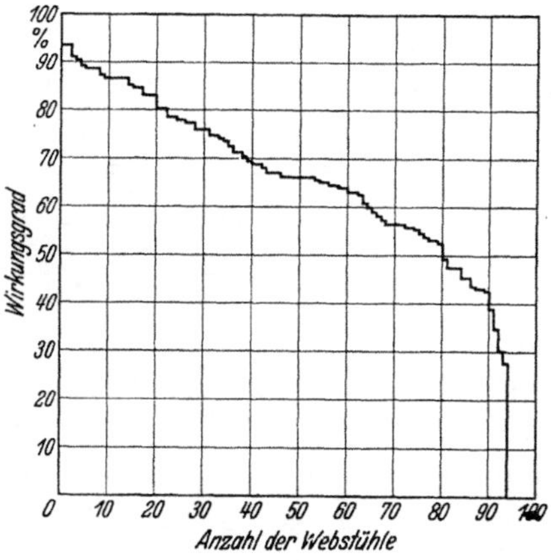

Abb. 44. Webstuhlwirkungsgrade einer Lohnwoche.

Zunächst läßt sich als wesentliche Einflußgröße *die Abhängigkeit des Wirkungsgrades von der Kettlänge* herausstellen. Um bei der Untersuchung dieser Frage Vergleichswerte zu erhalten, ist es notwendig, eine bestimmte Ware oder Warengattung herauszugreifen und eine Betrachtung der manuellen Arbeiten am Webstuhl anzustellen. Die bei der Verarbeitung der Garne auf dem Webstuhl erforderlichen Tätigkeiten gliedern sich, wie bereits im Akkordtarif zum Ausdruck kommt, in Geschirraufhängen, Einlegen des Kettbaumes, Andrehen der Kettfäden, Anweben und in die Überwachung des Stuhles während des Webprozesses. Rechnerisch läßt sich die Arbeit einteilen in die Maschinenlaufzeit, d. h. die eigentliche Arbeit des Stuhles beim Eintrag des Schusses und in die Maschinenstillstandszeiten, bedingt durch die Vorbereitungsarbeiten bei Kettwechsel, die Wiederherstellung von Kett- und Schußfadenbrüchen, das Auswechseln der Schützen u. a. m. Das Verhältnis der für die Ware erforderlichen Schußzahl zu der Schußzahl, die in der Gesamtzeit einschließlich der Stillstandszeiten hätte eingetragen werden können (theoretisch), ergibt die Ausnutzung oder den Wirkungsgrad des Stuhles.

Legen wir den Stundenverdienst eines guten Webers mit ca. 25% über Akkordrichtsatz zugrunde, so erhalten wir bei den verschiedenen Kettlängen von 8, 50, 100 usw. Meter in Abb. 45 den Verlauf der Wirkungsgradkurve in Abhängigkeit von der Kettlänge. Die Abbildung zeigt uns, wie gering die Ausnutzung der Stühle bei kurzen Ketten ist. Dies liegt naturgemäß an den Stillstandszeiten für die Vorbereitung der Kette im Stuhl, die im Vergleich zur eigentlichen Schußarbeit bei geringen Kettlängen relativ groß sind. Die Ausnutzung des Stuhles nimmt zunächst sehr stark zu und verläuft bei den größeren Kettlängen asymptotisch an die Linie der Höchstausnutzung, die ohne Verlustzeiten für die Vorbereitung berechnet ist, an. Bei Ketten über 200 m ist der Einfluß der Verlustzeiten der Vorbereitung auf den Wirkungsgrad nicht mehr von Bedeutung. Bei der Beurteilung der Ursachen der Veränderlichkeit des Webstuhlwirkungsgrades kommt man zu dem Ergebnis, daß sie nur sekundär in der Weberei zu suchen sind, primär sind sie auf die kaufmännische Geschäftsabwicklung und auf die Webereidisposition zurückzuführen. Ein *günstiger Wirkungsgrad der Weberei* — und das gilt ebenso für die übrigen Abteilungen — ist daher in erster Linie *durch die Vorgabe großer Kettlängen zu erzielen.*

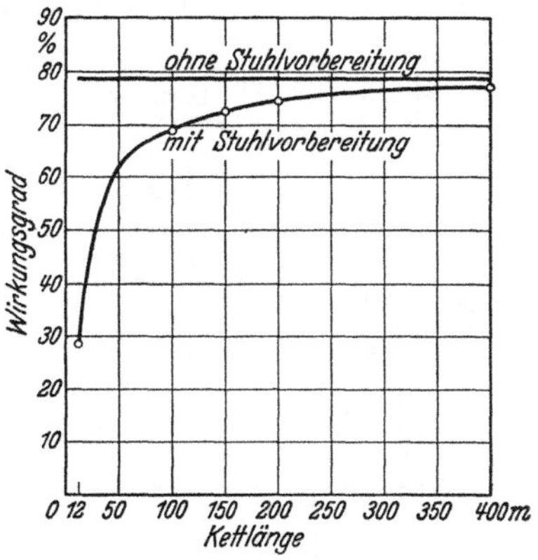

Abb. 45. Webstuhlwirkungsgrad in Abhängigkeit von der Kettlänge.

Eine weitere bedeutungsvolle Einflußgröße ist *die Arbeitsqualifizierung des Webers.* Es ist eine Binsenweisheit, die an sich keiner Wiederholung bedarf, daß ein guter Weber auch bei einer schlecht arbeitenden Kette einen besseren Verdienst und damit einen günstigeren Wirkungsgrad erzielt als ein Minderleistungsfähiger. Die Ventilierung dieser Frage ist eine weitaus schwierigere, da wir nun mit Einflüssen rechnen müssen, die sich allgemein unserer Kenntnis entziehen. Wenn wir hier bis ins letzte gehen wollten, kämen wir zu einem wissenschaftlichen Skeptizismus, für den wir aber im praktischen Betrieb keine Verwendung haben.

Die Verschiedenheit der Wirkungsgrade bei ein und derselben Arbeit läßt sich in erster Linie als Verschiedenheit des Arbeitstypus werten. Neben den für den Arbeitstypus kritischen Merkmalen, wie schnell, langsam, exakt, unexakt arbeitend, sind die Sinnestüchtigkeiten und Intelligenzfunktionen u. a. gute Augen, gelenkige Finger, gute Aufmerksamkeit, schnelles Erfassen von Vorgängen von außerordentlicher Bedeutung. Alle diese Eigenschaften spiegeln sich in dem Ergebnis der Arbeit in Menge und Güte wieder.

Das Ergebnis der quantitativen Arbeit zeigt sich im Stundenverdienst des Webers. Um eine Vorstellung von der Gesamtheit der menschlichen Einflüsse auf den Wirkungsgrad zu erhalten, verfahren wir summarisch, indem wir drei Gruppen herausstellen: sehr gute Weber mit einem Stundenverdienst von 50% über Richtsatz, gute Weber mit 25% über Richtsatz und Minderleistungsfähige, welche gerade die untere Verdienstgrenze mit dem Richtsatz erreichen. Zeichnen wir uns die erzielbaren Wirkungsgrade dieser Typen als Funktion der Kettlänge auf, so erhalten wir die Kurvenscharen in Abb. 46.

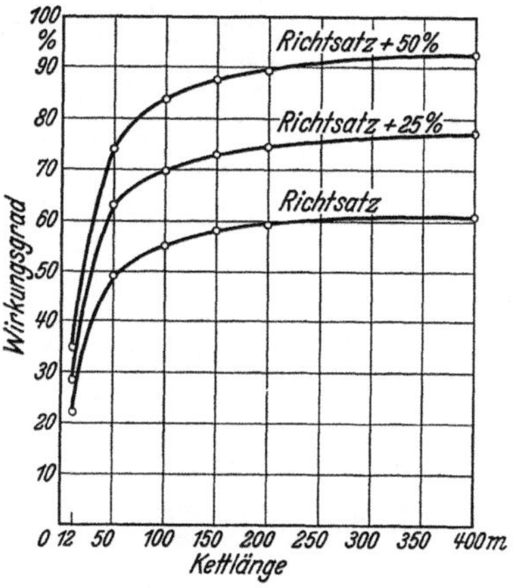

Abb. 46. Webstuhlwirkungsgrade bei verschiedenen Arbeitstypen.

Aus der Abb. 46 erkennen wir eine Schwankungsbreite zwischen den einzelnen Typen von ca. 15% und eine von 30% zwischen dem besten und minderleistungsfähigen Weber. Damit ist klar erwiesen, daß für die Veränderung des Webstuhlwirkungsgrades auch der Arbeitstypus mit allen seinen Fähigkeiten von erheblicher Bedeutung ist. Will man den Wirkungsgrad vorbeugend günstig beeinflussen, so wird man den minderleistungsfähigen Webern nach Möglichkeit nur solche Arbeiten geben, die sie beherrschen. Obwohl derartigen Dispositionen im Betrieb weitgehend Rechnung getragen wird, sind Schwierigkeiten in dieser Hinsicht nicht zu leugnen.

Als dritte größere Ursache für die Schwankung des Wirkungsgrades ist die Arbeitsqualität der Webereivorbereitung und die Güte des Garnmaterials zu erörtern. Eine minderwertige Webereivorbereitung wird sich unmittelbar auf die Herabminderung des Webereiwirkungsgrades bemerkbar machen. Denken wir hierbei an schlecht geleimte, schlecht gebäumte und unsorgfältig geschärte Ketten. Schon der Spruch der alten Weber kennzeichnet dies zur Genüge: „Gut gespult ist halb gezettelt, gut gezettelt ist halb geleimt, gut geleimt ist halb gewebt.“ Inwieweit die Vorbereitung den Webstuhlwirkungsgrad beeinflussen kann, hängt von der Art und Schwere des Fehlers ab. Die Fehler zeigen sich in der Hauptsache in der Zunahme der Fadenbrüche. Die Fadenbrüche können aber außerdem noch von der Güte der verwebten Garne, von der Bindung, dem Reihzug, der Dichtstellung von Kette und Schuß und von der Schaftzahl abhängen. Praktisch laufen alle diese Faktoren auf die Garnfestigkeit hinaus. Durch die Häufung der Fadenbrüche kann es vorkommen, daß der Wirkungsgrad um die Hälfte und noch weiter absinkt, ja, daß manche Ketten kaum abzuweben sind. Die Zeitverluste infolge Kett- und Schußfadenbrüche lassen sich nur näherungsweise bestimmen. Maßgebend für den Zeitverlust ist die Anzahl der Brüche und die für ihre Ausbesserung erforderliche Zeit. Den Hauptstillstand während der normalen Webarbeit verursachen in den meisten Fällen die Kettfadenbrüche, deren Ausbesserung pro Fadenbruch in den Grenzen von 0,6—1,1 Minuten liegt. Wenn wir in einem Fall 6 Kettfadenbrüche/Stunde feststellen, so bedeutet dies für den Wirkungsgrad schon eine Senkung von annähernd 9%. Die Zeit für die Ausbesserung eines Schußfadenbruches liegt gewöhnlich zwischen 0,6—0,8 Minuten, was bei 2 Brüchen/Stunde eine Minderung des Wirkungsgrades von etwa 2,5% ergibt. Die Verhältnisse können aber auch umgekehrt liegen und sind nur von Fall zu Fall im Betrieb praktisch festzustellen. Allgemeine Angaben in Grenzwerten lassen sich infolge der Vielseitigkeit der Garne und der anderen Einflußgrößen nicht machen.

Weiter kommen beim Webprozeß annähernd konstante Verlustzeiten vor, so z.B. für das Auswechseln der Schützen. Die Häufigkeit der Schützenauswechslung richtet sich nach der Garnnummer und nach dem Kötzergewicht. Die hierfür erforderliche Zeit hat bei den an Tuch- und Buckskinstühlen verwendeten großen Schützen z. B. bei der Garnnummer 12 nur eine Senkung des Wirkungsgrades um 2% zur Folge. Bei feineren Garnen spielt sie fast keine Rolle. Bedeutsam ist ihr Einfluß bei kleinen Streichgarnspulen.

Allgemein läßt sich aus der Untersuchung festhalten: Die Ausnutzung der Webstühle ist maximal ca. 90%, doch nur unter der Voraussetzung, daß in dem betrachteten Zeitabschnitt kein Kettwechsel erfolgt und sehr gute Weber eine einfache Ware verarbeiten. *Zur Erzielung günstiger Wirkungsgrade hat die Betriebsleitung grundsätzlich auf folgende Punkte zu achten:* 1. Disposition größerer Kettlängen; 2. genügende Garnfestigkeit; 3. Eignung der Weber bei den verschiedenen Warengattungen; 4. Vermeidung von Wartezeiten; 5. einwandfreie Webereivorbereitung.

Einfluß des Webstuhlwirkungsgrades auf die Kalkulation. Um dieser Frage näherzutreten, nehmen wir an, der früher berechnete Kalkulationszuschlag von 68,7% habe sich bei dem mittleren Webereiwirkungsgrad von 65% ergeben, wobei die wöchentlichen Schußakkordkosten von 8429 RM und die Nebenkosten von 5798 RM zugrunde liegen (vgl.

S. 97). Steigt oder fällt der Wirkungsgrad, so ist offensichtlich, daß auch durch die damit verbundene Produktionserhöhung bzw. Erniedrigung die Schußlohnkosten steigen oder fallen, da sie im reinen Akkord berechnet werden. Die Nebenkosten dagegen werden sich kaum verändern. Berücksichtigen wir dies, so ergeben sich für die verschiedenen Wirkungsgrade der Weberei folgende Kalkulationszuschläge:

Tabelle 54.

Wirkungsgrad	Zuschlag
60%	$\frac{5798}{7770} \cdot 100 = 74{,}5\%$
65%	$\frac{5798}{8429} \cdot 100 = 68{,}7\%$
70%	$\frac{5798}{9060} \cdot 100 = 63{,}8\%$
75%	$\frac{5798}{9720} \cdot 100 = 59{,}5\%$

Die verschiedenen Zuschläge lassen sich in erster Linie für die unterschiedlich großen Aufträge der Kunden verwenden. *Bei den einfachen* Standardartikeln, die sich ohne Schwierigkeit weben lassen und die mit mindestens 200 m Kettlänge vorgegeben werden, kann man mit einem durchschnittlichen Wirkungsgrad von 75% rechnen, was einem *Kalkulationszuschlag von 59,5%* entspricht. Für Modewaren, die in Einzelaufträgen von 1-, 2- und 3stückigen Ketten gewebt werden, kann man, wie aus der Abb. 45 ersichtlich ist, mit dem Wirkungsgrad von 60, 65 und 70% rechnen und gelangt damit zu den *Kalkulationszuschlägen für:*

1stückige Ketten von 74,5%,
2stückige Ketten von 68,7%,
3stückige Ketten von 63,8%.

Die Veränderung der durchschnittlichen Nebenkosten/1000 Schuß erhalten wir durch Division der wöchentlichen Nebenkosten von 5798 RM durch die bei den einzelnen Wirkungsgraden möglichen wöchentlichen Schußzahlen (Tab. 55).

Tabelle 55.
Veränderung der Weberei-Nebenkosten/ 1000 Schuß bei verschiedenen Webereiwirkungsgraden.

Wirkungsgrad %	Wochenleistung in 1000 Schuß	Ø-Nebenkosten für 1000 Schuß Pfg.
60	30 420	19,0
65	33 000	17,5
70	35 500	16,3
75	38 100	15,2

Einfluß der Tourenzahl der Stühle auf die Kalkulation. Zur Untersuchung dieser Frage nehmen wir an, in einem Betrieb laufen nur 100tourige Stühle, in einem anderen nur 90tourige usw. Um festzustellen, wie sich die Kalkulationszuschläge in den verschiedenen Betrieben verhalten, unter der Voraussetzung gleicher Nebenkosten, gehen wir von der wöchentlichen Betriebsleistung in 1000 Schuß aus und suchen die Beziehung zu den Nebenkosten von 5798 RM/Woche.

Tabelle 56. **Einfluß der Stuhldrehzahl auf die Nebenkosten/1000 Schuß**

Stuhldrehzahl Umdr./Minuten	Produktions-rückgang %	Wochenleistung in 1000 Schuß	Ø-Nebenkosten für 1000 Schuß Pfg.
100	—	36 600	15,8
90	10	32 900	17,5
80	20	29 250	19,8
70	30	25 600	22,6

Der Produktionsrückgang ist nicht vollkommen exakt an die Abnahme der Drehzahl gebunden. Es ist anzunehmen, daß die Kettfadenbrüche infolge größerer Schonung des Materials zurückgehen, wodurch sich die Schußleistung etwas erhöhen wird. Praktisch wird sich daher zahlenmäßig die Steigerung der Nebenkosten/1000 Schuß bei geringerer Drehzahl der Stühle nicht genau nach der Tab. 56 ergeben. Die Tendenz als solche bleibt jedoch erhalten.

Wenn die Nebenkosten von 17,5 Pfg./1000 Schuß einen Kalkulationszuschlag von 68,7% für die 90tourigen Stühle ergeben, so ist dieser Zuschlag für die 100tourigen Stühle zu reduzieren und der für die 80- und 70tourigen zu erhöhen. Die Ermäßigung bzw. die Erhöhung der Kalkulationszuschläge ergibt sich aus folgender Überlegung:

100tourige Stühle. Würden wir bei den 100tourigen Stühlen mit denselben durchschnittlichen Nebenkosten von 17,5 Pfg./1000 Schuß rechnen, die für die 90tourigen Stühle zutreffen, so ergäbe sich eine Deckung der Nebenkosten von

$$36600 \cdot 0{,}175 = 6405 \text{ RM/Woche.}$$

Es brauchen aber nur 5798 RM/Woche gedeckt zu werden. Um den Überschuß läßt sich demnach der Kalkulationszuschlag senken:

$$\frac{6405 - 5798}{5798} \cdot 100 = 10{,}5\,\%.$$

80- und 70tourige Stühle. Mit denselben Durchschnitts-Nebenkosten von 17,5 Pfg./1000 Schuß würden sich aber bei den 80- und 70tourigen Stühlen Verluste einstellen, da die wöchentlichen Nebenkosten nicht durch die Produktion aufgebracht werden können, denn sie ergeben für die

80tourigen Stühle $29250 \cdot 0{,}175 = 5119$ RM/Woche, und für die
70tourigen Stühle $25600 \cdot 0{,}175 = 4480$ RM/Woche.

Demnach ist der Kalkulationszuschlag der 90tourigen Stühle für die

80tourigen Stühle um 11,7%, und für die
70tourigen Stühle um 22,8% zu erhöhen.

Es ergibt sich also für die verschieden tourigen Webstühle folgende Zusammenstellung der Kalkulationszuschläge (Tab. 57).

Tabelle 57.

Stuhldrehzahl pro Minute	Zuschlag %
100	58,2
90	68,7
80	80,4
70	91,5

Aus dieser Aufstellung geht hervor, daß die Tourenzahl der Webstühle im Interesse der Wettbewerbsfähigkeit recht beachtlich ist. Wenn auch praktisch in der Kalkulation bei den schweren Kurbelstühlen eine derartige Unterteilung der Zuschläge nicht gemacht wird, da die 80- bis 100-tourigen Webstühle meist in beliebigem Wechsel für fast alle Warengattungen verwendet werden, so ist die Erkenntnis der Veränderung der Zuschläge in Werken mit Stühlen von sehr unterschiedlicher Drehzahl besonders für das Verweben von schweren und leichten Waren unbedingt auszuwerten.

Kalkulationszuschläge bei Spezialstühlen für schwere und leichte Waren. Wir gehen davon aus, daß in einem Betrieb für die Herstellung der Herrenmodewaren und sonstigen schweren Artikel Kurbel-Buckskinstühle mit durchschnittlich 90 Touren und für die leichteren Damenwaren leichte Stühle (Schaufelschaft- oder Hattersleystühle) mit durchschnittlich 130 Touren laufen. Der mittlere Webereiwirkungsgrad sei für die schweren Stühle 65% und für die leichten Stühle 80%. Um die zahlenmäßige Rechnung zu vereinfachen, nehmen wir an, der Betrieb arbeite mit 200 Kurbel-Buckskinstühlen (wie in der früheren Rechnung) und 100 leichten Stühlen. Für diese Zusammensetzung des Betriebes ist eine neue Zusammenstellung der Nebenkosten durchzuführen. Dort, wo sich keine Kostenverteilung auf die schweren und leichten Stühle als notwendig erweist, gelten für die schweren Stühle dieselben Kosten der früheren Zusammenstellung (s. Tab. 51). Kommt eine Aufteilung der Kosten auf beide Stuhlarten in Frage, so werden sie nicht nach dem Verhältnis der Anzahl der Stühle aufgestellt, sondern nach den Gesichtspunkten der Arbeitsbeanspruchung an sich ermittelt.

Aufteilung der Betriebsnebenkosten.

Lohnkosten für die leichten Stühle. Die sozialen Lasten betragen bei 100 Webern und einem Wochenverdienst von 48 RM je Weber 480 RM.

Für die Berechnung der unproduktiven Löhne und Gehälter nehmen wir an, daß die Belegschaft des Garnlagers nur um zwei Garnjungen vergrößert werden muß, da die Ausgabe der Garne für die glatten Damenwaren bei weitem nicht die Arbeit verursacht, wie die Ausgabe der Garne für die gemusterten Herrenwaren. Von den neu ermittelten Garnlagerlohnkosten von 247 RM/Woche haben die schweren

Stühle 75% und die leichten Stühle 25% zu tragen. Schwere Stühle 185 RM/Woche leichte Stühle 62 RM/Woche.

Für die Arbeiten in der Geschirrmacherei ist anzunehmen, daß die Mehrarbeit der Geschirrherstellung durch die Einstellung von zwei weiteren Hilfskräften bewältigt wird, denn die Damenartikel sind gewöhnlich 3-, 4-, 6- bis 12schäftig und nur in selteneren Fällen von höherer Schaftzahl. Außerdem ist die Kettdichte geringer und die Herstellung der Waren als Massenartikel gegeben, wodurch immer wieder dieselben Schäfte verwendet werden können. Die Kosten erhöhen sich auf 328 RM/Woche. Davon sollen die schweren Stühle 80% und die leichten Stühle 20% übernehmen. Schwere Stühle 263 RM/Woche, leichte Stühle 65 RM/Woche.

Im Webereibüro wird für die Erledigung der Arbeiten für die leichten Stühle ein zweiter Garnbuchhalter eingestellt, so daß sich die wöchentlichen Kosten auf 405 RM erhöhen. Hiervon rechnen wir auf die schweren Stühle 75% und auf die leichten Stühle 25%. Schwere Stühle 330 RM/Woche, leichte Stühle 75 RM/Woche.

Im Webereibetrieb bleibt für die schweren Stühle der früher berechnete Betrag von 233,20 RM/Woche erhalten, für die leichten Stühle ergibt sich durch die Einstellung eines weiteren Webmeisters und Stellers die Lohnsumme von 103,20 RM/Woche. Die Berechnung der sozialen Lasten für die unproduktiven Löhne und Gehälter ergibt für die schweren Stühle den Betrag von 101,10 RM/Woche, und für die leichten Stühle 30,60 RM/Woche.

Die Putzstundenkosten betragen für die schweren Stühle 200 RM/Woche, für die leichten Stühle 100 RM/Woche.

Die wöchentlichen Lohnverlustkosten, die bei den schweren Stühlen mit 350 RM/Woche angesetzt werden, nehmen wir für die leichten Stühle mit 100 RM/Woche an.

Schließlich ergibt sich für die Feriengeldumlage der schweren Stühle der Betrag von 235 RM/Woche, und für die leichten von 118 RM/Woche.

Tabelle 58. Lohnnebenkosten der schweren und leichten Stühle.

Kostenart	Lohnnebenkosten der schweren Stühle RM/Woche	Lohnnebenkosten der leichten Stühle RM/Woche
a) Soziale Lasten der Weblöhne	960,—	480,—
b) Unprod. Löhne u. Gehälter .	1112,30	335,80
c) Putzstundenkosten	200,—	100,—
d) Lohnverlustkosten	350,—	100,—
e) Feriengeldumlage	235,—	118,—
Summe	2857,30	1133,80

Kraftkosten. Für die schweren Stühle ergaben sie 484 RM/Woche. Die leichten Stühle werden gewöhnlich von einem 0,75 PS-Motor angetrieben, der pro Stunde und 85% Motorwirkungsgrad eine Leistung von 0,65 kW verbraucht. 100 Stühle mit einem mittleren Webereiwirkungsgrad von 80% und 8 Pfg./kWh ergeben 195 RM/Woche.

Abschreibung und Verzinsung. Bei den schweren Stühlen war die Summe von 1150 RM/Woche zu verrechnen. Bei den leichten Stühlen betragen die Kosten mit 12% Abschreibung und Verzinsung von einem Maschinenwert einschließlich Montage usw. von 180000 RM 443 RM/Woche.

Hilfsmaterial kurzfristiger Lebensdauer. Für die schweren Stühle werden die früher eingesetzten Kosten von 360 RM/Woche, und für die leichten Stühle die Kosten von 180 RM/Woche berechnet.

Heizungs- und Beleuchtungskosten. Bei den schweren Stühlen wurden sie mit 120 RM/Woche angenommen und bei den leichten Stühlen werden sie mit 60 RM/ Woche berechnet.

Allgemeine Betriebsunkosten. Die Summe von 280 RM wird mit 80% auf die schweren Stühle = 224 RM/Woche, und mit 20% auf die leichten Stühle = 56 RM/ Woche umgelegt.

Tabelle 59. Webereinebenkosten für schwere und leichte Stühle.

Kostenart	Schwere Stühle RM/Woche	Leichte Stühle RM/Woche
Lohnkosten	2857,30	1133,80
Kraftkosten	484,—	195,—
Abschreibung und Verzinsung . .	1150,—	443,—
Hilfsmaterialkosten u. Reparat. .	360,—	180,—
Heizung und Beleuchtung	120,—	60,—
Schreibmaterial	14,—	7,—
Anteilige allgem. Betriebsunkosten	224,—	56,—
Summe	5209,30	2074,80
10% Sicherheitszuschlag	520,90	207,50
Webereinebenkosten	5730,20	2282,30

Der prozentuale Kalkulationszuschlag für die schweren Stühle ändert sich kaum, da die Nebenkosten nur wenig gegen früher zurückgehen (von 5798 RM/Woche auf 5730 RM/Woche). Die sich hierbei ergebende Senkung des Kalkulationszuschlages von 68,7% auf 68% ist praktisch bedeutungslos.

Bevor der Kalkulationszuschlag für die leichten Stühle ermittelt werden kann, ist die Feststellung der reinen Schußakkordkosten notwendig.

Von der Gesamtsumme von 4800 RM/Woche sind die Kosten für die Kettwechsel, die Putzstunden und die Lohnverlustkosten wieder abzuziehen. Die Kosten für die Kettwechsel sind für glatte Damenartikel viel geringer als für Herrenmodewaren. Rechnen wir auf 100 Stühle durchschnittlich 30 Kettwechsel bei 6stückigen Ketten und 7 RM/Kettwechsel, so ergeben diese Kosten 210 RM/Woche. Mit den Kosten für die wöchentliche Putzstunde von 80 RM/Woche und den Lohnverlustkosten von 100 RM/Woche erhalten wir die von 4800 RM abzuziehende Summe der Sonderlohnkosten von 390 RM/Woche. Der prozentuale Zuschlag ist daher auf die reinen Schußakkordkosten von 4410 RM/Woche zu berechnen. *Demzufolge ergibt sich der Kalkulationszuschlag für die leichten Stühle zu:* $\frac{2282}{4410} \cdot 100 = 51{,}8\%$.

Die Höhe der durchschnittlichen Nebenkosten/1000 Schuß errechnet sich aus der Summe der Nebenkosten dividiert durch die in der Woche geleistete Schußzahl. Die wöchentliche Schußleistung ergibt sich aus:

$$\frac{100 \cdot 130 \cdot 60 \cdot 47}{1000} \cdot 0{,}8 = 29300 \text{ in } 1000 \text{ Schuß.}$$

Die durchschnittlichen Nebenkosten/1000 Schuß betragen also

$$228200 : 29300 = 7{,}8 \text{ Pfg.}$$

Obwohl diese Ergebnisse von Betrieb zu Betrieb verschieden sind, ist festzustellen, daß sich der Kalkulationszuschlag infolge der höheren Drehzahl der Stühle, des höheren Wirkungsgrades und der an sich geringeren Kosten für die leichten Stühle erheblich senkt.

Gewichtsberechnung der Kette. Ist die Länge einer Kette, die Fadenzahl und die Garnnummer bekannt, so errechnet sich das theoretische Garngewicht der Kette nach der Formel:

$$G = \frac{L \cdot F}{N} \text{ in kg.}$$

Darin ist:

G = Garngewicht der Kette in kg,	F = Fadenzahl in der Kette,
L = Schärlänge in Meter,	N = metrische Garnnummer.

Bei der Kalkulation wird dieses Garngewicht um die Abfallverluste in einem bestimmten Prozentsatz vergrößert. Die Garnverluste, die sich bei der Verarbeitung der Garne in der Spulerei, Zwirnerei, Kettschärerei und Weberei ergeben, werden in 100 berechnet.

Für eine gemusterte Kette mit den verschiedensten Fäden wird zunächst die gesamte Fadenlänge der Kette ausgerechnet, und zwar aus:

Gesamte Fadenlänge der Kette = Schärlänge · Kettfadenzahl.

Um den Anteil der einzelnen Garnsorten des Schärmusters zu ermitteln, dividiert man die gesamte Fadenlänge der Kette durch den Rapport. Die so berechnete Schlüsselzahl mit der Fadenzahl der einzelnen Garnsorten im Rapport multipliziert und durch die entsprechende Garnnummer dividiert, ergibt den Gewichtsanteil der einzelnen Garnsorten in der Kette.

$$G = \frac{L \cdot F}{F_r} \cdot \frac{F_g}{N} \text{ in kg.}$$

In dieser Formel bedeutet:

G = Gewichtsanteil der jeweiligen Garnsorte in kg,	F_r = Fadenzahl im Rapport,
L = Schärlänge in Meter,	F_g = Fadenzahl der jeweiligen Garnsorte im Rapport,
F = Fadenzahl in der Kette,	N = metrische Garnnummer.

Beispiele. a) *Berechnung einer einfarbigen Kette.* Wie groß ist das Garngewicht einer Kette von 5000 Fäden mit der Garnnummer 48/2 und 50 m Schärlänge unter Berücksichtigung von 3% Abfallverlust?

Garngewicht $= \frac{50 \cdot 5000}{24000} = 11{,}25$ kg. Mit Abfallverlust $\frac{11{,}25 \cdot 100}{100 - 3} = 11{,}6$ kg.

b) *Berechnung einer gemusterten Kette.* Wie groß sind die Gewichtsanteile der einzelnen Garne bei einer gemusterten Kette von 4280 Kettfäden, 110 m Schärlänge, 2% für Abfallverluste, wenn nachstehende Schärfolge gegeben ist:

16a	36/2	
2b	52/2	
16a	36/2	
1c	120/2 Bw./200/2 Chappe	3mal
1a	36/2	3mal

40 Fäden im Rapport

Fadenlänge der Kette . . 4280 · 110 = 470800 m,
Schlüsselzahl . . . . . . 470800 : 40 = 11770 m.

Gewichtsanteile der Garnsorten in der Kette:

Tabelle 60.

Faden	Garnnummer	Fäden/ Rapport	Gewichtsanteile kg	+2% Abfall-verlust kg
a	36/2	35	(35 · 11770) : 18000 = 23,44	24,02
b	52/2	2	(2 · 11770) : 26000 = 0,90	0,92
c	120/2 Bw.	3	(3 · 11770) : 100000 = 0,353	0,36
	200/2 Chappe	3	(3 · 11770) : 90000 = 0,392	0,40

Auf diese Weise sind die in jeder Kette enthaltenen Garnsorten zu berechnen. Diese mit dem jeweiligen Garnpreis multipliziert, ergeben den Garnwert der Sorten in der Kalkulation.

Berechnung der Schärlänge bei kleinen Partien. Will man Garnmengen, die als Rest verblieben sind, aufarbeiten, so zieht man von dem vorhandenen Garngewicht etwa 2—3 kg für Garnreste, die am Schluß auf dem Schärrahmen verbleiben, ab und multipliziert dieses Gewicht mit der Garnnummer, wodurch sich die Gesamtfadenlänge in Meter ergibt. Dividieren wir diese durch die Fadenzahl in der Kette, so erhalten wir die mögliche Schärlänge der Kette.

Gewichtsberechnung des Schusses. Das uns bei der Kostenrechnung interessierende Gewicht des Schußmaterials ergibt sich nach der Formel:

$$G_s = \frac{S \cdot L \cdot b}{N} \text{ in kg.}$$

Darin ist:

G_s = Schußgewicht in kg, b = Blattbreite der Ware in Meter,
S = Schußdichte pro Meter, N = metrische Garnnummer.
L = Rohwarenlänge in Meter,

Hierzu sind noch die Garnabfälle in der Höhe von etwa 3—6% zu rechnen. Liegt für den Schuß eine Farbenstellung vor, so verfährt man nach derselben Methode wie bei der Kette.

Fertiglänge der Ware. Von den Verlusten der Ware nach dem Abweben bis zum Verlassen der Appretur ist für die Kostenrechnung der Waren nur der *Längenverlust* von Bedeutung. Nach dem Abziehen der

Ware von dem Webstuhl tritt infolge der Fadenverkreuzung eine Verkürzung ein, die nach etwa 24 Stunden als beendet betrachtet werden kann. Durch den Walk- und Waschprozeß verliert die Ware weiter an Länge. Je nach der Art der Ware und der Behandlung schwankt der Längenverlust zwischen 1—30%. Der Eingang der Ware hängt ab von der Kett- und Schußdichte, der Einstellung, dem Material, der Bindung und von dem Appretureffekt. Genaue Angaben über den Längenverlust lassen sich bei der Verschiedenheit im Zusammentreffen der einzelnen Faktoren nicht machen. Sie müssen aus dem Betrieb selbst durch die Beobachtung von Probestücken und durch die laufende Kontrolle gewonnen werden.

In der Selbstkostenrechnung der Gewebe hat die Fertiglänge insofern eine erhebliche Bedeutung, als sie dazu dient, durch die Division von Herstellungskosten und fertiger Warenlänge den Preis für 1 m Fertigware zu ermitteln.

Abfallverluste. Die in allen Webereiabteilungen abfallenden Garnreste werden zu den Webereiabfällen zusammengezogen und durch einen Prozentsatz bei der in der Warenberechnung eingesetzten Garnmenge berücksichtigt. Im besonderen sind dies: Schußspulereiabfälle, Kreuzspulereiabfälle, Zwirnereiabfälle, Kettschärereiabfälle, Kett- und Schußabfälle der Weberei (Weberenden), Kettabfall in der Weberei (Drum), Stoffabrisse zur Bändelkontrolle, Anschüsse am Anfang und Ende der Ware, Restegarne für die Geschirrmacherei. In manchen Werken werden die Zwirnereiabfälle isoliert behandelt und direkt bei der Zwirnberechnung berücksichtigt.

Praktisch lassen sich die Abfälle wöchentlich, bzw. nach dem Abweben der Kette feststellen und zu der Produktion in Beziehung setzen. Die im folgenden ermittelten Zahlenangaben nähern sich den Verhältnissen in der Herrenmodewarenfabrikation. In jedem Betrieb kommen jedoch Abweichungen vor und sind eigens für die Kalkulationszwecke festzustellen.

Schußspulerei- und Kreuzspulereiabfälle. Die prozentuale Abfallmenge wird nach der Formel:

$$\text{Abfallverlust} = \frac{\text{Abfallmenge/Woche}}{\text{Gespulte Garnmenge/Woche}} \cdot 100\,\% \text{ ermittelt.}$$

Erfahrungsgemäß kann man in der Kreuzspulerei mit 0,3—0,5% und für die Schußspulerei mit 0,2—0,4% rechnen.

Kettschärereiabfälle. Die prozentuale Abfallmenge ergibt sich aus:

$$\text{Abfallverlust} = \frac{\text{Abfallmenge/Woche}}{\text{Kettgewicht/Woche}} \cdot 100\,\%.$$

Unter Schärabfälle sind in der Hauptsache die auf dem Spulengestell beim Wechsel einer Kette abfallenden Fäden zu verstehen. Die Garnverluste sind um so größer, je mehr die nacheinander geschärten Ketten wechseln und je kürzer die Ketten sind. Wenn es durch die Disposition gelingt, eine größere Zahl von 5- bis 6stückigen Ketten nacheinander auf derselben Schärmaschine zu schären, so verteilt sich der Abfallverlust auf die Gesamtmenge der Ketten und kann fast vernachlässigt werden. Wenn aber, wie es in der Modewarenfabrikation an der Tagesordnung ist, ein dauernder Kettwechsel stattfindet und außerdem noch sehr viele kurze Ketten geschärt werden, so stellt sich schon ein wesentlicher Verlustprozentsatz heraus. Zu diesen Schärenden kommen weiter die beim Nachknoten der vollen Spulen und die beim Ausbessern der Fadenbrüche entstehenden Fadenreste.

Um die Verhältnisse der Abfallverluste der Schärerei zu prüfen, kann man sich unter Zugrundelegung bestimmter Annahmen rechnerisch den praktischen Verhältnissen nähern. Wir nehmen an, die durchschnittliche Fadenzahl auf dem Spulengestell sei 350, die ∅-Meterlänge des abfallenden Fadens bei Kettwechsel 3,50 m, die ∅-Garnnummer 20. Wir untersuchen die Frage für 1-, 2- und 6stückige Ketten, und zwar für dauernden Kettwechsel und für eine einheitliche Wochenproduktion, die mit 120 Stücken angenommen wird.

Abfallverlust bei dauerndem Kettwechsel. Der Abfallprozentsatz für die verschiedenstückigen Ketten ergibt sich

für 1stückige Ketten $\left(\frac{350 \cdot 3{,}5 \cdot 120}{20\,000}\right) : (120 \cdot 12{,}5) = 0{,}49\,\%$,
für 2stückige Ketten . . . . $= 0{,}245\,\%$,
für 6stückige Ketten . . . . $= 0{,}082\,\%$.

Abfallverlust bei einheitlicher Wochenproduktion. Mit der Produktion von 120 Stücken in 6stückigen Ketten wären bei einheitlicher Wochenproduktion 3 Schärkronen beschäftigt. Die abfallende Fadenlänge ist daher $3 \cdot 350 \cdot 3{,}5 = 4025$ m, d. h. bei der Garnnummer $20 = 0{,}201$ kg. Dies ergibt den Verlustprozentsatz von $\frac{0{,}201}{1500} \cdot 100 = 0{,}0133\,\%$.

Obwohl dieser letzte Fall in der Praxis kaum vorkommt, zeigt er deutlich, wie sehr die Abfallmenge zurückgeht, wenn man mehrere gleichartige Ketten hintereinander schärt und wie sich der Abfallverlust bei verschieden großen Kettlängen verhält.

Kett- und Schußabfälle der Weberei. Die bei der Verarbeitung von Kette und Schuß auf dem Webstuhl abfallenden Fäden werden in vielen Betrieben zu dem sog. Weberknäuel zusammengedreht. Das Zusammenrollen der Fadenenden ist gegen die Betriebsvorschrift, doch dieser Unsitte wird häufig wenig Beachtung geschenkt. Diese Fadenreste, die zweckmäßiger in einem Endensäckchen als lose Fäden gesammelt werden, werden nach dem Abweben mit dem nicht verwebten Schußgarn im Garnlager abgegeben. Eine Trennung in Kett- und Schußabfall ist in diesem Fall praktisch nicht durchzuführen. Man faßt den Abfall insgesamt unter Schußabfall zusammen. Der Abfallprozentsatz ergibt sich aus:

$$\text{Schußabfall} = \frac{\text{Abfallmenge/Kette}}{\text{verwebtes Schußgarngewicht/Kette}} \cdot 100\,\%.$$

Die Höhe des Abfallprozentsatzes ist in den einzelnen Werken sehr verschieden, da sie von der Sorgfalt der Vorbereitung von Kette und Schuß und von der des Webers abhängt. Die in manchen Webereien anzutreffende Nachlässigkeit, den Schuß nicht vollkommen ablaufen zu lassen, um möglicherweise das Zurückweben zu ersparen und den Fadenrest einfach von der Hülse abzustreifen, erhöht die Abfallverluste erheblich.

Praktische Erhebungen im Betrieb ergaben Abfallprozente für Kammgarn in den Grenzen von 0,7—2,5% und für Streichgarn in den Grenzen von 3,5—6%. Der für die Kalkulation zu wählende Prozentsatz hängt von den jeweiligen Feststellungen des einzelnen Betriebes ab und kann nach Warengattungen getrennt werden.

Kettabfälle der Weberei. Unter diese Art von Abfällen ist der im Geschirr verbleibende Rest der Kette nach dem Abweben zu verstehen. Die Höhe des Abfallprozentsatzes hängt, wie auch in der Schärerei, vor allen Dingen von der Kettlänge ab. Bei Kettbäumen mit Lindertuch, wie sie in der Tuchindustrie ausschließlich anzutreffen sind, wird die Kette bis auf eine Länge von ca. 1,20 m abgewebt. Um einen Überblick über diese Verhältnisse zu gewinnen, lassen sich durch ähnliche Annahmen wie bei der Kettschärerei die Verluste rechnerisch näherungsweise ermitteln. (⌀ Fadenzahl 4000, ⌀ Garnnummer 20, ⌀ Stückzahl 120.) Werden in einer Woche nur 1stückige Ketten gewebt, so beträgt das Abfallgewicht

$$\frac{1{,}2 \cdot 4000 \cdot 120}{20\,000} = 28{,}8 \text{ kg}$$

bei einem Kettgewicht von 1200 kg. Somit beträgt der Abfallprozentsatz $(28{,}8 : 1200) \cdot 100 = 2{,}4\,\%$. Für die 2stückige Kette geht er auf die Hälfte zurück: 1,2% usw. Wir sehen auch hier, daß die dispositive Arbeit des Webereibüros für die Abfallverluste von ausschlaggebender Bedeutung ist. Ebenso wie bei den früheren Verlusten sind auch hierfür praktische Erhebungen im Betrieb zu machen.

Stoffabrisse in der Weberei. Nach dem Anweben einer Kette wird zur Kontrolle der Bindung und der Farbenstellung ein Bändel (Waschband) von etwa 6—10 cm abgerissen, gewaschen und von der Dessinatur nachgesehen. Der Abfallverlust hängt auch hier wieder unmittelbar von den Kettlängen ab. Da in diesem Fall Kett- und Schußfäden vereinigt sind, wird man den ermittelten Prozentsatz bei dem Kettabfall- und Schußabfallprozentsatz je zur Hälfte berücksichtigen; oder man muß sich entscheiden, ob man ihn ganz zum Kettabfall oder zum Schußabfall schlagen will.

Die Gesamtmenge des Abfalls beträgt bei 1stückigen Ketten unter Zugrundelegung eines Warengewichts von durchschnittlich 500 g/m: $\frac{120 \cdot 6 \cdot 0{,}5}{100} = 3{,}6$ kg/Woche. Auf die Produktion von 1200 kg Kette berechnet, ergibt sich ein Verlustprozentsatz von 0,3%, bei 2stückigen Ketten 0,15% usw.

Anschüsse am Anfang und Ende der Ware. Durch die Weiterverarbeitung der Ware in der Appretur gehen am Anfang und Ende der Ware etwa 4—5 cm an jedem Ende infolge der Nähnaht verloren. Diese Enden werden schon auf dem Webstuhl durch Einschießen eines Fremdfadens kenntlich gemacht. Zugleich dient der Anschuß als Kontrolle des Wareneinganges und gegen Diebstahl. Auf den Enden selbst werden die Kennzeichen des Stückes u.a. Stücknummer, Dessin, Abwebedatum usw. eingenäht. Diese Abfallverluste sind für alle Warengattungen dieselben.

Die zahlenmäßige Höhe der Verluste ermittelt man aus der Anzahl der wöchentlich gewebten Stücke, multipliziert mit der Verlustlänge von 10 cm/Stück. Im vorliegenden Fall beträgt der Abfallverlust $120 \cdot 0{,}10 \cdot 0{,}5 = 6$ kg/Woche. Auf das Kettgewicht von 1200 kg bezogen, ergibt sich der Verlustprozentsatz zu $\frac{6}{1200} \cdot 100 = 0{,}5\%$. Davon rechnen wir 0,25% auf die Kette und 0,25% auf den Schuß.

Restegarne für die Geschirrmacherei. In den meisten Tuchfabriken wird die Kette nicht direkt in das Geschirr eingezogen (passiert), sondern erst im Webstuhl an die in das Geschirr eingezogenen kurzen Fadenenden angedreht. In der Geschirrmacherei werden kurze Fadenenden von etwa 1 m Länge nach dem vorgeschriebenen Reihzug eingezogen. Diese Fadenenden fallen nach dem Durchziehen der angedrehten Kette im Stuhl fort. Man verwendet für diesen Zweck kleinere Reste von nicht mehr gängigen Garnen früherer Saisons. Die Abfälle dieser Art lassen sich nur saisonmäßig erfassen; eine wöchentliche Aufstellung würde ein vollkommen falsches Bild ergeben. Rechnerisch sei ein angenähertes Verfahren durchgeführt, indem die Anzahl der in einer Saison hergestellten Geschirre, eine durchschnittliche Fadenzahl und die Garnnummer angenommen wird. Rechnen wir mit einer durchschnittlichen Fadenzahl von 4000, der Garnnummer 20, 1 m Fadenlänge und einer durchschnittlichen Anzahl von 15 Geschirren/Woche, so ergibt sich für das Kettgewicht von 1200 kg/Woche eine Garnverlustmenge von $\frac{4000 \cdot 1 \cdot 15}{20\,000} = 3$ kg/Woche, und ein Verlustprozentsatz von $\frac{3}{1200} \cdot 100 = 0{,}25\%$.

Schußzahldifferenzen der Weberei. In den meisten Betrieben wird die

Ware noch am gleichen Tage, wenn sie vom Stuhl kommt auf Fehler nachgesehen und auf die Schußdichte kontrolliert. Die dabei festgestellten Schwankungen der Schußdichten an den verschiedenen Stellen der Waren können wir als ausgeglichen annehmen und bei der Kalkulation unberücksichtigt lassen.

Tabelle 61. Kettabfallverluste.
Zusammenstellung der Abfallverluste.

Abfallart	1-	2-	3-	6stückige Kette
Kettschärereiabfälle	0,49	0,245	0,16	0,08 %
Kettabfälle (Webereidrum) . . .	2,4	1,2	0,8	0,4 %
Stoffabrisse in der Weberei . . .	0,15	0,075	0,05	0,025 %
Anschüsse	0,25	0,25	0,25	0,25 %
Restegarne für Geschirre	0,25	0,25	0,25	0,25 %
Kettabfallverlust.	3,54	2,02	1,51	1,005 %

Tabelle 62. Schußabfallverluste.

Schußspulereiabfälle . . .	0,24%	0,24 %
Weberenden	1,0	bis 2,5 %
Stoffabrisse	0,15%	0,15%
Anschüsse	0,25%	0,25%
Sonstige Abfälle	0,5 %	0,5 %
Schußabfallverlust	2,14%	bis 3,64%

Aus diesen Aufstellungen (Tab. 61, 62) erkennen wir, daß auch die Veränderung der Verlustprozentsätze in der Kalkulation *bei verschieden großen Aufträgen* von Bedeutung ist. Die hier rechnerisch ermittelten Werte nähern sich den in der Praxis angewendeten Verlustprozentsätzen, wobei jedoch keine Unterteilung für die unterschiedliche Größe der Aufträge gemacht wird.

Bei *Kammgarnen* rechnet man meist mit 2% für Kette und 3% für Schuß; bei *Streichgarnen* mit doppelt so hohen, 4% für Kette und 6% Schuß, oder noch höheren Sätzen.

Diese Angaben sollen nur der Orientierung dienen. Die Verlustprozentsätze sind in den einzelnen Betrieben verschieden und müssen nach eigenen Feststellungen ermittelt werden. Sie hängen in der Hauptsache von der Art der Garne, der Größe der Aufträge, der Zusammensetzung der Webereivorbereitung und der Arbeitsdisziplin ab.

10. Nopperei und Stopferei.

Allgemeines. Die Nopperei und Stopferei haben die Aufgabe, die von der Spinnerei und den Webereiabteilungen herrührenden Fehler in der rohgewebten Ware auszubessern. Diese bestehen in der Hauptsache aus Knoten, dicken Fäden, fehlenden Kett- und Schußfäden, verstellten Fäden und einer Reihe von Webstuhlmaschinenfehlern, wie Trittfehler, doppelter Schuß, Schaftstellen, eingeschlagene Leisten usw. Bei den

Waren mit Kahlappretur werden alle Fehler ausgebessert, während bei solchen mit Meltonappretur Fehler, die in der fertigen Ware nicht zum Vorschein kommen, meist nicht ausgebessert werden. Allgemein gilt jedoch für hochfeine Waren die Ausbesserung aller Fehler.

Die Stopferei ist als Ausbesserungsabteilung kalkulatorisch betrachtet eine der schwierigsten Abteilungen. Um die bei den einzelnen Warengattungen angesetzten Kalkulationssätze in gewissen Grenzen zu halten, werden in manchen Betrieben dem Weber für gut gewebte Stücke Prämien gezahlt und für selbstverschuldete Fehler, die über ein bestimmtes Maß hinausgehen, Abzüge gemacht. Obwohl die Kalkulationssätze auf diese Weise eingeengt werden, hat das Werk die Kosten für versteckte Fehler selbst zu tragen. Diese zusätzlichen Kosten (sog. Überstopflöhne) werden, da sie nicht vorauszusehen sind, rechnerisch durch den Sicherheitszuschlag im Rahmen des prozentualen Zuschlages auf die Nopperei- und Stopfereikalkulationssätze erfaßt.

Noppereikosten. Nach der Rohwarenschau werden die Waren zunächst von allen Knoten, Schleifen, dicken Garnstellen usw. gesäubert. Für die Entlohnung und damit auch für die Kalkulation werden je nach der Warengattung verschiedene Sätze berechnet. Sie werden nach mittleren Werten von Zeitstudien bei guten Stöpferinnen festgelegt. Als Anhaltspunkte für die reinen Lohnakkordkosten mögen folgende Sätze dienen:

Tabelle 63. Nopperei-Lohnakkordsätze.

Einfarbige Waren, 4schäftig . . .	6,0 Pfg./Meter Ware
Einfarbige Waren, 3schäftig . . .	5,5 „ „
Wollfarbige Waren, 4schäftig . .	7,5 „ „
Doppeltuch	9,0 „ „
Militärware	3,0 „ „
Strumpftrikot	14,0 „ „
Drapé	14,0 „ „
Foulé.	7,0 „ „
Eskimo	7,0 „ „

Werden die Waren in sog. Stücktaxen vergeben, wie z. B. für Twill 4 RM, für gemusterte Waren 5 RM, für Doppeltuch 8—9 RM, für Militärware 3 RM usw., so ist darin das Verbessern von kleinen Fehlern eingeschlossen. Bei gut gewebten Waren sind die gesamten Nopperei- und Stopfereikosten nur geringfügig höher als die Noppereikosten allein. Bei Spezialartikeln, wie z. B. Fresko-Waren ergeben sich erheblich höhere Noppereikosten, da die Knoten von der rechten Seite auf die linke durchgestoßen und dort aufgelöst werden müssen. So sind für jede Warengattung besondere Behandlungsvorschriften gegeben, die von jedem Betrieb selbständig ausgearbeitet werden müssen.

Stopfereikosten. Nach der Beendigung der Säuberung oder des Putzens der Stücke werden die fehlenden Fäden in Kette und Schuß der

Bindung entsprechend eingestopft, falsch stehende Fäden herausgezogen und durch neue an der richtigen Stelle wieder ersetzt usw. Sind in Einzelfällen die Fehler so erheblich, daß die Ausbesserungskosten den Fertigwarenpreis von 10 cm Ware übersteigen, so werden die Fehler vielfach nicht ausgebessert. In diesem Falle wird für die spätere Vergütung auf der Kundenrechnung ein Zeichen in die Leiste eingeknüpft. Für die Höhe der Stopflohnkosten bei den einzelnen Fehlern ist die Art der Bindung und die Kett- und Schußdichte maßgebend. Bei sehr dichten Geweben ist es unter Umständen notwendig, die Waren zur Auflockerung vor dem Stopfen zu waschen. Die Garnart hat im allgemeinen, außer bei Seideneffekten, keinen Einfluß auf die Stopfkosten. Einen Überblick über die annähernden Stopfkosten mag uns Tab. 64 geben.

Tabelle 64. Stopferei-Lohnakkordkosten.

Fehler	Kosten Pfg.
für 1 m fehlender Kettfaden (4schäftige Ware) .	15—20
für 1 m fehlender Seidenfaden	ca. 66
für 1 m verstellter Kettfaden	15—20
für 1 m falsch bindender Kettfaden	25—30
für einen fehlenden Schußfaden	25—30
für einen doppelten Faden in Kette und Schuß .	4—5
für einen dicken Faden im Schuß	12—15
für einen Trittfehler pro Schuß	20

Außerdem wird eine Reihe von Fehlern, z. B. Schützenlöcher, Schaftstellen, verstellte Fäden in schwierigen Waren, eingeschlagene Leiste, große Nester u. a. im Stundenlohn gearbeitet. Aus der kurzen Skizzierung der Fehler läßt sich deutlich die Bedeutung der ständigen und gründlichen Kontrolle der Weberei und der vorbereitenden Abteilungen ermessen. *Die Güte der Arbeitsvorbereitung und die Arbeitsqualifizierung der Belegschaft haben einen entscheidenden Einfluß auf die Stopfereikostensätze und sind daher dauernd auf den höchsten Stand zu bringen.*

Stopfereikalkulationszuschlag. Die Stopfereikalkulationssätze setzen sich gemäß der reinen Handarbeitstätigkeit aus reinen Lohnkosten zusammen. Einzelne feste Sätze nach dem bisher Dargelegten anzugeben, ist nicht möglich. Für die weitere kalkulatorische Behandlung der Nopperei und Stopferei handelt es sich jetzt lediglich noch darum, die auf die jeweiligen Stück- oder Meterstopfkosten prozentual anzurechnenden Nebenkosten festzustellen. Diese Kosten setzen sich zusammen aus: sozialen Lasten der produktiven Löhne, Lohnkosten für das Hilfspersonal (Stopfmeisterin, Stöpferinnen für das Nachstopfen der Fertigwaren und eine Hilfskraft für das Messen, Wiegen und Nummern der Stücke),

Abschreibung und Verzinsung des Inventars, Heizungs- und Beleuchtungskosten, Feriengeldumlage und Risikozuschlag für Überstopflöhne.

1. *Hauptlohnkosten.* Berücksichtigt: 20 Stöpferinnen mit 80 Pfg./Stunde Durchschnittsverdienst: 760 RM/Woche.

2. *Nebenkosten.* Ziehen wir die sozialen Lasten (10%) der produktiven Löhne (76 RM), den Wochenlohn der Meisterin, die Lohnkosten der Nachstöpferinnen und der Hilfskraft einschließlich der sozialen Lasten zusammen, so ergibt sich die Summe von 181,60 RM/Woche. Rechnen wir die Feriengeldumlage mit 20,30 RM pro Woche, die Heizungs- und Beleuchtungskosten mit 15 RM/Woche und die Abschreibung und Verzinsung des Inventars mit 12,20 RM/Woche (21% von dem Gesamtwert 3000 RM), so ergeben sich die Stopferei-Nebenkosten zu 305,10 RM pro Woche. Hierzu einen Sicherheitszuschlag von 10% für die Überstopflöhne ergibt die gesamten Stopferei- und Nopperei-Nebenkosten zu 335,60 RM/Woche.

Der auf die reinen Stopfkosten zu berechnende Zuschlag beträgt daher
$\frac{335,60}{760,00} \cdot 100 = 44,2\%$.

In der Tuchindustrie liegt der Zuschlag zwischen 30 und 50%. Durch die Differenzierung der Stopfkosten bei den verschiedenen Warengattungen, die unmittelbar dem Zeitaufwand proportional ist, wird den einzelnen Waren der richtige Anteil an den Nebenkosten durch den prozentualen Zuschlag zugemessen. Zur dauernden Überwachung der für die Kalkulation so wichtigen Stopfereikostensätze wird in vielen Werken ein wöchentlicher Auszug der Stopfkosten nach Warengruppen getrennt der Betriebsleitung vorgelegt. Aus diesen laufenden Aufstellungen läßt sich der richtige Kalkulationssatz ermitteln (vgl. Abb. 58, Nachkalkulationsschema). Neben dieser ständigen Überprüfung der Kalkulationssätze wird uns hierdurch ein wichtiges Kontrollorgan für die Arbeit der Weberei und der Vorbereitung gegeben.

Veredelung.

Allgemeines. Je nach dem Warencharakter haben die Stücke die verschiedenen Appreturarbeitsgänge zu durchlaufen. Bei einfachen glatten oder gemusterten Kammgarn- und Streichgarnwaren liegen einmalige Arbeitsgänge hintereinander, bei den meisten Walkwaren und bei stückfarbigen Artikeln laufen die Waren in den verschiedensten Kreisen durch die Appretur hindurch. Dabei können sie mehrmals eine frühere Abteilung passieren. In der Tab. 65 ist die Bearbeitungshäufigkeit in den einzelnen Stadien durch Striche angegeben. Die Reihenfolge der Arbeitsgänge, die aus der Zusammenstellung nicht hervorgeht, hat für die Selbstkostenrechnung nur dann Bedeutung, wenn zwei Abteilungen rechnerisch ineinandergreifen, z.B. bei der Wäsche und Walke.

Im Gegensatz zu der Selbstkostenrechnung der Spinnerei und der Webereiabteilungen ist die Kalkulationsbasis eindimensional, und zwar ist sie das „Stück“ oder die „Stücklänge“, wodurch die Abhängigkeit des Kalkulationssatzes von dem Beschäftigungsgrad schärfer in den Vordergrund rückt. Obwohl durch die einfache Basis weitgehendst die Möglichkeit gegeben ist, die Kalkulationssätze nach dem Divisionsverfahren zu ermitteln, bringt eine vielseitige Warenherstellung infolge der verschieden langen Behandlungsdauer und der unterschiedlichen Arbeitsintensität Schwierigkeiten in die Ermittlung der Sätze. Der einfachste Fall liegt vor, wenn die Arbeitsgänge und die Behandlungsdauer für alle Waren dieselben sind, wie z. B. bei gemusterten kahlappretierten Herrenstoffen. Die Feststellung der Kostensätze hierfür kann so erfolgen, daß man die entstehenden Unkosten durch die Leistung in Meter oder Stück dividiert. Werden dagegen wie in der Feintuchindustrie hochfeine Kammgarne und Streichgarnwaren, u. a. Drapés, Foulés, Eskimos, Veloure u. dgl. hergestellt, so erfordert die Kostenrechnung ein näheres Eingehen auf die Arbeitsgänge selbst.

Eine grobe Stufung der Selbstkostensätze ergibt sich schon durch die Berechnung der einzelnen Arbeitsgänge. Die Verfeinerung der Sätze innerhalb der jeweiligen Abteilung wird durch die Berücksichtigung der Bearbeitungsdauer und der aufgewendeten Hilfsmittel herbeigeführt. Von vornherein muß man sich darüber klar sein, daß die Kostensätze der Veredelung sich nicht mit der gleichen Genauigkeit ermitteln lassen wie es uns von früheren Abteilungen her bekannt ist, denn es wird immer vorkommen, daß Waren von der Fertigwarenschau zurückgewiesen werden und nachbehandelt werden müssen. Dies liegt nun mal in der Auf-

Tabelle 65. Häufigkeit der Arbeitsgänge in der Veredelung.

Warengattung	Gruppe	Rohwaschen	Anwalken, Walken	Waschen	Glätten	Kardenrauhen	Abstreichen	Kratzenrauhen	Trocknen	Scheren, Spitzen	Zylinderpresse	Spanpresse	Dekatieren
Wollfarbig Herrenkammgarn, kahl appretiert	1	—	/	/	/	—	—	—	/	/	/	—	/
Stückfarbig Herrenkammgarn	2	/	—	—	/	—	—	—	//	//	//	—	//
Foulé	3	/	/	/	//	—	—	/	//	//	—	—	/
Drapé	4	/	/	/	/	/	///	—	///	///	///	/	///
Doeskin, Eskimo	5	/	/	/	/	/	//	—	//	//	//	—	//
Militärware, Melton	6	—	/	/	/	—	—	—	/	/	/	—	/
Strumpftrikot	7	—	/	/	/	/	//	—	//	//	/	/	//
Wollfarbig Cheviot-Ulster	8	—	/	/	—	—	—	—	/	/	/	—	/
Wollfarbig Strich-Velour	9	—	/	/	/	/	/	—	/	//	//	—	//
Herren-Steh-Velour	10	/	/	/	—	/	—	//	//	//	—	—	—
Stückfarbig Damenkammgarn	11	—	—	/	/	—	—	—	/	/	—	/	/
Stückfarbig Damenstrichtuch	12	/	/	/	/	/	/	—	/	//	—	/	//
Stückfarbig Damenvelour	13	/	/	/	—	—	—	//	/	//	—	—	—
Stückfarbig Damenmelton	14	—	/	/	—	—	—	—	/	/	/	—	/
Durchrauher	15	—	/	/	—	/	—	/	/	//	—	—	—

gabe der Veredelung, eine „edle“ Ware herzustellen. Die damit verbundene Erhöhung der Kosten ist aber kaum zu umgehen, denn die Ware muß einwandfrei an die Abnehmerschaft geliefert werden, damit der Ruf des Werkes erhalten bleibt.

Stellt sich heraus, daß immer dieselben Warengattungen eine Nachbehandlung erfordern, so müssen sie entweder mit den zusätzlichen Kosten belastet werden oder möglichst bald aus dem Fabrikationsprogramm gestrichen werden. Ihre höheren Gestehungskosten schalten doch jeden Gewinn aus und können unter Umständen zu einer Verteuerung der übrigen Waren führen.

Im folgenden werden die Selbstkostensätze der einzelnen Arbeitsgänge unabhängig von dem Kreislauf der Warengattungen behandelt. Am Schluß dieser Darlegung werden die Kostensätze der Veredelung nach Warengattungen (Tab. 78) unter Zugrundelegung der beispielhaften Arbeitsgänge (Tab. 65) zusammengestellt.

11. Wäscherei.

Allgemeines. In der Wäscherei findet der Reinigungsprozeß der Ware statt. Mit einer Flotte aus Wasser, Seifenlösung und anderen Hilfsmitteln werden alle Schmutzbestandteile aus den Waren herausgewaschen. Ein Teil der Waren wird ca. 20 Minuten vorher auf der Walke eingeseift und dann auf der Waschmaschine gewaschen und gespült, ein anderer Teil wird vorgewaschen, erhält eine Zwischenbehandlung und wird dann erst fertiggewaschen. Dieser mehrfache Arbeitsgang verursacht aber nicht die doppelten Kosten wie der einfache Arbeitsgang, da die in einem zweifachen Arbeitsgang gewaschenen Waren nicht mehr mit den Kosten für das Hilfsmaterial zu belasten sind. Diese Kosten werden in der davorliegenden Behandlungsstufe, der Walke, berechnet. *Bevor daher eine Selbstkostenrechnung der Veredelung durchgeführt werden kann, ist der Arbeitsfluß genau festzulegen und festzustellen, welche Einzelkosten jeweils in Anrechnung zu bringen sind.* Die im Rahmen dieser Arbeit niedergelegten Arbeitsgänge sind nicht als Norm anzunehmen, da sich die einzelnen Werke häufig in der Appreturbehandlung bei gleichartigen Waren wesentlich unterscheiden. Es kommt hier auf den prinzipiellen Lösungsweg der Selbstkostenrechnung an.

Da im laufenden Betrieb die verschiedensten Waren gleichzeitig gewaschen werden und die Belegschaft und die Maschinen in Gruppen arbeiten, erscheint es im ersten Augenblick schwierig, einwandfreie Sätze zu ermitteln. Um die Kosten der Wäscherei, das gleiche gilt auch für die Walke, bei den einzelnen Warengattungen richtig anzurechnen, wird eine Hilfsgröße — die Zeit — benutzt und die *Kosten einer Waschstunde bzw. einer Walkstunde* ermittelt. Ist die mittlere Bearbeitungsdauer auf den Maschinen praktisch im Betrieb durch längere Zeit andauernde Feststellungen ermittelt, z. B. für das Waschen von einfachen Waren im Durchschnitt 4 Stunden oder für andere Waren im Durchschnitt 6 Stunden, so lassen sich die mit der Zeit verbundenen Kosten auf einfache Weise auf die Warengattungen anrechnen. Die von der Zeit unabhängigen Kosten, in diesem Fall die Hilfsmaterialien (Seife, Soda usw.), müssen für sich gesondert berechnet werden und sind erst nach der Berechnung der zeitabhängigen Kosten mit den Kostensätzen der Warengattungen zu vereinigen.

Betriebskosten. *Lohnkosten.* 4 Wäscher, 50% des Wochenlohnes des Walk- und Waschmeisters, Feriengeldumlage, 10% soziale Lasten: 199,43 RM/Woche.

Kraftkosten. 19 kW stündlicher Kraftverbrauch, 70% Laufdauer, 48 Wochenstunden und 8 Pfg./kWh: 51 RM/Woche.

Abschreibung und Verzinsung. Maschinen- und Anlagewert von 6 Waschmaschinen 16000 RM. Jahreskosten mit 21% Abschreibung und Verzinsung 3360RM: 67,30 RM/Woche.

Reparaturen und Instandhaltung. 20% der Abschreibungs- und Verzinsungssumme: 13,50 RM/Woche.

Wasser- und Hilfsmaterialkosten. Diese sind produktionsgebunden und werden später gesondert berechnet.

Tabelle 66. Zusammenstellung der Zeitkosten der Wäscherei.

Kostenart	Wochenkosten RM	Anteil %
Lohnkosten	199,43	60,3
Kraftkosten	51,—	15,4
Abschreibung und Verzinsung	67,30	20,2
Reparaturen und Instandhaltung	13,50	4,1
Summe	331,23	100,—
10% Sicherheitszuschlag	33,12	
Zeitkosten	364,35	

Leistung. Wir nehmen an, aus den wöchentlichen Aufstellungen der Waschleistungen über einen Zeitraum von einem Vierteljahr habe sich die durchschnittliche Anzahl der gewaschenen Stücke von 155/Woche und die mittlere Waschzeit von 232 Stunden/Woche zur Bewältigung dieser Produktion ergeben. Würden wir nach dem einfachen Divisionsverfahren den Selbstkostensatz/Stück ohne Hilfsmaterial- und Wasserkosten feststellen, so erhielten wir einen mittleren Kalkulationssatz, der die Beanspruchungsdauer der Maschinen bei den verschiedenen Warengattungen nicht zum Ausdruck bringen würde. Infolgedessen würden die leichten Waren mit kurzer Waschdauer zu hoch und die Waren mit längerer Waschdauer zu niedrig belastet. Aus diesem Grunde führt die Berechnung über die Waschstunden zu genaueren Sätzen.

Kalkulationssätze. Kosten/Waschstunde $= \frac{\text{Zeitstunden}}{\text{Waschstunden}}$ RM/Stunde.

Für den vorliegenden Fall ergeben sich demnach die Waschstundenkosten zu $\frac{364,35}{232} = 1,57$ RM/Stunde. Wenn also 4 Stücke in einer mittleren Zeit von 6 Stunden auf einer Waschmaschine gewaschen werden, so betragen die Zeitkosten/Stück:

$$\frac{\text{Waschstundenkosten} \cdot \text{Waschzeit}}{\text{Stückzahl}} = \frac{1,57 \cdot 6}{4} = 2,35 \text{ RM/Stück.}$$

Oder wenn 4 Stücke in einer mittleren Zeit von 4 Stunden gewaschen werden:

$$\frac{1,57 \cdot 4}{4} = 1,57 \text{ RM/Stück.}$$

Zu diesen für die einzelnen Warengattungen unterschiedlichen Zeitkosten kommen noch die bei der Verarbeitung verbrauchten Hilfsmaterialien wie Seife, Soda, Salmiak, Essigsäure usw. und die Wasserkosten. Aus einer laufenden Betriebskontrolle ergab sich der Gesamtbetrag an Hilfsmaterial für vorgewaschene und gemusterte wollfarbige Kammgarnwaren zu 1,90 RM/Stück (Schwankungen von 1,83 bis 2,19 RM/Stück). An Wasserkosten wird für die Leistung von 155 Stücken 20 RM in Anrechnung gebracht, d. h. pro Stück —,13 RM. Da der Hilfsmaterialverbrauch bei den einzelnen Warengruppen erhebliche Unterschiede aufweisen kann, so sind auch hierfür besondere Betriebsfeststellungen notwendig.

Nach der Klärung dieser Fragen lassen sich dann die Selbstkostensätze der einzelnen Warengattungen zusammenstellen. An dieser Stelle mögen nur drei Warengruppen als Beispiele wiedergegeben werden.

1. *Wollfarbige und einfache stückfarbige Herrenkammgarnwaren.* Hat sich für diese Warengattung eine durchschnittliche Waschdauer von 6 Stunden bei gleichzeitiger Bearbeitung von 4 Stücken/Maschine ergeben, so betragen die Zeitkosten/Stück 2,35 RM (vgl. oben). Betragen die Hilfsmaterialkosten 1,90 RM/Stück und die Wasserkosten 0,13 RM/Stück, so ergibt sich der Kalkulationssatz zu:

Zeitkosten	2,35 RM/Stück
Hilfsmaterialkosten . .	1,90 „
Wasserkosten	0,13 „
Kalkulationssatz . . .	4,38 RM/Stück

2. *Drapé.* Liegt für diese Warengattung der Arbeitsfluß vor: *Vorwaschen,* Karbonisieren, Entsäuern, Trocknen, Nachstopfen, *Walken, Fertigwaschen* usw., so sind für das Vorwaschen die Zeitkosten von 2,35 RM/Stück und di. Hilfsmaterial- plus Wasserkosten von 2,03 RM/Stück zu berechnen, während für das Fertigwaschen nur die Zeitkosten und Wasserkosten anzurechnen sind, da die Hilfsmaterialkosten bei dem vorhergehenden Arbeitsgang, der Walke, berechnet werden.

Vorwaschen:	Zeitkosten	2,35 RM/Stück
	Hilfsmaterialkosten . .	1,90 „
	Wasserkosten	0,13 „
Fertigwaschen:	Zeitkosten	2,35 „
	Wasserkosten	0,13 „
	Kalkulationssatz . . .	6,86 RM/Stück

3. *Leichte Damenware.* Ist die durchschnittliche Waschdauer für diese Artikel 4 Stunden bei gleichzeitiger Bearbeitung von 4 Stücken/Maschine, so betragen die Zeitkosten 1,57 RM/Stück. Sind ferner die Hilfsmaterialkosten 1,47 RM/Stück und die Wasserkosten 0,13 RM/Stück, so ergibt sich der Kalkulationssatz zu:

Zeitkosten	1,57 RM/Stück
Hilfsmaterialkosten ..	1,47 ,,
Wasserkosten	0,13 ,,
Kalkulationssatz ...	3,17 RM/Stück

In dieser Berechnung fehlen die Kosten für die Beanspruchung der Walken beim Einseifen und Anstoßen der wollfarbigen Waren. Dieser Arbeitsgang dauert aber nur etwa 20 Minuten und hat rechnerisch keine große Bedeutung. Die dabei entstehenden geringen Zeitkosten haben die eigentlichen Walkwaren, welche Walkzeiten von Stunden benötigen, zu tragen.

Die Untersuchung der Veränderung der Waschstundenkosten bei geringerem Beschäftigungsgrad folgt im Anschluß an die Kalkulation der Walke.

12. Walke.

Allgemeines. Der Walkprozeß hat die Aufgabe, die Gewebe zu verdichten und zu verfilzen. Die Intensität und die Dauer der Walke hängt von dem Appreturcharakter der Ware und dem Wollmaterial ab. Die Intensität kommt in der *leichten, mittleren und schweren Walke* zum Ausdruck und wirkt sich in der Hauptsache im Kraftverbrauch aus. Entsprechend der leichten, mittleren und schweren Walke stufen wir den Kraftverbrauch der Walke in 3 PS, 5 PS und 7 PS (u. U. kann eine Walke 12 PS benötigen). Bei 3 Walken, 60% Laufdauer in 48 Stunden und 8 Pfg./kWh, ergeben sich die wöchentlichen *Kraftkosten* für

leichte Walke	17,95 RM/Woche
mittlere Walke ...	31,60 ,,
schwere Walke ...	48,30 ,,

Bedeutungsvoller als bei der Wäscherei ist für die Walke *die Dauer des Arbeitsprozesses.* Als Beispiel für die verschieden lange Walkdauer mögen folgende Angaben einer längeren Betriebsuntersuchung dienen:

für Drapés	2,5—3,5 Stunden,	im Mittel 3 Stunden,
für Strumpftrikots .	1,0—1,5 Stunden,	im Mittel 1,3 Stunden,
für Militärware ..	3 —4 Stunden,	im Mittel 3,5 Stunden usw.

Selbstverständlich kommen bei einzelnen Warengattungen Abnormitäten vor, die aber nicht berücksichtigt werden können, da sonst die Kostensätze einer dauernden Schwankung unterworfen wären. Solche Abweichungen müssen durch einen möglichst genauen Mittelwert (viele Betriebsfeststellungen!) der Walkdauer erfaßt werden. Bei der Berechnung der Kalkulationssätze gehen wir wieder auf die Ermittlung der Kosten pro Walkstunde hinaus und stellen die Kostensätze der einzelnen Warengattungen der zeitlichen Inanspruchnahme der Maschine entsprechend fest.

Betriebskosten. *Lohnkosten:* 2 Walker, 50% des Wochenlohnes des Walkmeisters, 10% soziale Lasten 114,70 RM/Woche.

Kraftkosten (vgl. Tab. 67).

Abschreibung und Verzinsung. Anlagewert von 3 Walken: 11900 RM. 21% Abschreibung und Verzinsung ergeben die Jahressumme von 2500 RM. 50 RM/Woche.

Reparaturen und Instandhaltung. 20% der Abschreibungs- und Verzinsungssumme angenommen: 10 RM/Woche.

Hilfsmaterialkosten. Diese Kosten sind wieder für die verschiedenen Warengruppen zu ermitteln. Bei gewalkten Kammgarnwaren ist der Seifenverbrauch meist erheblich größer als bei Streichgarnwaren. In manchen Fällen wird bei Streichgarnwaren nur wenig Seife zugesetzt, da man das in dem Garn vom Spinnprozeß herrührende Olein durch Zusatz von Soda verseift. Für Kammgarnwaren ergaben sich nach Betriebsuntersuchungen die mittleren Kosten von 2 RM/Stück (Schwankungen 1,60—2,60 RM/Stück).

Tabelle 67. Zusammenstellung der Zeitkosten der Walke.

Kostenart	Leichte Walke RM/Woche	Mittlere Walke RM/Woche	Schwere Walke RM/Woche
Lohnkosten	114,70	114,70	114,70
Kraftkosten	17,95	30,60	48,30
Abschreibung und Verzinsung	50,—	50,—	50,—
Reparaturen	10,—	10,—	10,—
Summe	192,65	205,30	223,—
10% Sicherheitszuschlag	19,26	20,50	22,30
Zeitkosten	211,91	225,80	245,30

Leistung. Wir nehmen an, die mittlere Walkstundenzahl habe sich zu 90 Stunden wöchentlich ergeben, was einer durchschnittlichen Ausnutzung der Walken von ca. 60% entspricht.

Kalkulationssätze. $\text{Kosten/Walkstunde} = \frac{\text{Zeitkosten}}{\text{Walkstunden}}$ in RM/Stunde.

Nach der Tabelle 67 ergeben sich daher die Walkstundenkosten

$$\text{für die leichte Walke zu } \frac{211{,}91}{90} = 2{,}35 \text{ RM/Stunde,}$$

$$\text{für die mittlere Walke zu } \frac{225{,}80}{90} = 2{,}50 \text{ RM/Stunde,}$$

$$\text{für die schwere Walke zu } \frac{245{,}30}{90} = 2{,}73 \text{ RM/Stunde.}$$

Der Kalkulationssatz setzt sich aus den Zeitkosten/Stunde multipliziert mit der Walkdauer und den Hilfsmaterialkosten zusammen. Als Beispiele mögen dienen:

1. *Drapé:*	Zeitkosten: 3 Stunden · 2,50 RM/Stunde	7,50 RM
	Hilfsmaterialkosten	2,— „
	Kalkulationssatz	9,50 RM
2. *Foulé, Melton:*	Zeitkosten: 2,5 Stunden · 2,50 RM/Stunde	6,25 RM
	Hilfsmaterialkosten	2,— „
	Kalkulationssatz	8,25 RM

3. *Militärware:*	Zeitkosten: 3,5 Stunden · 2,50 RM/Stunde	8,75 RM
	Hilfsmaterialkosten	1,— „
	Kalkulationssatz	9,75 RM
4. *Strumpftrikot:*	Zeitkosten: 1,3 Stunden · 2,50 RM/Stunde	3,25 RM
	Hilfsmaterialkosten	2,— „
	Kalkulationssatz	5,25 RM

Untersuchung der Zeitkostensätze der Wäscherei und Walke bei veränderlichem Beschäftigungsgrad. In höherem Maße, als wir es früher bei anderen Abteilungen kennengelernt haben, werden die Kalkulationssätze der Veredlung von dem Beschäftigungsgrad beeinflußt. Die Ursache der größeren Empfindlichkeit der Kostensätze ist darin zu suchen, daß Maschinen und Belegschaft in Gruppen arbeiten und Leerlaufsverluste infolge der Verschiedenartigkeit der Warenbehandlung schneller und öfters wechselnd auftreten. Dies hat zur Folge, daß sich auch die Kosten nur schwer der veränderten Beschäftigungslage anpassen lassen und im großen und ganzen als unveränderlich anzusehen sind. Bei der Untersuchung der Veränderung der Sätze gehen wir auf die Zeitkosten — die Wasch- bzw. die Walkstundenkosten — zurück und nehmen an, daß die früher berechneten Sätze auf die Normalbeschäftigung (100%) abgestellt sind. In Abb. 47 erkennen wir den Verlauf der Kosten/Arbeitsstunde bei den Beschäftigungsgraden 100—50%.

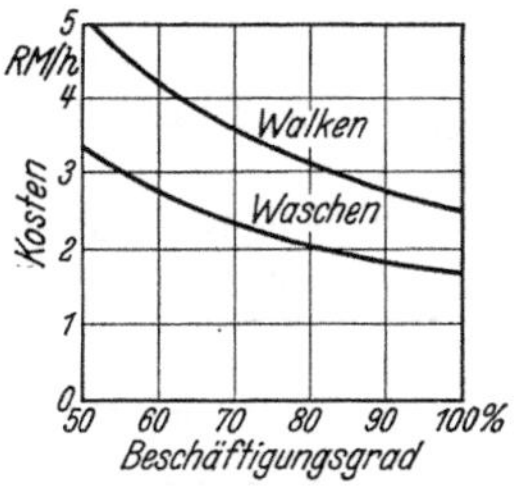

Abb. 47. Wasch- und Walkstundenkosten bei veränderlicher Beschäftigung.

Geht die Fabrikation der Walkwaren zurück und wird die der einfachen Waren gesteigert, so steigen die Walkkosten bedeutend an, während die Waschkosten nur minimal zurückgehen. Obwohl die Stromkosten der Walke abnehmen und unter Umständen auch die Lohnkosten durch die Umstellung der Walker in die Wäscherei sich reduzieren, sind ein Teil der Mehrkosten der Walke nicht voll durch die erhöhte Leistung der Wäsche zu decken. Es ist eine typische Erscheinung, die sich an Hand der vierwöchentlichen Erfolgskontrollen beobachten läßt, daß bei der Verschiebung der Beschäftigung von der Walke in der Wäscherei, die Betriebsüberschüsse der Wäsche von den Verlusten der Walke aufgezehrt werden oder sogar Betriebsverluste in der Gesamtheit der beiden Abteilungen auftreten. Die Abschwächung dieses Einflusses läßt sich in Betrieben mit gemischter Fabrikation kalkulatorisch nur durch die richtige Bemessung des Sicherheitszuschlages lösen. In diesem Zusammenhang sei schon auf die Notwendigkeit der später behandelten vierwöchentlichen Erfolgskontrolle hingewiesen. Diese Kontrolle gestattet uns die Kosten richtig zu steuern und ständig die Kalkulationssätze zu überwachen.

13. Rauherei.

Allgemeines. Die Rauherei dient zur Bearbeitung von Strich- und Velourwaren. Wir unterscheiden zwei Rauhverfahren, das Rauhen mit Naturkarden und das Rauhen mit Stahlkratzen. Die Beschäftigung dieser Maschinen ist u. U. sehr stark von der Moderichtung abhängig. Eine zeitweise geringe Ausnutzung der Maschinen ist dabei nicht zu umgehen. Die in dem Kalkulationssatz eingeschlossenen Abschreibungs- und Verzinsungskosten kann man natürlich nicht auf eine geringe Produktion umlegen, da zu hohe Kostensätze entstehen. Man muß daher bei diesen nur zeitweise in Anspruch genommenen Maschinen auch von der Normalleistung ausgehen und sich damit abfinden, daß die Abschreibung und Verzinsung sich auf eine längere Zeit als sonst bei anderen Maschinen verteilt.

Die Ermittlung der Kalkulationssätze für die einzelnen Warengattungen geht über die Kosten/Rauhstunde. Die Hilfsmaterialkosten müssen bei der Kardenrauherei gesondert behandelt werden.

Tabelle 68. Zusammenstellung der Zeitkosten der Rauherei.

Kostenart	Wochenkosten RM/Woche
Lohnkosten	296,—
Kraftkosten	31,30
Abschreibung und Verzinsung . .	52,—
Reparaturen und Instandhaltung.	5,20
Summe	384,50
10% Sicherheitszuschlag	38,45
Zeitkosten	422,95

Betriebskosten. *Lohnkosten.* 7 Rauher, 10% soziale Lasten, Feriengeldumlage 296 RM/Woche.

Kraftkosten. 12,5 kW stündlicher Kraftverbrauch, 65 % Laufdauer, 48 Stunden/Woche, 8 Pfg./kWh, 31,30 RM/Woche.

Abschreibung und Verzinsung. Maschinenwert von 3 Doppelstabkardenrauhmaschinen, 2 Abstreichmaschinen, Antriebe, Montage usw. 16200 RM, 16% Abschreibung und Verzinsung ergeben die Jahreskosten von 2592 RM, 52 RM/Woche.

Reparaturen und Instandhaltung. 10% der Abschreibungs- und Verzinsungssumme 5,20 RM/Woche.

Leistung. Bei einer durchschnittlichen Laufdauer von 65% in 48 Wochenstunden ergeben sich 31 Arbeitsstunden/Maschine. Bei 3 Maschinen betragen daher die wöchentlichen Rauhstunden 93 Stunden.

Kalkulationssätze. Die Kosten für die Rauhstunde auf der Kardenrauhmaschine ohne Hilfsmaterial betragen:

$$\text{Rauhstundenkosten} = \frac{\text{Zeitkosten}}{\text{Rauhstunden}} = \frac{422{,}95}{93} = 4{,}55 \text{ RM/Stunde.}$$

Ist beispielsweise für das Rauhen eines Drapés eine mittlere Zeit von 1,8 Stunden notwendig, so betragen die Rauhkosten/Stück ohne Hilfsmaterial $1{,}8 \cdot 4{,}55 = 8{,}20$ RM/Stück.

Zur Berechnung der Hilfsmaterialkosten (Karden) sind im Betrieb Feststellungen zu machen, wieviel Stücke sich bei den verschiedenen

Warengattungen mit einer bestimmten Menge Karden bis zum restlosen Verschleiß derselben bearbeiten lassen. Der Kardenverbrauch ist bei den einzelnen Warengattungen sehr unterschiedlich und kann fast nur geschätzt auf die Waren verteilt und angerechnet werden, es sei denn, daß eine oder zwei Warengruppen längere Zeit allein bearbeitet werden. Als Anhaltspunkt möge eine Betriebsfeststellung dienen. Durch die Summation der Kardenkosten eines halben Jahres und die Division durch die Anzahl der gerauhten Stücke ergab sich ein mittlerer Unkostensatz von 3,50 RM/Stück (bei einem Kardenpreis von 4 RM/kg). Dabei sind die Durchrauher, die fast die doppelten Kardenkosten verursachen, ausgeschlossen. Diese Angaben sind natürlich an die derzeitige Zusammensetzung der Produktion gebunden. Sie lassen keine generellen Schlüsse auf die Höhe der Kosten bei den verschiedenen Warengattungen zu, sondern können nur einen Begriff von der Größenordnung der Hilfsmaterialkosten vermitteln. Es ist eine bekannte Tatsache, daß gerade die Rauherei erhebliche Schwierigkeiten in der genauen Erfassung der Hilfsmaterialkosten für die einzelnen Warengattungen bei vielseitiger Fabrikation bietet.

Sind z.B. die Hilfsmaterialkosten für das Rauhen eines Drapés 3,50 RM/Stück, so ergibt sich der Kalkulationssatz zu:

Zeitkosten: 1,8 Stunden · 4,55 RM/Stunde	= 8,20 RM/Stück,
Kardenkosten.	= 3,50 „ „
Kalkulationssatz	= 11,70 RM/Stück.

Übersicht über Rauhereikalkulationssätze. Zur Orientierung über die Rauhereikalkulationssätze sei eine Übersicht wiedergegeben, die sich an die Sätze einer Fabrik *anlehnen*. Die Angaben sind nicht genau, da es sich um Betriebszahlen handelt, für die, soweit sie keine Allgemeingültigkeit haben, eine gewisse Zurückhaltung zu wahren ist. Überdies haben die Angaben doch nur bedingten Wert, weil jeder Betrieb sie nach seinen eigenen Verhältnissen ermitteln muß.

Tabelle 69. Kalkulationssätze der Kardenrauherei.

Warengattung	Kalkulationssatz RM/Stück	Warengattung	Kalkulationssatz RM/Stück
Foulé.	6,—	Lieferungstuche	5,—
Drapé	12,—	Stückfarbiges Damentuch .	13,—
Strumpftrikot	12,—	Stückfarbiger Damenvelour	9,—
Doeskin, Eskimo	15,—	Durchrauher.	25,—
Strichpaletot	12,—	Ratiné	12,—
Wollfarbig Herrenvelour .	12,—	Damenkammgarn, links gerauht	5,—

14. Brühen, Glätten.

Der Arbeitsgang auf der Kochmaschine dient dazu, die Waren entweder im rohgewebten Zustand zu brechen oder nach dem Waschen, Rauhen und Färben zu glätten und im Griff zu verfeinern. Die Stücke werden durch ein warmes Wasserbad gezogen und auf eine Holzwalze aufgewickelt. Nach kurzer Laufdauer unter einer Druckwalze werden die Stücke auf eine dünnere Walze umgewickelt.

Kalkulatorisch bietet der Arbeitsgang keine Schwierigkeiten. Die Summe der wöchentlichen Betriebskosten beträgt etwa 117,42 RM. Darin sind enthalten an Lohnkosten 84,50 RM, an Kraftkosten 2,12 RM, an Abschreibung und Verzinsung 12,60 RM, an Reparaturkosten 2,50 RM, an Dampfkosten 5 RM und 10% Sicherheitszuschlag (10,70). Unter Zugrundelegung der Leistung von 100 Stück/Woche ergibt sich der *Kalkulationssatz zu 1,20 RM/Stück.*

15. Trocknerei.

Allgemeines. Vor der Weiterbearbeitung in der Trockenappretur werden die Waren durch die Trockenmaschine geleitet. Dabei werden sie über eine Absaugevorrichtung geführt, um ihnen noch möglichst viel Wasser zu entziehen. Nach der beiderseitigen Einnadelung an den Leisten und Spannung auf eine bestimmte Breite werden die Waren in mehreren Windungen durch die Maschine hindurchgeleitet und getrocknet.

Die Kostensätze ergeben sich nach der Divisionsmethode und beziehen sich auf die Stückleistung der Maschine. Kehren die Waren mehrmals während ihres Fabrikationslaufes zur Tuchtrockenmaschine zurück, so sind die Kostensätze mit der Häufigkeit der Wiederkehr zu multiplizieren. Außer der Staffelung der Kostensätze nach der Häufigkeit der Trocknung ist bei Warengattungen mit stark voneinander abweichender Schwere das Warengewicht (g/m) zu berücksichtigen. Leichte Waren können mit höherer Trockengeschwindigkeit die Maschine durchlaufen als schwere, da bei letzteren eine größere Wassermenge zu verdunsten ist.

Betriebskosten. *Lohnkosten.* 2 Rahmer, 10% soziale Lasten, Feriengeldumlage, 84,50 RM/Woche.

Kraftkosten. 11,8 kW stündlicher Kraftverbrauch, 80% Laufdauer, 48 Wochenstunden, 8 Pfg./kWh, 36,20 RM/Woche.

Abschreibung und Verzinsung. Maschinen- und Anlagewert 32000 RM, 12% Abschreibung und Verzinsung ergeben die Jahreskosten von 3840,— RM, 77,— RM/Woche.

Reparaturen und Instandhaltung. 10% der Abschreibungs- und Verzinsungssumme angenommen, 7,70 RM/Woche.

Dampfkosten. Der Dampfverbrauch wird hier sicherheitshalber mit 2,5 kg Dampf/kg Ware mit 60% des Warengewichtes an Feuchtigkeit gerechnet. Bei neueren Maschinen kann der Dampfverbrauch bis auf 1,8 Dampf/kg Ware zurückgehen. Nehmen wir an, von der Wochenleistung der Weberei werden von 120 Stücken durchschnittlich 80 Stücke 1mal, 20 Stücke 2mal und 20 Stücke 3mal getrocknet, so ergibt sich die Trockenleistung der Maschine zu ∅ 180 Stücken. Bei einem mittleren Warengewicht von 26 kg/Stück und 60% Feuchtigkeitsgehalt ergibt sich die zu verdunstende Wassermenge von $180 \cdot 26 \cdot 0{,}6 = 2810$ kg. Der Dampfverbrauch für den eigentlichen Trockenprozeß beträgt demnach $2810 \cdot 2{,}5 = 7025$ kg/Woche. Rechnen wir dazu noch ca. 20% für das Anheizen, die Strahlungsverluste und möglichen Undichtheiten des Kondenstopfes, so erhalten wir einen wöchentlichen Dampfverbrauch von 8475 kg. Bei dem Erzeugungspreis von 4,50 RM/Tonne Dampf ergeben sich die wöchentlichen Kosten zu $8{,}475 \cdot 4{,}50 = 38{,}20$ RM/Woche.

Tabelle 70. Zusammenstellung der Betriebskosten der Spann-, Rahm- und Trockenmaschine.

Kostenart	Wochenkosten RM	Anteil %
Lohnkosten	84,50	34,75
Kraftkosten	36,20	14,75
Abschreibung und Verzinsung . .	77,—	31,64
Reparaturen und Instandhaltung.	7,70	3,16
Dampfkosten	38,20	15,70
Summe	243,60	100,—
10% Sicherheitszuschlag	24,40	
Betriebskosten	268,—	

Leistung. Für einen Sonderfall ist die Leistung bereits bei den Dampfkosten festgelegt. Stellen wir im Betrieb die Leistung fest, so sind diejenigen Stücke zu isolieren, die infolge einer Nachbehandlung über ihren normalen Arbeitsfluß hinaus nochmals getrocknet werden müssen. Die hierbei auftretenden zusätzlichen Kosten sind entweder in dem Sicherheitszuschlag zu erfassen oder den Warengattungen mit häufiger Nachbehandlung zu belasten. Die besondere Erfassung dieser Mehrarbeit ist für die Kalkulationszwecke notwendig, damit man nicht zu falschen, und zwar zu zu niedrigen Kostensätzen gelangt. Für die verschiedenen Warengewichte/Meter Ware lassen sich drei Gruppen bilden: leichte, mittlere und schwere Waren und die entsprechenden Kostensätze durch prozentuale Zuschläge oder Abzüge auf Grund der Geschwindigkeitsunterschiede bilden.

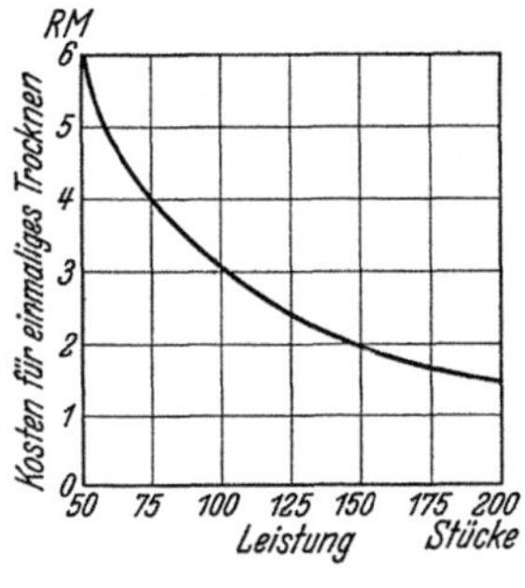

Abb. 48. Kalkulationssätze der Tuchtrocknerei in Abhängigkeit von der Leistung.

Kalkulationssätze. Nach der hier niedergelegten Produktion von 180 Stücken/Woche ergibt sich der Kalkulationssatz für das einmalige Trocknen der Ware von mittlerem Warengewicht zu

$$\frac{268,—}{180} = 1{,}49 \text{ RM/Stück,}$$

d. h. rd. *1,50 RM/Stück.*

Die Abhängigkeit der Kosten von der Leistung geht aus Abb. 48 hervor.

Die Kalkulationssätze für die einzelnen Warengruppen ergeben sich aus den Kosten für den einmaligen Trocknungsgang und der Häufigkeit des Trocknens im Laufe des Fabrikationsganges. Legen wir die Häufigkeit der Arbeitsgänge in Tab. 65 zugrunde, so erhalten wir für die einzelnen Warengattungen folgende Kalkulationssätze:

Tabelle 71. Kalkulationssätze der Tuchtrocknerei.

Warengattung	Häufigkeit der Trocknung	Kalkulationssatz RM/Stück
Wollfarbig Herrenkammgarn . .	1 mal	1,50
Stückfarbig Herrenkammgarn . .	2 „	3,—
Foulé.	2 „	1,50
Drapé	3 „	4,50
Doeskin, Eskimo.	2 „	3,—
Militärware, Melton	1 „	1,50
Strumpftrikot	2 „	3,—
Wollfarbig Cheviot-Ulster	1 „	2,—
Wollfarbig Strichpaletot	1 „	2,—
Herren-Stehvelour	1 „	2,—
Stückfarbig Damenkammgarn . .	1 „	1,50
„ Damenstrichtuch . .	1 „	1,50
„ Damenvelour	1 „	1,50
„ Damenmelton. . . .	1 „	1,50
Durchrauher.	1 „	1,50

16. Tuchschererei.

Allgemeines. Die Tuchschererei hat die Aufgabe, die von der Ware abstehenden Haare auf eine bestimmte Höhe abzuscheren oder kahl auszuscheren. Vor dem Scheren werden die Waren noch einmal auf Knoten nachgesehen und dann über eine Dämpf- und Bürstmaschine geführt, damit sich die Haare aufrichten und die Liegefalten entfernt werden. Den einmaligen Durchlauf der Ware durch die Schermaschine bezeichnet man als Schnitt. Die Schnittzahl ist ebenso wie die Häufigkeit des Durchlaufes durch die Schererei bei den einzelnen Warengattungen verschieden. Bei wollfarbigen Kammgarnwaren kann man mit durchschnittlich 4 Schnitten rechnen. Stückfarbige Waren werden meist schon im rohweißen Zustand nach dem Waschen und Trocknen ausgeschert, damit eine nachteilige Verfilzung der Waren beim Kochprozeß in der Färberei vermieden wird. Nach der Farbe werden sie dann zum zweiten Male geschert. Bei bestimmten Durchrauherartikeln ist es unter Umständen notwendig den Rauhprozeß zu unterbrechen, die Ware aufzutrocknen und auf eine bestimmte Haarhöhe abzuscheren, damit der Rauhprozeß weitergeführt werden kann. Manche Artikel kommen auf ihrem Kreislauf durch die Fabrikation sogar dreimal in die Tuchschererei.

Maßgebend für die Kostensätze der Warengattungen ist die Anzahl der Schnitte. Die Schnittzahl kann bei derselben Warengattung sehr unterschiedlich sein. So z. B. kann die Schnittzahl bei einem hochwertigen Serge in den Grenzen von 8—14 Schnitten liegen. Die bei der Berechnung der Kalkulationssätze niedergelegten Schnittzahlen haben daher nur orientierenden Wert. Sie müssen in den Betrieben zur richtigen Ermittlung der Kalkulationssätze selbst festgestellt werden.

Betriebskosten. Bei dem Arbeitsgang der Tuchschererei werden zugleich die Kosten der Dämpferei und Knoterei verrechnet, ferner die anteilmäßig auf die Betriebsgruppen verteilten allgemeinen Betriebsunkosten, die Lohnkosten des Appreturleiters und der Fertigwarenschau und schließlich die anteiligen Gehaltkosten der technischen Leitung. Wie bereits in der Kostengliederung erwähnt worden ist, eignet sich besonders der Arbeitsgang in der Tuchschererei für die richtige Verteilung der auf die Appretur entfallenden Anteile der allgemeinen Betriebsunkosten, da auf einen Arbeitsgang der Tuchschererei durchschnittlich 4—5 Arbeitsgänge in den übrigen Abteilungen entfallen. Bei wollfarbigen Kammgarnen z. B. kommen 5 Arbeitsgänge auf einen Scherarbeitsgang, bei stückfarbigen Kammgarnwaren auf 10 Arbeitsgänge 2 Schergänge usw.

Lohnkosten. Berücksichtigt 6 Tuchschererinnen, 4 Knoterinnen, 2 Hilfskräfte, 1 Vorarbeiter, 2 Warenschauer, 1 Kraft zum Wickeln, Messen und Wiegen, 1 Appreturleiter, 10% soziale Lasten, Feriengeldumlage, anteilige allgemeine Betriebsunkosten, anteilige Kosten der technischen Werkleitung, 860,55 RM/Woche.

Tabelle 72. Betriebskosten der Tuchschererei.

Kostenart	Wochenkosten RM/Woche
Lohnkosten und allgemeine Betriebsunkosten	860,55
Kraftkosten	23,—
Abschreibung und Verzinsung	47,50
Reparaturen und Instandhaltung	7,22
Dampfkosten	5,40
Heizung und Beleuchtung	10,—
Summe	957,67
15% Sicherheitszuschlag	143,50
Betriebskosten	1101,17

Kraftkosten. 10 kW stündlicher Kraftverbrauch, 60% Laufdauer, 48 Wochenstunden, 8 Pfg./kWh, 23 RM/Woche.

Abschreibung und Verzinsung. Maschinen- und Anlagewert 19800 RM, 12% Abschreibung und Verzinsung ergeben die Jahreskosten von 2376 RM, 47,50 RM/Woche.

Reparaturen und Instandhaltung. 15% der Abschreibungs- und Verzinsungssumme, 7,22 RM/Woche.

Dampfkosten. Wir rechnen mit einem stündlichen Dampfverbrauch von 50 kg und 50% Laufdauer in 48 Stunden. Bei einem Dampftonnenpreis von 4,50 RM ergeben sich 5,40 RM/Woche.

Heizung und Beleuchtung. Sie werden von den Jahreskosten aus ermittelt und gleichmäßig auf alle Betriebswochen verteilt, 10 RM/Woche.

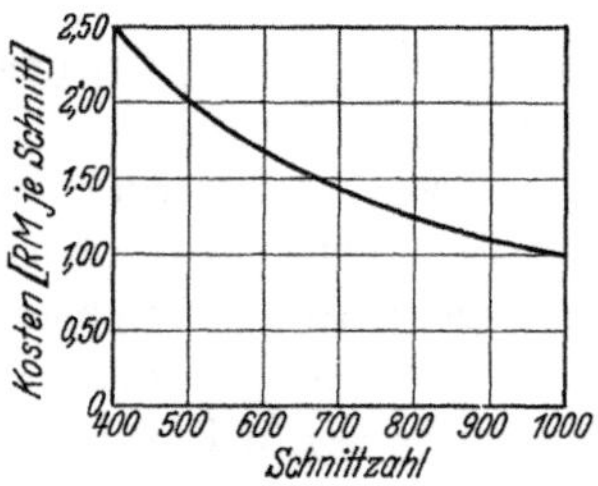

Abb. 49. Kalkulationssatz/Schnitt in Abhängigkeit von der Schnittleistung.

Leistung. An Hand von Betriebsuntersuchungen hat sich gezeigt, daß die durchschnittliche Leistung einer Schermaschine 180 Schnitte/Woche beträgt. Die Wochenleistung der Schererei mit 6 Maschinen beträgt demnach $6 \cdot 180 = 1080$ Schnitte.

Kalkulationssätze. *Die Kosten/Schnitt* ergeben sich zu $\frac{1101,-}{1080} = 1,02$ RM/Schnitt. Wir rechnen mit rd. *1 RM/Schnitt.* Die Abhängigkeit des Kalkulationssatzes von der Schnittzahl erkennen wir aus der Abb. 49.

Mit Hilfe von durchschnittlichen Schnittzahlen bei den einzelnen Warengruppen und den Kosten von 1 RM/Schnitt ergeben sich die Kalkulationssätze der Waren.

Tabelle 73. Kalkulationssätze der Tuchschererei.

Warengattung	∅ Schnittzahl	Kalkulationssatz RM/Stück
Wollfarbig Herrenkammgarn . .	4	4,—
Stückfarbig Herrenkammgarn . .	12	12,—
Foulé.	9	9,—
Drapé	9	9,—
Doeskin, Eskimo	12	12,—
Militärware, Melton	5	5,—
Strumpftrikot	9	9,—
Wollfarbig Cheviot-Ulster	4	4,—
Wollfarbig Strichpaletot	5	5,—
Herrenvelour	5	5,—
Stückfarbig Damenkammgarn . .	4	4,—
,, Damentuch.	9	9,—
,, Damenvelour	10	10,—
,, Damenmelton . . .	4	4,—
Durchrauher	8	8,—

17. Presserei.

Um das Aussehen und den Griff der Waren zu veredeln, werden sie auf der Zylinder- oder Spanpresse gepreßt. Beide Verfahren sind infolge ihrer unterschiedlichen Kosten getrennt zu behandeln. Für die Berechnung der Kalkulationssätze der Warengattungen ist die Häufigkeit des Preßarbeitsganges und das Preßverfahren wesentlich.

a) **Zylinderpresse.** *Lohnkosten.* 2 Presser, 10% soziale Lasten, Feriengeldumlage, 84,50 RM/Woche.

Kraftkosten. 2,2 kW stündlicher Kraftverbrauch, 80% Laufdauer, 48 Wochenstunden, 8 Pfg./kWh, 6,80 RM/Woche.

Abschreibung und Verzinsung. Maschinen- und Anlagewert 5300 RM, 12% Abschreibung und Verzinsung ergeben die Jahreskosten von 636 RM, 12,70RM/Woche.

Reparaturen und Instandhaltung. 10% der Abschreibungs- und Verzinsungssumme, 1,30 RM/Woche.

Dampfkosten. Bei einem Dampfverbrauch von durchschnittlich 30 kg/Stunde und unter Berücksichtigung der Anheizverluste bei Schichtbeginn rechnen wir mit einem wöchentlichen Dampfverbrauch von 1500 kg. Mit dem Dampftonnenpreis von 4,50 RM multipliziert, ergeben sich die Dampfkosten zu 6,75 RM/Woche.

Tabelle 74.
Betriebskosten der Zylinderpresse.

Kostenart	Wochenkosten RM/Woche
Lohnkosten	84,50
Kraftkosten	6,80
Abschreibung und Verzinsung . .	12,70
Reparaturen und Instandhaltung.	1,30
Dampfkosten	6,75
Summe	112,05
10% Sicherheitszuschlag	11,20
Betriebskosten	123,25

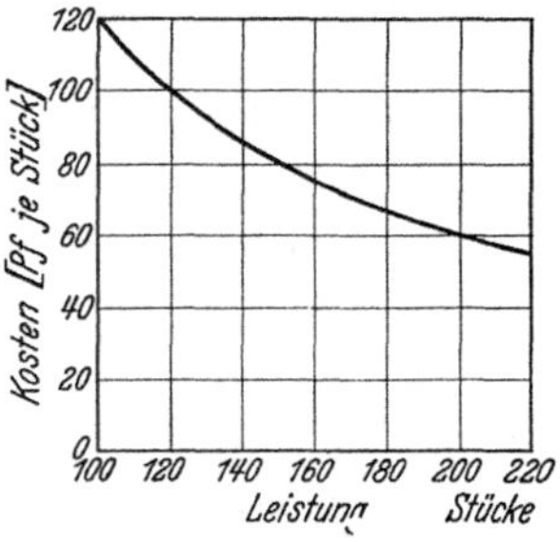

Abb. 50. Kalkulationssätze der Zylinderpresse in Abhängigkeit von der Leistung.

Tabelle 74a. Kalkulationssätze der Zylinderpresse.

Warengattung	Preß-arbeitsgänge	Kalkulationssätze RM/Stück
Wollfarbig Herrenkammgarn . .	1	1,—
Stückfarbig Herrenkammgarn . .	2	2,—
Foulé.	—	—
Drapé	3	3,—
Doeskin, Eskimo	2	2,—
Militärware, Melton	1	1,—
Strumpftrikot	1	1,—
Wollfarbig Cheviot-Ulster	1	1,—
Wollfarbig Strichpaletot	2	2,—
Herren-Stehvelour	—	—
Stückfarbig Damenkammgarn . .	1	1,—
„ Damenstrichtuch . .	1	1,—
„ Damenvelour	—	—
„ Damenmelton . . .	1	1.—
Durchrauher	—	—

Kalkulationssätze. Zur Berechnung der Kalkulationssätze für die verschiedenen Warengruppen, nehmen wir die Leistung von durchschnittlich 120 Stücken an und erhalten den Kostensatz für einen Preßarbeitsgang zu 1 RM/Stück. In Abb. 50 ist die Abhängigkeit des Kalkulationssatzes von der Leistung dargestellt.

b) **Spanpresse.** Die Waren können kalt und warm eingesetzt werden. Es sind daher auch zwei Kalkulationssätze zu ermitteln. Zweckmäßig werden zunächst die Kosten der Kaltpresse berechnet. Die Kostensätze der Warmpresse ergeben sich dann auf einfache Weise durch Hinzufügen der durch einen besonderen Zähler feststellbaren Stromkosten für die Heizspäne.

18. Dekatur.

Um den Glanz auf der Ware zu fixieren, ferner um die Ware krumpffrei zu machen oder das Einlaufen und Filzen beim Färben zu verhindern, wird sie auf der Finish- oder Kesseldekatur einer Dampfbehandlung unterworfen. In der Modewarenherstellung ist die Finishdekatur das häufigere Verfahren.

Betriebskosten. *Lohnkosten.* 2 Mann, 10% soziale Lasten, Feriengeldumlage, 84,50 RM/Woche.

Kraftkosten. 2 kW stündlicher Kraftverbrauch, 30% Laufdauer, 48 Wochenstunden, 8 Pfg./kWh, 2,30 RM/Woche.

Tabelle 75.
Betriebskosten der Finishdekatur.

Kostenart	Wochenkosten RM/Woche
Lohnkosten	84,50
Kraftkosten	2,30
Abschreibung und Verzinsung . .	15,60
Reparatur und Instandhaltung . .	1,60
Dampfkosten	3,24
Summe	107,24
10% Sicherheitszuschlag	10,72
Betriebskosten	117,96

Abschreibung und Verzinsung. Maschinen- und Anlagewert 6500 RM, 12% Abschreibung und Verzinsung ergeben die Jahreskosten von 780 RM, 15,60 RM/Woche.

Reparaturen und Instandhaltung. 10% der Abschreibungs- und Verzinsungssumme, 1,60RM/Woche.

Dampfkosten. 30 kg Dampf/Stunde und eine durchschnittliche Dampfabgabe von 50% in 48 Stunden ergeben einen wöchentlichen Dampfverbrauch von 720 kg. Mit dem Dampftonnenpreis von 4,50 RM/Woche betragen die Dampfkosten 3,24 RM/Woche.

Leistung und Kalkulationssatz. Auf eine Wochenleistung von 120 Stücken berechnet, ergibt sich der *Kalkulationssatz zu rd. 1 RM/Stück.*

19. Plüsterei und Tuschiererei.

Der Zweck dieser Arbeiten besteht darin, die in den fertig appretierten Waren vorhandenen Fremdfasern und pflanzlichen Bestandteile mit der Pinzette herauszuziehen oder mit einer unlöslichen Tinktur dem Untergrund anzupassen. In gleicher Weise werden auch die Garnunregelmäßigkeiten behandelt. Es handelt sich hierbei um eine reine Handarbeit, die im Stundenlohn verrichtet wird. Die bei den einzelnen Warengattungen zu berechnenden Kostensätze hängen daher unmittelbar von der Reinheit der von der Spinnerei gelieferten Garne ab. Die Kosten werden getrennt in Warengruppen und nach den aus den Wochenberichten herausgezogenen Arbeitsstunden ermittelt. Der Mittelwert der Arbeitsstunden mit den Lohnkosten/Stunde multipliziert ergeben den Kalkulationssatz. Dazu wird häufig noch ein Zuschlag für Heizung, Beleuchtung und Aufsicht gerechnet. Die Selbstkostensätze liegen gewöhnlich in den Grenzen von 1,50 bis 4 RM/Stück.

20. Karbonisur.

Allgemeines. Bei rein wollenen einfarbigen Waren werden die pflanzlichen Bestandteile wie Kletten, Futterteile und sonstige vegetabilische Fasern durch Karbonisieren entfernt. Die Waren werden in einer 3—5 Baumé gradigen Schwefelsäure getränkt, ausgequetscht oder geschleudert und in einer Trockenmaschine bei einer Temperatur von ca. 90° C getrocknet. Die Leistenfäden und Stückzeichen werden vor dem Einlauf in die Maschine mit Wasserglas neutralisiert. Nach dem Karbonisieren werden die Stücke mit reinem Wasser und zum Schluß unter Zusatz einer schwachen Sodalösung auf Spülmaschinen restlos entsäuert.

Betriebskosten. *Lohnkosten.* 3 Mann, 10% soziale Lasten, Feriengeldumlage, 126,70 RM/Woche.

Kraftkosten. 17 kW stündlicher Kraftverbrauch, 60% Laufdauer in 48 Stunden, 8 Pfg./kWh, 39,20 RM/Woche.

Abschreibung und Verzinsung. 1 Karbonisiermaschine mit 108 m Tuchinhalt, 3 Spülmaschinen, Montage, Motore, Dampf-, Wasser- und Kraftanschlüsse ergeben einen Anlagewert von ca. 24000 RM. 21% Abschreibung und Verzinsung der Spülmaschinen und 12% Abschreibung und Verzinsung der übrigen Anlagewerte ergeben die Jahressumme von 3420 RM. 68,50 RM/Woche.

Tabelle 76.
Betriebskosten der Karbonisur.

Kostenart	Wochenkosten RM/Woche
Lohnkosten	126,70
Kraftkosten	39,20
Abschreibung und Verzinsung	68,50
Reparaturen und Instandhaltung	6,85
Dampfkosten	27,45
Wasserkosten	10,—
Hilfsmaterialkosten	60,—
Summe	338,70
10% Sicherheitszuschlag	33,90
Betriebskosten	372,60

Reparaturen und Instandhaltung. 6,85 RM/Woche.

Dampfkosten. Der Dampfverbrauch wird auf dieselbe Weise wie bei der Tuchtrockenmaschine, und zwar hier für 120 Stücke berechnet: 27,45 RM/Woche.

Wasserkosten. 10 RM/Woche.

Hilfsmaterialkosten. Aus der vierwöchentlichen Erfolgskontrolle ließ sich ein durchschnittlicher Verbrauch an Hilfsmaterial von 50 Pfg./Stück feststellen. Bei der Wochenproduktion von 120 Stücken betragen die Kosten 60 RM/Woche.

Leistung und Kalkulationssatz. Da sich die Einrichtung einer Karbonisur nur von einer bestimmten Leistung an lohnt, berechnen wir den Kalkulationssatz für verschiedene Leistungen und berücksichtigen dabei gleichzeitig die Veränderung der einzelnen Kosten. Die Leistungsbasis ist entweder das Stück oder das Gewicht (kg) karbonisierter Ware. Der Kalkulationssatz ergibt sich nach der Divisionsmethode aus:

$$\frac{\text{Betriebskosten}}{\text{Wochenleistung}}\ \text{RM/Stück}.$$

Tabelle 77. Kosten und Kalkulationssätze der Karbonisur.

Kostenart	60	90	120	150	Stück/Woche
Lohnkosten	126,70	126,70	126,70	126,70	RM/Woche
Kraftkosten	19,70	29,50	39,20	49,—	„
Abschreibung u. Verzinsung	68,50	68,50	68,50	68,50	„
Reparaturen.	6,85	6,85	6,85	6,85	„
Dampfkosten	15,—	20,—	27,45	33,—	„
Wasserkosten	5,—	7,50	10,—	12,—	„
Hilfsmaterialkosten . . .	30,—	45,—	60,—	70,—	„
Summe	271,75	304,05	338,70	366,05	RM/Woche
10% Sicherheitszuschlag .	27,20	30,40	33,90	36,60	„
Betriebskosten	298,95	334,45	372,60	402,65	„
Kalkulationssatz	4,98	3,70	3,10	2,68	RM/Stück

Die schaubildliche Darstellung des Kalkulationssatzes in Abhängigkeit von der Leistung zeigt uns den bekannten hyperbolischen Verlauf (Abb. 51).

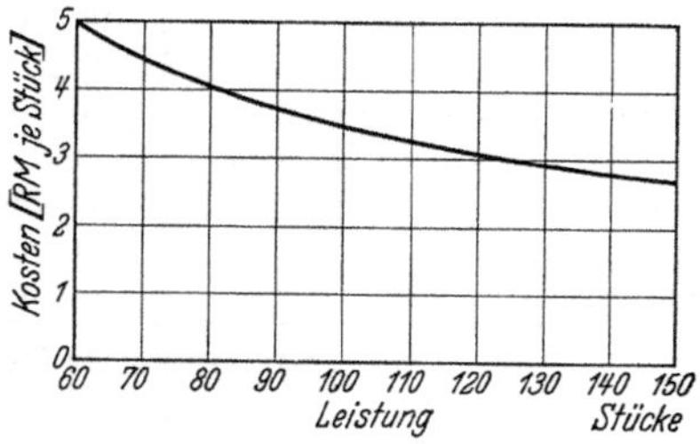

Abb. 51. Kalkulationssatz der Karbonisur in Abhängigkeit von der Leistung.

Der in der Praxis angewendete Kalkulationssatz liegt gewöhnlich bei 3 RM/Stück oder bei 15 Pfg./kg. Vergleichen wir den Stückkostensatz von 3 RM mit der Abb. 51, so stellen wir fest, daß diesem Satz eine Leistung von 130 Stücken zugrunde liegt. Dieser Kalkulationssatz läßt sich auch an Hand von vierwöchentlichen Erfolgskontrollen nachweisen.

21. Zusammenstellung der Appreturkalkulationssätze.

Jetzt gehen wir dazu über, die Kalkulationssätze der einzelnen Warengruppen für die beispielhaft in der Tab. 65 niedergelegten Arbeitsgänge zusammenzustellen. Die Angaben über die Kalkulationssätze pro Stück oder pro Fertigmeter haben lediglich orientierenden Wert, denn sowohl die Kostensätze als auch die Längenangaben lassen sich genau nur auf Grund exakter Untersuchungen eines Betriebes feststellen. Allgemein läßt sich doch sagen, daß die errechneten Angaben angenähert an die Sätze der Praxis herankommen.

Tabelle 78. Kalkulationssätze der Appretur.

Warengattung	Gruppe	Wäsche	Walke	Glätten	Rauhen	Trocknen	Pressen	Dekatieren	Scheren	Ges. Kosten pro Stück RM	Fertigmeter	Kosten pro Meter Pfg
Wollfarbig Herrenkammgarn	1	4,40	—	1,20	—	1,50	1,—	1,—	4,—	13,20	47	28
Stückfarbig Herrenkammgarn	2	4,40	—	1,20	—	3,—	2,—	2,—	12,—	24,60	47	52
Foulé	3	6,90	8,25	1,20	6,—	3,—	—	1,—	9,—	35,35	46	78
Drapé	4	6,90	9,50	1,20	12,—	3,—	3,—	3,—	9,—	47,60	45	105
Doeskin, Eskimo	5	6,90	9,50	1,20	15,—	3,—	2,—	2,—	12,—	51,60	45	115
Militärware	6	4,40	9,75	1,20	5,—	1,50	1,—	1,—	5,—	28,85	43	67
Strumpftrikot	7	4,40	5,25	1,20	12,—	3,—	2,—	2,—	9,—	38,85	44	89
Wollfarbig Cheviot-Ulster	8	4,40	7,—	—	—	1,50	1,—	1,—	4,—	18,90	46	41
Wollfarbig Strichpaletot	9	4,40	7,—	1,20	12,—	2,—	2,—	2,—	5,—	35,60	45	79
Herren Stehvelour	10	4,40	7,—	—	12,—	2,—	—	—	5,—	30,40	45	68
Stückfarbig Damenkammgarn	11	3,40	—	1,20	—	1,50	1,—	1,—	4,—	12,10	47	26
„ Damenstrichtuch	12	6,80	6,—	1,20	12,—	1,50	1,—	2,—	9,—	39,50	46	86
„ Damenvelour	13	6,80	6,—	—	9,—	1,50	—	—	10,—	33,30	46	73
„ Damenmelton	14	4,40	4,—	1,20	—	1,50	1,—	1,—	4,—	17,10	45	38
Durchrauher	15	4,40	4,—	—	25,—	1,50	—	—	10,—	44,90	45	100

22. Färberei.

Allgemeines. Das Material wird in drei verschiedenen Stadien gefärbt: als *loses Wollmaterial* in der Küpen- oder Apparatefärberei, als *Garn* auf Kreuzspulen oder in Strähnen auf Kreuzspul- oder Stranggarnapparaten, oder im *Gewebe* in Stückfärbebottichen. Die Kostensätze lassen sich unterteilen:

1. nach der Arbeitsbeanspruchung der Belegschaft für die unterschiedliche Aufmachung des Materials (Wolle, Garn, Stück);

2. nach dem Dampfverbrauch hinsichtlich der verschiedenen Färbungen (Saure-, Chrom- und Küpenfärbung);

3. nach Dampfverbrauch und Arbeitskosten für verschieden große Färbechargen;

4. nach den verwendeten Farbstoffen und Hilfsmitteln.

Zur Ermittlung der Kostensätze kann man prinzipiell so vorgehen, daß zunächst die unterschiedlichen Farbstoff- und Hilfsmittelkosten, die bekanntlich nach bestimmten Rezepturen pro „kg" Färbegut berechnet werden, von den übrigen Kosten getrennt behandelt werden. Der Kalkulationssatz ergibt sich dann aus:

Betriebskosten	.... Pfg./kg
+ Farbstoff- und Hilfsmittelkosten . .	.... Pfg./kg
= Kalkulationssatz	.... Pfg./kg

Bei der folgenden Kostenberechnung wird zur grundsätzlichen Darlegung der Ermittlung der Kostensätze ein mittlerer Kostensatz für die Betriebskosten berechnet. Die Spezifizierung der Kostensätze nach den Punkten 1—3 bleibt daher unberücksichtigt.

Betriebsgröße. Garnfärberei: ein 100 kg-, zwei 50 kg- und ein 30 kg-Apparat. Stückfärberei: eine 6stückige, zwei 4—5stückige, zwei 3stückige und zwei 1stückige Färbekufen. Wollfärberei: zwei 100 kg- und zwei 20—25 kg-Apparate.

Betriebskosten. *Lohnkosten.* Berücksichtigt: 1 Vorarbeiter, 8 Färber, wöchentliche Gehaltkosten des Färbereileiters und des Gehilfen, 10% soziale Lasten, Feriengeldumlage: 591,90 RM/Woche.

Kraftkosten. 30 kW stündlicher Kraftverbrauch, 60% Laufdauer, 48 Wochenstunden, 8 Pfg./kWh: 69,20 RM/Woche.

Abschreibung und Verzinsung. Wert der Färbeapparate 28000 RM. 21% Abschreibung und Verzinsung ergeben die Jahreskosten von 5888 RM. Wert der übrigen Anlagewerte: Woll- und Garntrockenmaschine usw. 11000 RM. 12% Abschreibung und Verzinsung ergeben die Jahressumme von 1320 RM. Gesamtjahressumme 7200 RM. 144 RM/Woche.

Reparaturen und Instandhaltung. 20% der Abschreibungs- und Verzinsungssumme: 28,80 RM/Woche.

Dampfkosten. Diese Kosten bilden einen sehr wesentlichen Teil der Färbereikosten, weshalb sie einer eingehenden Behandlung unterzogen werden müssen. Bei der Berechnung der Dampfkosten gehen wir von den Angaben der AEG aus, die besagen, daß für das Ankochen ca. 400—450 kg Dampf pro cbm Farbflotte und Stunde, zum Fertigkochen ca. 200—300 kg Dampf/cbm und Std. notwendig sind. Um festzustellen, wie sich der Dampfverbrauch in der Garnfärberei, Stückfärberei und Wollfärberei verhält, werden die Verfahren rechnerisch getrennt untersucht.

a) Garnfärberei. Nach einer Betriebsfeststellung haben die Apparate folgende Flotteninhalte:

100 kg Apparat . . .	ca. 2100 l Flotte
50 kg „	ca. 1200 l „
30 kg „	ca. 800 l „

Daraus ergibt sich, daß im Durchschnitt mit 24 l Flotte pro kg Färbegut gerechnet werden kann.

Während des Netzens, was bei Kammgarnen etwa ½ Stunde dauert, wird die Flotte auf ca. 80° C getrieben und dann vollkommen abgelassen. Hierauf beginnt der Ankochprozeß mit Frischwasser und dauert etwa ¾—1 Stunde. Die Fertigkochdauer schwankt zwischen 2 Stunden für Saurefarbstoffe und 3 Stunden für Chromfarbstoffe. Die für die jeweiligen Kochprozesse notwendige Dampfmenge berechnet sich nach:

$$\text{Flottenmenge/kg} \cdot \text{Kochzeit} \cdot \text{Dampfmenge/cbm und Stunde.}$$

		Dampfmenge pro kg Färbegut
Dampfmenge für das Netzen . . .	0,024 · 0,5 · 400 . .	= 4,8 kg
Dampfmenge für das Ankochen .	0,024 · 1 · 450 . .	= 10,8 kg
Dampfmenge für das Fertigkochen	0,024 · 2,5 · 300 . .	= 18,0 kg
Gesamtdampfmenge pro kg Färbegut		= 33,6 kg

b) Stückfärberei. Die Flottenmenge bei den verschiedenen Kufen beträgt nach Betriebsmessungen:

6stückige Kufe.	4600 l Flotte
4—5stückige „	3500 l „
3stückige „	1700 l „
2stückige „	1100 l „
1stückige „	850 l „

Im Mittel können wir mit 30 l Flotte pro kg Färbegut rechnen.

		Dampfmenge pro kg Färbegut
Dampfmenge für das Ankochen . . .	0,03 · 1 · 450 . . .	= 13,5 kg
Dampfmenge für das Fertigkochen . .	0,03 · 2,5 · 300 . . .	= 22,5 kg
Gesamtdampfmenge pro kg Färbegut		= 36,0 kg

c) Wollfärberei. Nach dem Flottenverhältnis der Apparate von

100 kg mit	1700 l Flotte
20—25 kg mit	475 l „

kann man mit einer mittleren Flottenmenge von etwa 18 l pro kg Färbegut rechnen. Der Dampfbedarf wird infolge des stärkeren Verbrauches durch die Strahldüse um 50% höher angenommen.

		Dampfmenge pro kg Färbegut
Dampfmenge für das Ankochen . . .	0,018 · 1 · 675 . .	= 12,2 kg
Dampfmenge für das Fertigkochen . .	0,018 · 2,5 · 450 . .	= 20,2 kg
Gesamtdampfmenge pro kg Färbegut		= 32,4 kg

Nach dieser Berechnung ergibt sich, daß bei den drei Färbeverfahren mit einer mittleren Dampfmenge von 34 kg/kg Färbegut gerechnet werden kann. Für das Trocknen von Garnen wird im Mittel mit 7 kg Dampf pro kg gefärbtes Material und für das Trocknen von Wolle mit 5 kg Dampf pro kg Material gerechnet. Mit diesen Angaben werden die Dampfkosten in Tab. 79 unter Berücksichtigung von 10% Wärmeverlusten in den Rohrleitungen und des Dampftonnenpreises von 4,50 RM der Leistung entsprechend überschlägig ausgerechnet.

Wasserkosten. Der Wasserverbrauch setzt sich zusammen aus der Flottenmenge und der Kühlwassermenge, die gleich der dreifachen Flottenmenge angenommen wird, d.h. der Wasserverbrauch pro kg Färbegut beträgt im Mittel 100 l. 1 cbm Wasser wird mit 10 Pfg. berechnet.

Farbstoff- und Hilfsmittelkosten. Je nach den Färbungen sind die Kosten für das Hilfsmaterial, z.B. Glaubersalz, Säuren, Farbstoffe usw. verschieden. Die in jedem Einzelfall berechneten Farbstoffmengen und Mengen an Hilfsmaterial müssen nach den Farbrezepturen pro kg gefärbtes Material ausgerechnet werden. Rechnen wir diese Kosten unter Einschluß einer Verzinsungssumme für die Lagerhaltung der Hilfsmaterialien zu den Kosten des Färbereiarbeitsganges, so erhalten wir den endgültigen Kalkulationssatz. Es folgen einige Beispiele für die Farbrezepturen:

1. Hellschiefer: Chromfärbung für Wolle und Garne.

Alizarinlichtgrau BB1W .	0,35%,	16,55 RM/kg	5,80 RM
Säureanthrazenrot 3 RL. .	0,08%,	14,30 „	1,15 „
Chromkali	0,25%,	—,80 „	—,20 „
Essigsäure	2,5%,	—,30 „	—,75 „
Glaubersalz	15,0%,	—,06 „	—,90 „
Schwefelsäure	2,5%,	—,06 „	—,15 „
Farbstoff- u. Hilfsmaterialkosten/100 kg Färbegut . .			8,95 RM
Farbstoff- u. Hilfsmaterialkosten/1 kg Färbegut . . .			—,0895 RM

2. Neolanblau.

Neolanblau 2 RL	6,3%,	7,50 RM/kg	47,25 RM
Neolanorange G	0,5%,	6,80 „	3,40 „
Neolanblau GR	1,0%,	5,60 „	5,60 „
Schwefelsäure	8,0%,	—,06 „	—,48 „
Glaubersalz	15,0%,	—,06 „	—,90 „
Farbstoff- u. Hilfsmaterialkosten/100 kg Färbegut .			57,63 RM
Farbstoff- u. Hilfsmaterialkosten/1 kg Färbegut . .			—,5763 RM

Auf diese Weise wird für jede Rezeptur der Preis für 100 kg Färbegut ausgerechnet und als Kilopreis zu den eigentlichen Betriebsarbeitskosten gerechnet. So ergibt sich beispielsweise für größere Partien und eine durchschnittliche Wochenleistung von 3000 kg der Kalkulationssatz für Neolanblau:

Betriebskosten	—,50 RM/kg
+ Farbstoff- und Hilfsmaterial .	—,58 „
= Kalkulationssatz	1,08 RM/kg

Tabelle 79. Färbereikosten und Arbeitskostensätze.

Kosten	1000	2000	3000	4000	5000	kg Färbegut
Lohnkosten	591,90	591,90	591,90	591,90	591,90	RM/Woche
Kraftkosten	17,30	34,60	52,—	69,20	86,50	„
Abschreibung u. Verz.	144,—	144,—	144,—	144,—	144,—	„
Reparaturen.	7,20	14,40	22,—	28,80	36,—	„
Dampfkosten	189,—	378,—	567,—	756,—	945,—	„
Wasserkosten	10,—	20,—	30,—	40,—	50,—	„
Summe	959,40	1182,90	1406,90	1629,90	1853,40	RM/Woche
10% Sicherheitszuschl.	95,94	118,29	140,69	162,99	185,34	„
Betriebskosten . . .	1055,34	1301,19	1547,59	1792,89	2038,74	RM/Woche
Arbeitskosten	105,5	65,0	51,5	44,8	40,7	Pfg./kg Färbeg.

Leistung und Kalkulationssatz. Wie eingangs bereits erwähnt, werden die Leistungen und Kosten einer Woche zusammengestellt und die mittleren Kostensätze der Färbeverfahren unter Berücksichtigung der Veränderung der Kosten bei den verschiedenen Leistungen ermittelt.

In dieser Darlegung ist der Kalkulationssatz für eine mittlere Färbedauer von 2,5 Stunden und einer Ankochzeit von einer Stunde ermittelt worden. Die genauere Berechnung erfordert aber die Berücksichtigung der früher genannten Punkte 1—3. An dieser Stelle wird davon Abstand genommen, da es sich hier lediglich um die Aufzeichnung des Kalkulationsweges handelt.

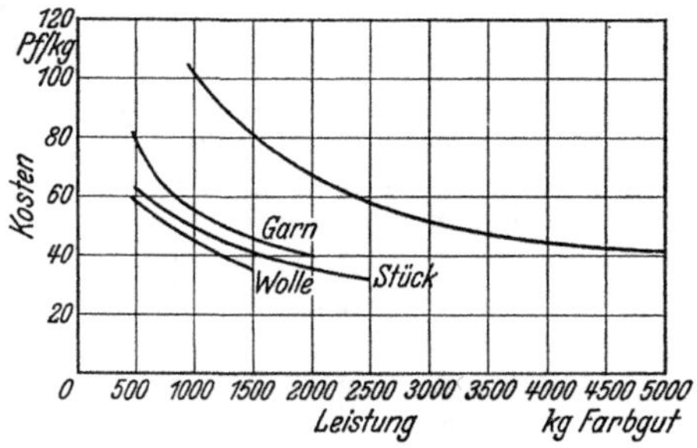

Abb. 52. Verlauf des Kalkulationssatzes des Färbereiarbeitsganges in Abhängigkeit von der Wochenleistung.

Zur Vereinfachung der Rechnungsarbeit bei der Kalkulation werden die Arbeitskosten/kg Färbegut und die Farbstoff- und Hilfsmaterialkosten zu einem einzigen Kalkulationssatz für die verschiedenen Färbungen zusammengezogen. Eine derartige Zusammenstellung gibt uns die Tab. 80 wieder (1933).

Tabelle 80. Färbereikalkulationssätze.

Garne.

Stranggarn und Kreuzspulen.	RM/kg
a) Farbige Partien bis 5 kg	2,50
„ „ von 5 bis 10 kg	2,—
„ „ von 10 bis 20 kg	1,60
„ „ von 20 bis 50 kg	1,40
„ „ von 50 bis 80 kg	1,20
„ „ von 80 bis 150 kg	1,—
„ über 150 kg	—,95
b) Schwarz	—,95
c) Kennzeichen der Garne für stückfarbige Waren; Anröten, Anbläuen, Angrünen	—,40
d) Reservierte Garne nach Spezialverfahren	5,—

Stücke.	RM/kg
Blau und schwarz	0,99
Chromotropblau	0,99
Chromfarben, Chromblau, Chromschwarz	1,22
Neolan- und Palatin-Echtfarben und Neolan- und Palatin-Echt-Marineblau	1,22
Khaki auf Wolle	0,99
Khaki auf Halbwolle	—,90
Eskimos mit dunklem Unterschuß, schwarz und Färben im Gewicht über 30 kg/Stück	—,95
Einfaches Plüsterdecken	—,14
Abziehen	—,23
3% Eulanisieren	—,35

Wolle.	RM/kg
Direktes Schwarz auf dunkles Material	—,70
Direktes Schwarz usw. und nachchromiert	—,75
Direktes Schwarz auf weißes Material	—,85
Chromschwarz bei Partien über 100 kg	—,85
Chromschwarz bei Partien unter 100 kg	1,—
Saure Farben (Stichfarben) Partien bis 20 kg	1,15
Saure Farben Partien von 20 bis 100 kg	1,—
Saure Farben Partien über 100 kg	—,85
Chromfarben bei Partien bis 20 kg	1,25
Chromfarben bei Partien von 20—100 kg	1,10
Chromfarben bei Partien über 100 kg	—,95
Waschen der Wolle für angeliefertes Gewicht	—,15
Bleichen und Bläuen der Wolle	—,50
Küpenfarben: Feldgrau	1,03
Arbeitsdienst a) Sandfarbe	—,50
b) Braun	1,27
c) Stahlblau	1,27
Normalgrau für Hosen	—,50
Schwarz	1,38
Schupogrün	1,03

23. Hilfsbetriebe.

a) Dampferzeugung. Der Kostensatz der Dampferzeugung wird auf eine Tonne Dampf bezogen. Die von den Produktionsabteilungen zu tragenden Dampfkosten errechnen sich aus: $K = V \cdot k$ RM/Woche.

Darin ist: K = wöchentliche Dampfkosten in RM,
V = wöchentlicher Dampfverbrauch in Tonnen,
k = Selbstkostensatz/Tonne Dampf.

Der Verbrauch wiederum wird berechnet aus:

$V = L \cdot v_l$ in Tonnen Dampf/Woche.

Darin ist: V = wöchentlicher Dampfverbrauch in Tonnen,
L = Produktionsmenge in kg/Woche,
v_l = Dampfverbrauch/Produktionseinheit.

Oder wenn der stündliche Dampfverbrauch bekannt ist aus:

$$V = t \cdot v_t \text{ in Tonnen Dampf/Woche.}$$

Darin ist: t = Anzahl der Betriebsstunden/Woche,
v_t = Dampfverbrauch/Stunde.

Die Angaben über v_l und v_t finden wir in Tab. 1. An dieser Stelle handelt es sich darum, den Selbstkostensatz pro Tonne Dampf = k zu ermitteln. Zur Durchführung der Kostenrechnung nehmen wir eine Anlage mit drei Zwei-Flammrohrkesseln von je 100 m^2 Heizfläche an.

Lohnkosten. 2 Heizer, 10% soziale Lasten, Feriengeldumlage: 105,60 RM/Woche.

Abschreibung und Verzinsung: Der Gesamtwert der Anlage, bestehend aus Gebäude, Schornstein, Kessel, Einmauerung, Rohrleitungen, Pumpen usw. betrage

120000 RM. Rechnen wir mit 11% Abschreibung und Verzinsung, so ergibt sich die Jahressumme von 13200 RM. 264 RM/Woche.

Kohlen und Wasserkosten: Der Kohlenverbrauch ist wöchentlich oder monatlich auf einfache Weise festzustellen. Er steht mit dem Wasserverbrauch über die Verdampfungsziffer, die ein Maßstab für die Wirtschaftlichkeit der Kesselanlage ist, in engstem Zusammenhang. Unter der Annahme der Verdampfungsziffer und des Anstrengungsgrades läßt sich zur Vorkalkulation der rechnerische Weg einschlagen. Nehmen wir an, der Anstrengungsgrad habe sich auf Grund eines Kesselversuches zu 25 kg Dampf/Stunde und qm Heizfläche ergeben, so stellt sich die Dampferzeugung/Woche und 3 Kesseln mit insgesamt 300 qm Heizfläche auf $25 \cdot 300 \cdot 48 = 360000$ l Wasser bzw. Dampf = 360 t. Ist die hierbei gleichzeitig ermittelte Verdampfungsziffer 7,5 Dampf/kg Kohle, so entspricht dies einem Kohlenverbrauch von $\frac{\text{Dampfmenge}}{\text{Verdampfungsziffer}} = \frac{360}{7{,}5} = 48$ t Kohle. Mit einem Kohlenpreis von 14 RM pro Tonne frei Hof betragen die Kosten an Kohle $48 \cdot 14 = 672$ RM/Woche. Die hier angenommene Verdampfungsziffer ist mittelmäßig bis gut. Wird die Verdampfungsziffer 8 erreicht, so gehen die Kohlenkosten auf 630 RM/Woche zurück. Um den richtigen Durchschnittswert festzustellen, geht man im Betrieb zweckmäßig von dem monatlichen Wasser- und Kohlenverbrauch aus.

Wasserkosten. Legen wir die unter „Dampfkosten" berechnete Wassermenge von 360 cbm zugrunde und rechnen mit einem Wasserpreis von 10 Pfg./cbm, so ergeben sich die wöchentlichen Kosten zu 36 RM/Woche.

Tabelle 81. Zusammenstellung der Kosten der Dampferzeugung.

Kostenart	Wochenkosten RM
Lohnkosten	105,60
Abschreibung und Verzinsung . .	264,—
Kohlenkosten	672,—
Wasserkosten	36,—
Reparaturen und Instandhaltung	34,60
Summe	1112,20
10% Sicherheitszuschlag	111,20
Betriebskosten	1223,40

Reparaturen und Instandhaltung. Rechnen wir im Jahr mit 4maliger Reinigung der Kessel und jede Reinigung mit 40 RM je Kessel, so ergeben sich die Jahreskosten für die Kesselreinigung zu 480 RM. Wöchentliche Kosten: 9,60 RM. Nehmen wir die wöchentlichen Kosten für Reparaturen und Instandhaltung mit 25 RM an, so beträgt die Gesamtsumme der Kosten dieser Art 34,60 RM/Woche.

Die Kosten pro Tonne Dampf betragen demnach:

$$\frac{\text{Betriebskosten/Woche}}{\text{Dampfmenge/Woche}} = \frac{1223{,}40}{360} = \textit{3,40 RM/Tonne Dampf.}$$

Wie wir aus der Kostenaufstellung erkennen, ist der Dampftonnenpreis in der Hauptsache von dem Kohlenpreis und der Verdampfungsziffer abhängig, und zwar beträgt ihr Anteil am Dampftonnenpreis:

$$\frac{\text{Kohlenpreis}}{\text{Verdampfungsziffer}} = \frac{14,-}{7{,}5} = 1{,}87 \text{ RM/Tonne Dampf.}$$

Daher ist der Auswahl der Kohlen, dem Zustand der Kesselanlage und den Kohlen ersparenden Einrichtungen eine dauernde Beachtung zu schenken.

b) Krafterzeugung. In der Tuchindustrie kommt als Antriebskraft der Kraftmaschinen in der Hauptsache Dampf in Frage, da diese Energieform ohnehin für die Beheizung der Arbeitsmaschinen im Produktionsprozeß benötigt wird. Außerdem läßt sich die bei der Krafterzeugung frei werdende Wärme des Abdampfes noch wirtschaftlich für die Beheizung der verschiedensten Arbeitsmaschinen und der Arbeitsräume verwerten. Dort, wo sich die Wasserkraft ausnutzen läßt, wird auch diese billige Energie zur Erzeugung von elektrischem Strom eingeschaltet.

Die Abgabe der Energie an die einzelnen Betriebe im Werk ist in den verschiedenen Fabriken sehr unterschiedlich. Zum Teil wird sie vollkommen auf mechanische Weise direkt von der Dampfmaschine abgeleitet, z.T. wird sie mechanisch und elektrisch weitergeleitet und schließlich besteht die rein elektrische Übertragung an die Arbeitsstätten. Den Bezug von fremder Energie (Fremdstrom) scheiden wir aus, da sie uns für die Kostenrechnung keine Schwierigkeiten bereitet. An dieser Stelle behandeln wir nur den zentralen Antrieb der Betriebe durch die Dampfmaschine. Er ist nicht nur heute noch der in vielen Fällen vorkommende Antrieb, sondern er gestattet auch auf einfache Weise die Ermittlung der Kosten für eine gemischte mechanische und elektrische Krafterzeugung.

Die wesentlichste Feststellung für die Kostenrechnung besteht in der Trennung des Dampfverbrauches für die Dampfmaschine und die Arbeitsmaschinen des Produktionsprozesses. Der Dampfverbrauch der Dampfmaschine liegt zwischen 16 kg/PS_i und Stunde bei älteren Maschinen und 4 kg/PS_i und Stunde bei neueren Maschinen. Die nächstliegende Aufgabe ist daher, möglichst genaue Angaben über diesen Dampfverbrauch der eigenen Maschine zu erhalten. Exakt läßt er sich durch die bekannten Dampfmesser feststellen. Aber auch auf dem Wege der Indizierung der Maschine läßt sich aus dem aufgenommenen Diagramm der Dampfverbrauch zeichnerisch und rechnerisch hinreichend genau rückwärts berechnen.

Die indizierte Leistung ist nun möglichst genau nach Schätzungen auf die einzelnen Betriebe zu verteilen. Eine vollkommen genaue Aufteilung ist wegen des wechselnden Kraftbedarfes der Abteilungen und der Transmissionsverluste nicht möglich. Es lassen sich lediglich mittlere Kraftverbrauche der einzelnen Abteilungen feststellen, indem man von den bekannten Kraftbedarfen der Motore bei elektrischem Einzelantrieb ausgeht. Sollten sich dabei höhere Kraftbedarfe herausstellen, als die Dampfmaschine tatsächlich an Kraft abgibt, so liefert das prozentuale Verhältnis der Kraftbedarfe der einzelnen Abteilungen unter Berücksichtigung der Laufdauer der Maschinen immer gute Anhaltspunkte und erleichtert die Aufteilung der Kraftabgabe der Dampfmaschine.

Die Kosten der Krafterzeugung/PS_i setzen sich zusammen aus Lohnkosten, Dampfverbrauch, Abschreibung und Verzinsung, Reparaturen und Ölverbrauch.

Lohnkosten. 1 Maschinist, 10% soziale Lasten, Feriengeldumlage: 50 RM/Woche.

Abschreibung und Verzinsung. Maschinen- und Anlagewert 40000 RM. 12% Abschreibung und Verzinsung ergeben die Jahreskosten von 4800 RM. 96 RM/Woche.

Reparaturen und Instandhaltung. 10 RM/Woche.

Dampfkosten. Nehmen wir an, 1 PS_i verbrauche 9 kg Dampf/Stunde und die stündliche Leistungsabgabe betrage 200 PS. Rechnen wir bei der Dampfmaschine mit einem Wirkungsgrad von 0,75, so ergibt sich die zugeführte Leistung zu $200 : 0{,}75 = 267$ PS_i und der stündliche Dampfverbrauch zu $267 \cdot 9 = 2400$ kg Dampf, d. h. in 48 Stunden $2400 \cdot 48 = 115000$ kg Dampf/Woche. Mit einem Dampftonnenpreis von 3,40 ergeben sich die wöchentlichen Dampfkosten zu $115 \cdot 3{,}40 = 391$ RM/Woche.

Tabelle 82. Betriebskosten der Krafterzeugung.

Kostenart	Wochenkosten RM
Lohnkosten	50,—
Abschreibung und Verzinsung . .	96,—
Reparaturen und Instandhaltung	10,—
Dampfkosten	391,—
Ölverbrauch	10,—
Summe	557,—
10% Sicherheitszuschlag	55,70
Betriebskosten	612,70

Ölverbrauch (angenommen): 10 RM/Woche.

Die Gesamtkrafterzeugung betrug pro Woche 200 PS/Stunde × 48 Stunden = 9600 PS-Stunden. *Der Kostensatz pro PS-Stunde beträgt daher:*

$$\frac{\text{Betriebskosten/Woche}}{\text{PS-Stunden/Woche}} = \frac{612{,}70}{9600} = \mathit{6{,}37\ Pfg./PS\text{-}Stunde.}$$

C. Die Verkaufskalkulation.

Allgemeines. Mit dem Übergang der fertigen Ware an das Verkaufslager bzw. Versandlager beginnt ein neuer Kostenabschnitt. Die Behandlung der für den Vertrieb der Waren entstehenden Kosten bietet keine eigentliche Problematik in dem Sinne wie wir sie bei der Betriebskalkulation kennengelernt haben. Die zu verrechnenden Kosten sind für die Warengattungen einheitlicher und werden in einem prozentualen Zuschlag auf den Herstellungskostenpreis der Fabrikation geschlagen. Die zur Ermittlung der Zuschläge notwendigen Angaben werden von der Buchhaltung geliefert oder sind durch die Handelsbräuche gegeben.

Im folgenden werden nur kurz die Grundzüge der einzelnen kaufmännischen Kosten dargelegt, da als Hauptaufgabe dieser Arbeit die Wegweisung zur Ermittlung der Betriebsselbstkostensätze und die Klärung fabrikatorischer Probleme angesehen worden ist. Für eine eingehende Orientierung ist es notwendig, sich mit dem kaufmännische Fragen behandelnden Schrifttum zu befassen.

Die Verkaufskosten lassen sich folgendermaßen gliedern: a) Verwaltungskosten, b) feststehende Verkaufskosten, c) Gewinn, d) veränderliche Verkaufskosten: 1. Umsatzsteuer, 2. Vertreterprovision, 3. Skonti, 4. Delkredere, 5. Musterspesen, 6. Ausfall, 7. Zoll- und Frachtspesen, 8. Verpackungskosten.

Die Gruppierung der Kosten wird in den einzelnen Betrieben verschiedenartig vorgenommen. Für eine vielseitige Fabrikation ist eine eingehende Unterteilung der Kosten zweckmäßig. Alle Positionen, außer d) 7 und 8 werden in Prozentsätzen berechnet. d) 7 und 8 werden unmittelbar in Geldwert eingesetzt. Die Positionen a, b, c werden auf den Fabrikationspreis geschlagen und ergeben den eigentlichen Basispreis für die noch folgenden Zuschläge. Die Positionen d) 1—4 werden nach dem üblichen Handelsbrauch eingesetzt, d) 5 und 6 haben Bezug auf den Umsatz.

a) Verwaltungskosten. Zu den Verwaltungskosten lassen sich rechnen: die Gehälter und sozialen Beiträge der kaufmännischen Leitung und des Personals, die Abschreibung und Verzinsung der Büromaschinen und des Inventars, die Versicherungen, Verbandsabgaben und Steuern (Lohnsummensteuer, Grund- und Vermögenssteuer, Hauszinssteuer, Körperschaftssteuer, Gewerbeertragssteuer); ferner die Abschreibung und Verzinsung der Gebäude, soweit sie nicht in der Herstellungskostenberechnung berücksichtigt sind.

b) Feststehende Verkaufskosten. Die Kosten dieser Art sind häufig: Zinsen für das Rohmaterial- und Fertigwarenlager, Lohnzinsen, Brief-, Fernsprech- und Telegrammgebühren, die anteiligen Kosten des Fuhrparks, Drucksachen, Werbungen u. dgl. Aus der von der Buchhaltung ausgewiesenen Jahressumme und dem Umsatz ergibt sich für beide Positionen der prozentuale Zuschlag für die Kalkulation.

c) Gewinn. Die in den Kalkulationsvordrucken anzutreffende Position „Gewinn" könnte fast zu einer Philosophie des Gewinnes Anlaß geben. Ob sich der eingesetzte Gewinn erzielen läßt, hängt weitgehend von der Marktlage ab, und da es sich um ein „Geschäft" handelt, ist er noch in bestimmtem Grade von der kaufmännischen Geschicklichkeit, der Vertreterpersönlichkeit, der Gediegenheit des Unternehmens und von dessen Ruf abhängig. Alle Kosten und Zuschläge lassen sich hinreichend genau bestimmen, nur der Gewinn entzieht sich einer genauen Festlegung. Im Konkurrenzkampf ist er die nachgiebigste Position. Ist die Gewinnspanne bei verschärftem Wettbewerb erschöpft, so wird u. U. bei einzelnen Warengattungen in die Zone der Zeitkosten zurückgegangen. Obwohl für den Hersteller damit schon Verluste entstehen, übernimmt er, bzw. ist er genötigt, derartige Verlustaufträge in gewissen Grenzen zu übernehmen, damit sich die fixen Kosten auf eine größere Produktion verteilen, wodurch die Herstellung anderer Warengattungen noch gewinnbringend bleibt.

d) Veränderliche Verkaufskosten. 1. *Umsatzsteuer.* Die Höhe des Prozentsatzes richtet sich nach den steuerlichen Richtlinien. Er hat mit den eigentlichen „veränderlichen Verkaufskosten" nichts zu tun. Diese Steuer wird unter der Gruppe der veränderlichen Verkaufskosten geführt, weil sie *in* Hundert auf den Basispreis zu berechnen ist.

2. *Vertreterprovision.* Die in den einzelnen Bezirken mit dem Verkauf der Waren beauftragten Vertreter erhalten eine sog. Provision für die getätigten und bezahlten Abschlüsse der Waren. Der Provisionssatz kann pro Tausend oder pro Hundert (1%, 2%) berechnet werden.

3. *Skonto.* Die bei der Regulierung der Rechnungsbeträge abgezogenen Summen von 2% bei Zahlung innerhalb 30 Tagen bezeichnet man als Skonto. Neben diesem am häufigsten vorkommenden Skonto unterscheidet man noch Waren- und Umsatzskonti.

4. *Delkredere.* Dieser Kalkulationszuschlag ist gewissermaßen ein Sicherheitszuschlag der Verkaufskalkulation. Er berücksichtigt die Kreditwürdigkeit des Kunden. Im Inland und bei gediegenen Abnehmern ist er gering oder er wird gar nicht eingesetzt. In der Hauptsache trifft man ihn bei Exportgeschäften, insbesondere bei Geschäften mit wirtschaftlich unzuverlässigen Ländern an. Durch die Einschaltung des Delkrederesatzes soll eine eigene Rückversicherung gegen Konkursverluste geschaffen werden.

5. *Musterspesen.* Der unter dieser Position eingesetzte Prozentsatz befaßt sich mit den Kosten der Dessinatur oder Musterei. Bei dem technologischen Abriß wurde die Aufgabe der Musterei in der Modewarenfabrikation dargelegt. Auf das Wesen selbst ist kurz näher einzugehen. In einer Veröffentlichung[1] heißt es: „Die alles beherrschende Frage der Unkosten spielt in der Dessinatur und ihrer Hauptaufgabe, die Ausgestaltung und Größe der Kollektion, eine wichtige Rolle. Es gibt Dessinateure, welche gute zugkräftige Muster herausbringen, die aber weniger die Fähigkeit haben, die Unkosten der Musterei so niedrig wie möglich zu halten." Und an einer anderen Stelle: „Woher nimmt der Dessinateur die Hilfsmittel und Anregungen zum Aufbau der Kollektion? — In erster Linie wird er sich an die gut eingeschlagenen Dessins der letzten Kollektion anlehnen. Den Geschmack und die Wünsche des Publikums herauszufinden ist ein leichtes an Hand der Auftragsstatistik. Zu seiner Kunst gehört es aber, nicht in der alten Kollektion schon Angedeutetes zu bringen. Weitere Anregungen erhält der Dessinateur durch die von Musterreisenden angebotenen Neumusterungen und den gelegentlichen Besuch der Hauptkunden, deren Wünsche gute Fingerzeige geben."

Die Betriebskosten der Musterei setzen sich zusammen aus dem Gehalt des Dessinateurs und seiner Hilfskraft, den Löhnen der Musterweber,

[1] Spix-Sichler: Der Dessinateur in der Herrenstoffbranche. „Erfahrung und Forschung" Nr. 2, 1934, D.W.G.

der Kraftkosten, der Abschreibung und Verzinsung der Musterwebstühle, dem Garnmaterialverbrauch und dem Musterverschnitt für die Kollektion. Bei den für den Musterverschnitt hergestellten Musterkupons ist zu berücksichtigen, daß diese in der Betriebsweberei mit erheblich höheren Kosten als die normale Stückware gefertigt werden.

Eine vom Verfasser durchgeführte Betriebsuntersuchung einer Modewarenfabrik hat zu folgendem Ergebnis geführt:

1). Auf 20 Betriebswebstühle kam 1 Musterwebstuhl, was mit den allgemeinen Verhältnissen in der Modewarenfabrikation übereinstimmt.

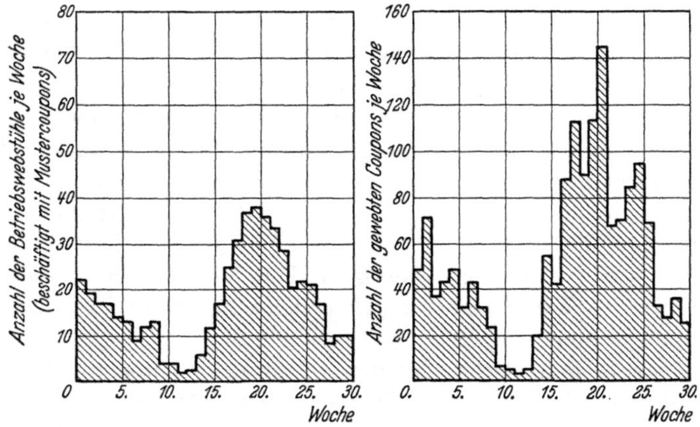

Abb. 53. Beschäftigung der Betriebswebstühle mit Musterarbeit und Anzahl der wöchentlich gewebten Musterkupons.

2). Von 170 Betriebswebstühlen waren im Jahresdurchschnitt 17 Webstühle, d. h. 10% dauernd mit der Herstellung von Musterkupons beschäftigt.

3). Die durchschnittliche Anzahl der wöchentlich gewebten Kupons betrug 52, was auf die mit Musterarbeit beschäftigten Webstühle 3 Musterkupons pro Woche und Stuhl ergab (vgl. Abb. 53).

Eine weitere Untersuchung der Kosten lieferte die Ergebnisse:

1). Ein Betriebswebstuhl hat in der Herrenmodewarenfabrikation ca. 1000 RM im Jahr von den gesamten Musterungskosten zu tragen.

2). Davon entfielen etwa 30% auf die eigentlichen Kosten der Dessinatur ohne den Garnmaterialverbrauch, weitere 30% auf die in der Dessinatur vermusterten Garne und etwa 40% auf den Musterverschnitt für die Kollektion.

3). Von den 40% Musterverschnitt sind ca. 22% auf das Garnmaterial und ca. 18% auf die Arbeitskosten zu rechnen.

4). Das Verhältnis der reinen Webereikosten (ohne Vorbereitung) für Musterkupons zur Stückware ist 2,5 (bis 3) zu 1.

5). Das Preisverhältnis der Fabrikationskosten (ohne Garnmaterial) für Musterkupons und Stückware ist etwa 1,6 zu 1.

Ziehen wir die gesamten Musterungskosten einer Saison zusammen und setzen sie mit dem Umsatz an Modewaren in Beziehung, so erhalten wir den in der Kalkulation zu berechnenden Prozentsatz. Dieser Satz liegt gewöhnlich in den Grenzen von 3—6%.

6. *Ausfall.* Unter Ausfall sind die durch Fehlerstellen in der Ware entstandenen Verluste, welche dem Kunden vergütet werden müssen, zu verstehen. Ferner fallen darunter die Verluste bei überdisponierten Stücken, die zu einem geringeren Preis verkauft werden, annullierte und zur Verfügung gestellte Waren und sonstige Warenverluste. Diese Verluste müssen sich aus einer besonderen Statistik ergeben und zum Umsatz in Beziehung gebracht werden.

7. *Zoll- und Frachtspesen.* Die Berechnung dieser Kosten wird nicht im Kalkulationsschema vorgenommen, sondern direkt auf der Warenrechnung vermerkt.

8. *Verpackungskosten.* Die durch den Versand der Waren entstehenden Kosten werden pro Stück berechnet und oft sofort in die Herstellungskostenrechnung einbezogen. Eine Durchrechnung der Kosten ergab einen Betrag von 1 RM/Stück.

Zusammengefaßte Verkaufszuschläge. Zur Orientierung über die Verkaufszuschläge können folgende Sätze, die jedoch keine Allgemeingültigkeit haben, angegeben werden:

Für Verwaltungskosten, feststehende
Verkaufskosten und Gewinn . . 11%.

Der auf Grund dieses Zuschlages sich ergebende Basispreis erhält die weiteren Zuschläge in Hundert für die veränderlichen Verkaufskosten, und zwar für:

Herrenmodewaren	12%,
modefarbige Damenware	9,7%,
gemusterte Damenware	8,5%.

Im allgemeinen kann man damit rechnen, daß zwischen Herstellungsselbstkostenpreis der Fabrikation und dem Verkaufspreis eine Spanne von 18—25% besteht. Dieser Prozentsatz ist von dem jeweiligen Fabrikationsprogramm und von den internen Verhältnissen der Betriebe abhängig.

D. Kalkulationsbeispiele.

1. Spinnerei-Garnpreisberechnung,
2. Zwirnerei-Garnpreisberechnung,
3. Gewebepreisberechnung,
4. Verkaufspreisberechnung.

1. **Spinnerei-Garnpreisberechnung** (Abb. 54).

Wie bereits bei der Spinnerei-Betriebskalkulation dargelegt worden ist, wird die Streichgarnspinnerei in der Volltuchfabrik meist als selbständige Abteilung betrachtet, die das fertig gesponnene Garn der We-

Datum: *6. 2. 35*

Spinnpartie: *4115* Kalkulation:

Kamelhaar/Cashmere Schuß, Dess. 9639	kg	g	Preis pro kg	RM	Pfg.
25% Partie 2213 Cashmere Kämmlänge . .	*50*	—	*12,82*	*641*	—
10% „ 2197 Kamelhaar . .	*20*	—	*6,88*	*137*	*60*
20% „ 2460 Botany Noils. .	*40*	—	*3,84*	*153*	*60*
10% „ 2425 hell Tybet . . .	*20*	—	*1,90*	*38*	—
25% „ 2108 Cap Wolle . .	*50*	—	*4,13*	*206*	*50*
10% „ 2345 Kammgarnenden	*20*	—	*3,85*	*77*	—
				1253	*70*
Garn-Nr.: 12½ links / *½—¾ Einschlag* — *Vorläufige Kalkulation*	*Mischungspreis . . . .*			*6,27*	
	10% Verlust			*0,63*	*6,90 RM/kg*
	Spinnkosten			*1,42*	*1,42 „ „*
					8,32 RM/kg

Ablieferung:

Datum	Sortiment/ Selfaktor	kg	g
9. 2.	*R/4*	*43*	*500*
		47	—
10. 2.		*42*	*500*
		45	—
12. 2.		*24*	*750*
		202	*750*
	Flug:	*6*	—
	Enden:	*1*	*500*

Nachkalkulation:

Haspelung: Nr. 12,6

Endgültige Kalkulation:

Garn. . . . . 202,750 kg
Enden . . . . 1,500 kg
Flug . . . . 6,000 kg
Partiegewinn . ca. 1%

Mischungspreis . 6,20 RM/kg
Spinnkosten . . . 1,48 „ „
7,68 RM/kg
5% Gewinn . . . 0,39 „ „
Gesamtpreis . . . 8,07 RM/kg

Abb. 54. Spinnerei-Kalkulationsvordruck.

berei in Rechnung stellt. Sie hat daher auch eine vollkommen selbständige Kalkulation, die mit der Warenpreisberechnung nur insofern in Verbindung steht, als die Leitung der Gesamtfabrikation den Garnpreis durch die Zusammenstellung der Wollmischungen und durch die Festsetzung der Gewinnmarge der Spinnerei beeinflußt. Der Kostenrechner der Gewebe hat sich nur nach den von der Spinnerei angegebenen Garnpreisen zu richten.

Im folgenden werden Typbeispiele wiedergegeben, wobei keine durchgehende Kalkulation von der Wolle zum Garn über die Zwirnerei- und Gewebepreisberechnung einer Ware durchgeführt ist, sondern Ausschnitte mit jeweils selbständigen Beispielen.

Die Spinnereikalkulation setzt sich zusammen aus der Vor- und Nachkalkulation. Bei der Vorkalkulation wird die Mischung mit den entsprechenden Wollpreisen berechnet. Dazu rechnet man einen Spinnverlust, der sich auf die Erfahrung bei gleichen oder ähnlichen früheren Partien stützt. Handelt es sich um eine Melange aus gefärbten Wollen, so sind für die Farbwollen die jeweiligen Farbkosten anzurechnen. Weiter werden die Spinnkosten für die entsprechende Garnnummer unter Berücksichtigung des voraussichtlichen Laufes der Partie eingesetzt. Auf die Summe pro kg der berechneten Kosten wird dann ein Gewinn (z. B. von 5%) zugeschlagen. Der so errechnete Garnpreis ist zunächst eine Orientierung für die Gewebepreisberechnung, um festzustellen, in welcher Preislage das fertige Gewebe auf den Markt gebracht werden kann. Der endgültige Garnpreis wird erst mit der Übergabe des fertigen Garnes an das Garnlager der Weberei dem Kostenrechner der Gewebe vorgegeben.

In dem Spinnereikalkulationsvordruck Abb. 54 ist die obere Hälfte für die Vorkalkulation und die untere für die Effektivkalkulation oder Nachkalkulation vorgesehen. Die an den verschiedenen Tagen abgelieferten Garnmengen werden in die Spalten eingetragen. Nach dem Abspinnen der Partie wird der Flug und Endenverlust festgestellt. Mit diesen Angaben wird dann der endgültige Garnpreis ermittelt.

2. **Zwirnerei-Garnpreisberechnung** (Abb. 55).

Die meisten im einfachen Faden bezogenen Kammgarne und die zu Zwirnen verarbeiteten Streichgarne haben je nach ihrem Verwendungszweck die Arbeitsgänge der Kreuzspulerei, Färberei und Zwirnerei zu durchlaufen. Werden große Mengen einfache, im Kammzug gefärbte Garne eingekauft, so sind lediglich die Zwirnereikosten zu berechnen. In diesem Fall ist die Kreuzspulerei nur eine kleine Aushilfsabteilung, deren Kosten in den Weblohnzuschlag einbezogen werden. Sind die Werke aber in größerem Maße auf die Einfärbungen der im rohweißen einfachen Faden bezogenen Garne eingerichtet, so ist dieser Arbeitsgang gesondert zu berechnen.

Bei der Garnpreisberechnung der Vorbereitung wird zunächst der Mengenanteil und der Preisanteil für 1 kg Garn festgestellt. Dazu werden evtl. die Kosten der Kreuzspulerei und Färberei hinzugefügt. Bei der sich ergebenden Summe wird der Zwirnverlust und Abfallverlust berechnet und schließlich die Kosten des Zwirnarbeitsganges entsprechend der

Garnnummer und Drehung hinzugefügt. Bei mehreren Zwirngängen ist der der neuen Nummer und der neuen Drehung entsprechende Zwirnarbeitskostensatz mit den neu auftretenden Zwirneingangs- und Abfallverlusten zu berechnen (Abb. 55).

Garnpreisberechnung.

Garn-Nr. *25/1 z*
Farbe: *610*
Drehung: *850 S*

1. Garnwert:	Menge kg	Menge g	Preis/kg RM	Preis/kg Pfg.	Materialkosten RM	Materialkosten Pfg.
Garnbezeichnung: *56/1*	*0*	*4455*	*11*	—	*4*	*90*
„ *45/1*	*0*	*5545*	*10*	—	*5*	*545*
					10	*445*
2. Kreuzspulkosten					—	—
3. Farbkosten					—	—
Summe *1—3*:					*10*	*445*
4. Zwirnverlust: *4*%, Abfall: *0,5*%; Ges.: *4,5*%					*10*	*95*
5. Zwirnarbeitskosten					*0*	*96*
Garnpreis I:					*11*	*91*

Für Andrahtzwirne.

Garn-Nr.: —
Farbe: —
Drehung: —

1. Garnwert:	Menge kg	Menge g	Preis/kg RM	Preis/kg Pfg.	Materialkosten RM	Materialkosten Pfg.
Garnbezeichnung: I	—	—	—	—	—	—
b)	—	—	—	—	—	—
					—	—
2. Kreuzspulkosten					—	—
3. Farbkosten für b					—	—
Summe 1—3:					—	—
4. Zwirnverlust: ...%; Abfall: ...%; Ges.: ...%					—	—
5. Zwirnarbeitskosten					—	—
Garnpreis II:					—	—
Datum: *6. 2. 35* — Garnpreis:					*11*	*91*

Abb. 55. Zwirnerei-Garnpreisberechnung.

3. **Gewebepreisberechnung** (Abb. 56a/b).

Die Gewebepreisberechnung wird auf besonderen Vordrucken (Abb. 56a/b), deren Vorderseite für die Feststellung des Fabrikationspreises reserviert ist und deren Rückseite für die kaufmännische Kostenberechnung bestimmt ist, vorgenommen. Das Format der Vordrucke kann so groß sein, daß noch eine Reihe freier Spalten für Preisänderungen und

Schablonen-Nr.: *46*.
Fadenzahl: *6450 mit Leiste*.
Fadenzahl/Leiste: *20 Fd. Grund*.
Schuß/10 cm: *340*.
Schärlänge: *50* m.

Datum: *6. 2. 35*.
Blatt: *60/6*.
Schaftzahl: *20*.
Rohlänge; *48*.
Fertiglänge: *46* m.

Blattbreite: *175/178* mit Leiste.
Fertigbreite: *150* cm, verreiht.

Artikel-Nr.: *7200*.

A. Garnwert:	kg	g	Preis RM/kg	RM	Pfg.	RM	Pfg.	RM	Pfg.	RM	Pfg.
Kette: *2/56 Qual. 190*	—	—	—	—	—	—	—	—	—	—	—
Wollfarbig +2%	*11*	*970*	*6,30*	—	—	—	—	—	—	—	—
Verlust: (*2%*)	—	—	—	—	—	—	—	—	—	—	—
Leiste: *Grund*	—	—	—	—	—	—	—	—	—	—	—
Schuß: *wie Kette +3%*	*10*	*690*	—	—	—	—	—	—	—	—	—
Verlust: (*3%*)	—	—	—	—	—	—	—	—	—	—	—
Menge und Wert des Garnes	*22*	*660*	*6,30*	*142*	*76*	*142*	*76*	*142*	*76*	—	—
B. Herstellungskosten:				*1 st.*	*Kette*	*2 st.*	*Kette*	*3 st.*	*Kette*		
1. Webereivorbereitung:											
a) Kettschären: *1,8/1,3/1,0* Pfg./Strahn				*5*	*78*	*4*	*19*	*3*	*22*	—	—
b) Leimen: *12* kg zu *25* Pfg./kg				*3*	—	*3*	—	*3*	—	—	—
c) Einrichten: *2,40* RM, *1./2./3.* Stück + 30%				*3*	*12*	*1*	*56*	*1*	*04*	—	—
d) Andrehen: *6450* Fd., zu *14/13/12* Pfg./100 Fd. + 30%				*11*	*73*	*5*	*45*	*3*	*35*	—	—
2. Weblohn: *163 000* Schuß, *27,5* Pfg./1000				*44*	*83*	*44*	*83*	*44*	*83*	—	—
3. Noppen und Stopfen: *9* RM/Stück *+40%*				*12*	*60*	*12*	*60*	*12*	*60*	—	—
4. Appretur, Gruppe: *1*, RM/Stück: *13,20*				*13*	*20*	*13*	*20*	*13*	*20*	—	—
5. Farbe: .... kg zu .... RM/kg				—	—	—	—	—	—	—	—
6. Plüstern und Karbonisieren *3* RM/kg *+30%*				*3*	*90*	*3*	*90*	*3*	*90*	—	—
7.				—	—	—	—	—	—	—	—
C. Zuschlag auf Weblohn: *70%/67%/63%*				*31*	*38*	*30*	—	*27*	*80*	—	—
Summe A—C:				*272*	*30*	*261*	*40*	*255*	*70*	—	—
Dividiert durch *46* m Fertiglänge = Werkpreis				*5*	*93*	*5*	*68*	*5*	*56*	—	—
Basis: *1/2/3 stückige Kette*. Garnwert				*3*	*10*	*3*	*10*	*3*	*10*	—	—
Fertiggewicht: *440/460* g/lfd. Meter, Herstellungskosten + Zuschläge				*2*	*83*	*2*	*58*	*2*	*46*	—	—

Abb. 56 a. Werkpreis-Kalkulationsvordruck.

Artikel: *7200.*

Bezeichnung: *Wollfarbig.*

Vertriebskostenberechnung.

		Preis/Meter		Preis/Meter		Preis/Meter	
		RM	Pfg.	RM	Pfg.	RM	Pfg.
A. Garnwert		*3*	*10*	*3*	*10*	*3*	*10*
B—C. Fabrikationskosten . .		*2*	*83*	*2*	*58*	*2*	*46*
Werkpreis:		*5*	*93*	*5*	*68*	*5*	*56*
D. Verwaltungskosten. . . .	*11%*						
E. Feststehende Verkaufskosten		*0*	*65*	*0*	*63*	*0*	*61*
F. Gewinn							
Basispreis:		*6*	*58*	*6*	*31*	*6*	*17*
G. Veränderl. Verkaufskosten (in 100):							
Umsatzsteuer	*12%*						
Vertreterprovision							
Skonti							
Delkredere							
Musterspesen							
Ausfall							
Gesamtprozentsatz . . .							
Verkaufspreis:		*7*	*50*	*7*	*18*	*7*	*01*
		1 st. Kette		*2 st. Kette*		*3 st. Kette*	

Abb. 56 b. Rückseite des Vordruckes Abb. 56 a.

für die Berechnung des Meterpreises auf 1-, 2- oder 3stückiger Basis vorhanden sind.

Das Berechnungsschema des Fabrikationspreises erhält zunächst eine Zusammenstellung der Fabrikationsvorschriften. Ferner sind etwa 15 Spalten[1] für die in einem Stück enthaltenen verschiedenen Garnmengen mit den Materialpreisen pro kg fertiges Garn vorhanden. Am Schluß der Garnberechnung werden die Verlustprozente für den Abfall der Weberei und der Vorbereitung berechnet. Die Summation der Einzelgarnkosten ergibt den Garnwert. In besonderen Spalten werden dann die Herstellungskosten behandelt. Die Zuschläge bei den verschiedenen Arbeitsgängen setzen wir hier wie folgt ein:

auf Weblohn	70%,
auf Einrichten und Knüpfen. . .	30%,
auf Stopfen	40%,
auf Plüstern und Karbonisieren .	30%.

Die Kosten der einzelnen Arbeitsgänge selbst werden aus den in der Herstellungskostenberechnung aufgestellten Tabellen und Abbildungen

[1] Aus drucktechnischen Gründen sind die freien Spalten hier fortgelassen.

herausgezogen. Im einzelnen werden die Kosten für das in Abb. 56a/b durchgeführte Beispiel folgendermaßen bestimmt:

Die Schärkosten ergeben sich für 1-, 2- und 3stückige Ketten, indem wir mit Hilfe der Fadenzahl und der Schärlänge die Strahnzahl berechnen und entweder nach den Kurven der Abb. 33 oder nach der Tab. 48 durch Interpolation den Kalkulationssatz pro Strahn ermitteln. Im vorliegenden Fall ist die Strahnzahl für die verschiedenen Kettlängen:

1stückige Kette	$\frac{6450 \cdot 50}{1000}$	322 Strähne, 1,8 Pfg./Strahn,
2stückige Kette	. . . .	644 Strähne, 1,3 Pfg./Strahn,
3stückige Kette	. . . .	966 Strähne, 1,0 Pfg./Strahn.

Die Schlichtereikosten nehmen wir für die mittlere Betriebsbeschäftigung mit 25 Pfg./kg geschlichteter Kette an (vgl. Abb. 39).

Die Kosten für das Einrichten ergeben sich aus dem Webereiakkordtarif (Tab. 50) der Schaftzahl 20 (s. Fabrikationsangaben Abb. 56) entsprechend zu $2{,}20 + 4 \cdot 0{,}05 = 4{,}40$ RM. Bei 2stückigen Ketten entfällt die Hälfte, bei 3stückigen Ketten ein Drittel auf jedes Stück usw.

Die Kosten für das Andrehen sind ebenfalls aus dem Webakkordtarif (Tab. 50) zu ersehen. Insgesamt sind 6450 Kettfäden anzudrehen. Für das Andrehen einer

1stückigen Kette wird bezahlt . . .	14 Pfg./100 Fäden,
2stückigen Kette wird bezahlt . . .	13 Pfg./100 Fäden,
3stückigen Kette wird bezahlt . . .	12 Pfg./100 Fäden.

Die Weblohnkosten berechnen sich nach dem Tarif für diese Ware zu:

Grundlohn	0,24	RM/1000 Schuß
Schäfte: 20	0,015	,,
verreiht	0,005	,,
wollfarbig	0,005	,,
Schützen: 3	0,005	,,
Tourenzahl: 90/Minute . . .	0,005	,,
Weblohnkosten	0,275	RM/1000 Schuß.

Die Nopperei- und Stopfereikosten nehmen wir mit 9 RM/Stück an.

Die Appreturkosten bei gemusterten Herrenwaren betragen 13,20 RM/Stück (vgl. Tab. 78).

Die Plüstereikosten werden zu 3 RM/Stück angenommen.

Summieren wir die Herstellungskosten und übertragen sie in die danebenliegende freie Spalte, so können wir die Material- und Herstellungskosten zusammenziehen. Diese Summe dividiert durch die Fertigmeterlänge, die sich durch Probestücke oder aus Erfahrung bei ähnlichen Waren ergibt, liefert uns den Werkpreis für 1 m Fertigware. Mit diesem Preis wird die Ware der Verkaufsabteilung übergeben, die nun ihrerseits die Kalkulation bis zum Verkaufspreis unter Berücksichtigung aller kaufmännischen Gesichtspunkte vervollständigt.

Aus der Gewebepreisberechnung (Abb. 56a) erkennen wir deutlich, wie wesentlich die Feststellung des Meterpreises auf Grund exakter Kalkulationsunterlagen für 1-, 2- und 3stückige Ketten ist. Man ist durch diese Rechnung genau über die Kostenreduktionen bei den verschiedenen Stücklängen orientiert und kann entsprechende Angebote herausgehen lassen.

4. Verkaufspreisberechnung (Abb. 56b).

Auf der für die Verkaufskalkulation vorbehaltenen Rückseite des Kalkulationsvordruckes werden zunächst der Garnwert und die Summe der Herstellungskosten wiederholt. Dann folgen die spezifizierten Verkaufskosten, die wir in dieser Zusammenstellung in zusammengefaßten Prozentsätzen wiedergeben, da sie für jedes Werk und die verschiedenen Kunden doch unterschiedlich sind. Wir rechnen mit 11% für die Positionen D—F und mit 12% für die Position G.

III. Die kurzfristige periodische Erfolgskontrolle[1].

Die kurzfristige Erfolgskontrolle der Betriebsabteilungen, welche man gewöhnlich als *Betriebsbilanz* bezeichnet, ist keine Werkabschlußbilanz als solche, welche alle Vermögenswerte erkennen läßt, sondern eine reine *Betriebserfolgsrechnung.* Ihre Aufgabe besteht lediglich darin, dem technischen Leiter des Werkes in kurzen Zeitspannen Aufschluß über die Wirtschaftlichkeit der ganzen Fabrikation, der Fabrikationsgruppen und der einzelnen Unterabteilungen zu geben. Sie ist somit ein Registrierinstrument des Betriebes, welches Nachforschungen und Eingriffe bei zu hohen Kostenstellen in kurzen Zeitspannen ermöglicht und damit dem Leiter des Betriebes die straffsten Zügel in die Hand gibt, das Werk von der Kostenseite richtig zu führen.

Bei dem Aufbau der Erfolgsrechnung werden die Kosten untereinander und die Kostenstellen nebeneinander gegliedert (Abb. 57, Taf. I). Bestimmte zusammengehörige Betriebsabteilungen werden wieder zu Summen zusammengefaßt, desgleichen die Kosten des Gesamtbetriebes. Die jeweilige Endsumme in senkrechter Richtung bildet *die Belastung der Betriebsabteilungen. Die Entlastung der Abteilungen* wird mit Hilfe von Produktionsnachweisen zusammengestellt. Die Produktion wird in dem betrachteten Zeitabschnitt nach Mengen und Art in den einzelnen Abteilungen erfaßt und mit den zugehörigen Sätzen der Kalkulation multipliziert. Die Summe dieser Einzelergebnisse bildet die Entlastung. *Der Vergleich der Belastung mit der Entlastung ergibt einen Betriebsüberschuß oder einen Betriebsverlust.* In einer Modewarenfabrik ist es notwendig, die Kostenstelle „Musterei", deren Kosten für die Kalkulation von besonderer Bedeutung sind, einzuführen. Entsprechend ihrer Arbeitsleistung für die Musterweberei erhalten die Betriebsabteilungen Vergütungen, die von der Endsumme der Belastung der einzelnen Abteilungen abgesetzt und der Musterei belastet werden.

Um immer die gleichen Zeitspannen zum Vergleich heranziehen zu

[1] Sustmann: Zur praktischen Durchführung der periodischen Erfolgskontrolle in der Tuchfabrik. Erfahrung und Forschung Nr. 6, D.W.G. 1934, Spinner und Weber (1934) Nr. 48.

können, wird die Betriebsbilanz meist vierwöchentlich, d.h. 13mal im Jahr, aufgestellt. Die monatliche Abrechnung ist weniger geeignet, da sie sich infolge der Zeitschwankungen schwieriger zu Vergleichszwecken heranziehen läßt. Als Stichtag wird gewöhnlich der Samstag gewählt. Da die Lohnwoche aber meist am Mittwoch abschließt, kann man auch vorteilhaft diesen Tag als Stichtag wählen, wodurch man sich Umrechnungen von Lohnsummen erspart. Die für die übrigen Kosten erforderlichen Abschlüsse lassen sich ebensogut auf diesen Tag legen.

Ein Teil der Kosten, und zwar 1—6, läßt sich unmittelbar für die verschiedenen Kostenstellen feststellen, ein anderer Teil, 7—11, ist mit Hilfe von Meßgeräten und Verteilungsschlüsseln umzulegen. Die Kosten und Verteilungsschlüssel ergeben sich, wie bereits bei der Kostengliederung der Kalkulation dargelegt wurde, aus der Betriebsbuchführung und den Betriebsmessungen. Allgemein ist zu sagen, *daß man sich beim Aufbau der Betriebsbilanz unmittelbar an die bei der Selbstkostenrechnung maßgeblichen Faktoren halten muß*. Die Eintragung der Zahlenangaben in die Positionen 13, 15 und 19 wird zur besseren Kenntlichkeit zweckmäßig in andersfarbiger Tinte vorgenommen.

Der Zweck der Bilanz ist die Kontrolle des Betriebes von der Kostenseite her. Es ist offensichtlich, daß man auf diese Weise evtl. auftretenden Verlusten bei den einzelnen Betriebsabteilungen sofort nachgehen kann. Durch den Vergleich mit früheren Bilanzen und der für die Bilanz maßgebenden Unterlagen besteht die Möglichkeit, die Ursache einer Unterbilanz festzustellen. Abgesehen von unvorhergesehenen Erhöhungen einzelner Positionen kann bei einer Unterbilanz *eine zu geringe Leistung* oder *ein falscher Kalkulationssatz* den Verlust verursacht haben. Letzterer muß durch Überprüfung aller für die betreffende Abteilung maßgebenden Kalkulationssätze gesucht werden. *Somit dient die periodische Bilanz nicht allein der Betriebserfolgsrechnung, sondern auch der ständigen Überwachung und Kontrolle der Kalkulationssätze.*

Für die *Verkaufsabteilung* läßt sich auf demselben Wege eine Kontrolle durchführen. Die Verkaufsabteilung wird als Kunde des Betriebes betrachtet und erhält die fertige Ware zu den Materialkosten + Herstellungskosten = Werkpreis auf ihr Konto belastet. Die Entlastung erfolgt durch den Verkaufserlös und die vorhandenen Bestände.

Die *Rohmateriallager* lassen sich in der Modewarenfabrik nicht periodisch abrechnen, da ihre wertmäßige Erfassung infolge der Vielseitigkeit des Garnlagers erhebliche Schwierigkeiten bereitet. Sie werden mengen- und wertmäßig gelegentlich der jährlichen Inventur festgestellt.

Zur weiteren Kontrolle des Betriebes dienen laufende Nachkalkulationsvordrucke, die außer den Einzelkosten der Waren noch bestimmte Fabrikationsfeststellungen enthalten, insbesondere enthalten sie kritische Herstellungskosten, wie z. B. die der Stopferei und Weberei (Abb. 58, Taf. I).

Schrifttum.

Hennig: Betriebswirtschaftslehre der Industrie. Berlin 1928.
Heidebroek: Industriebetriebslehre. Berlin 1923.
Laschinski: Die Selbstkostenberechnung im Fabrikbetrieb. Berlin 1923.
Wallichs: Die Betriebsleitung. Berlin 1919.
Schmalenbach: Grundlagen der Selbstkostenberechnung und Preispolitik. Leipzig 1927.
Schmidt: Kalkulation und Preispolitik.
Kent-Italiener: Warum arbeitet die Fabrik mit Verlust. Berlin 1925.
Gilbreth-Roß: Das ABC der wissenschaftlichen Betriebsführung. Berlin 1920.
Poppelreuter: Arbeitspsychologische Leitsätze für den Zeitnehmer. Berlin 1929.
—, Zeitstudie und Betriebsüberwachung. Berlin 1929.
Bramesfeld-Graf: Leitfaden für das Arbeitsstudium. Berlin 1936.
Bergfeld: Methoden und Anwendungsmöglichkeit des Zeitstudiums für die Textilindustrie. Berlin 1936.
Michel: Wie macht man Zeitstudien. Berlin.
Hermann: Betriebsüberwachung. Berlin 1929.
Wilbert: Das Selbstkostenproblem in der Kunstseidenindustrie. Berlin 1932.
RWF: Handbuch der Rationalisierung. Berlin.
Riemerscheid: Wie Abschreiben, wie Bewerten? Stuttgart.
Zeitschriften: Melliand Textilber., Heidelberg. Spinner und Weber, Leipzig. Dtsch. Wollengewerbe, Grünberg.

Betriebseinrichtungen und Betriebsüberwachung in der Textilveredlung. Von Prof. Dr.-Ing. **Otto Mecheels.** Mit 67 Abbildungen. VI, 122 Seiten. 1937. RM 13.80

Das Färben und Bleichen der Textilfasern in Apparaten. Von **Paul Weyrich.** Mit 153 Abbildungen im Text. VIII, 347 Seiten. 1937. RM 27.—; geb. RM 28.80

Praktische Kunstseidenfärberei in Strang und Stück. Von Dr. **Kurt Götze,** Wuppertal-Elberfeld, und **C. Richard Merten,** Krefeld. Mit 101 Textabbildungen. IX, 144 Seiten. 1933. Geb. RM 13.50

Die neuzeitliche Seidenfärberei. Handbuch für die Seidenfärbereien, Färbereischulen und Färbereilaboratorien. Von Dr. phil. **Hermann Ley,** Elberfeld. Zweite, vermehrte und verbesserte Auflage. Mit 61 Textabbildungen. V, 241 Seiten. 1931. Geb. RM 18.—

Praktischer Leitfaden zum Färben von Textilfasern in Laboratorien für Studenten der Hochschulen und für Schüler an höheren Textilfachschulen. Von Dr.-Ing. **Ed. Zühlke,** Färberei-Laboratorium der Färberei- und Appreturschule Krefeld. Mit 2 Textabbildungen. VII, 234 Seiten. 1930. RM 8.55

Das Waschen mit Maschinen in gewerblichen Wäschereibetrieben, in Hotels, Krankenhäusern und anderen öffentlichen und privaten Anstalten. Von Dr. **W. Kind,** Sorau N.-L., und Dr. **H. A. Kind,** Berlin. Mit 70 Textabbildungen. VI, 199 Seiten. 1935. RM 8.50; geb. RM 9.50

Textilhilfsmittel-Tabellen (insbesondere Schaum-, Netz-, Wasch-, Reinigungs-, Dispergier- usw. -Mittel). Von Dr. **J. Hetzer,** Weinheim a. d. B. IV, 211 Seiten. 1933. Geb. RM 12.—

Physikalisch-technisches Faserstoff-Praktikum. (Übungsaufgaben, Tabellen, graphische Darstellungen.) Zum Gebrauche an Hochschulen, Textillehranstalten, Warenprüfungs- und Zollämtern, Industrielaboratorien und zum Selbststudium von Professor Dr. **Alois Herzog,** Dresden, und Dr. **Erich Wagner,** Hannover. Mit 2 Abbildungen im Text und 21 graphischen Darstellungen. VIII, 145 Seiten. 1931. Geb. RM 15.—

Zu beziehen durch jede Buchhandlung

Tuchherstellung und Tuchmusterung. Die Herstellung des Wollfilzes. Bearbeitet von **W. Biester,** Bielitz, Ob.-Stud.-Dir. i. R. **J. Hirschberg,** Cottbus. Ob.-Stud.-Dir. **H. Klingsöhr,** Cottbus, und Dr. **E. Krahn,** Hannover. (Technologie der Textilfasern, Bd. VIII, 3 A.) Mit 224 Textabbildungen und 3 Tafeln. VIII, 220 Seiten. 1934. Geb. RM 34.50

Streichgarnspinnerei sowie Herstellung von Kunstwolle und Effiloché. Von Fachvorstand Prof. Dipl.-Ing. **O. Bernhardt,** Wien, und Prof. Ing. Dr. techn. **J. Marcher,** Wien. (Technologie der Textilfasern, Bd. VIII, 2 A.) Mit 357 Textabbildungen. VIII, 350 Seiten. 1932. Geb. RM 37.50

Kammgarnspinnerei. Von Dr.-Ing. **G. Fritzsch,** Chemnitz. (Technologie der Textilfasern, Bd. VIII, 2 B.) Mit 134 Abbildungen im Text und auf einer farbigen Tafel. VIII, 184 Seiten. 1933. Geb. RM 21.—

Wollkunde. Bildung und Eigenschaften der Wolle. Bearbeitet von Prof. Dr. **Gustav Frölich,** Priv.-Dozent Dr. **Walter Spöttel,** Priv.-Doz. Dr. **Ernst Tänzer,** Halle a. d. S. (Technologie der Textilfasern, Bd. VIII, 1.) Mit 172 Textabbildungen und 2 farbigen Tafeln. IX, 419 Seiten. 1929. Geb. RM 48.60

Weltwirtschaft der Wolle. Bearbeitet von Dr. jur. **H. Behnsen,** Berlin, und Dr. rer. pol. **W. Genzmer,** Berlin. (Technologie der Textilfasern, Bd. VIII, 4.) IX, 195 Seiten. 1932. Geb. RM 32.—

Das Selbstkostenproblem in der Kunstseidenindustrie. Von Dr.-Ing. **H. Wilbert.** (Industriewirtschaftliche Abhandlungen, H. 5.). Mit 26 Abbildungen im Text und auf einer Tafel. VI, 106 Seiten. 1932. RM 10.—

Gebührenordnung der Musterzeichner. Erste Anordnung der Reichskammer der bildenden Künste betreffend den Schutz des Berufes und die Berufsausübung der Musterzeichner vom 14. Mai 1936. Amtliche Ausgabe. Gültig ab 12. Juli 1936. 15 Seiten. RM —.50; 50 Stück RM 22.—; 100 Stück RM 37.50

Die indische Baumwollindustrie. Produktionsgrundlagen, Entwicklung vor und nach dem Weltkriege, soziale Fragen. Zollpolitik. Von Dr. rer. pol. **Helmut Pilz.** VII, 188 Seiten. 1930. RM 10.80

Zu beziehen durch jede Buchhandlung

GPSR Compliance

The European Union's (EU) General Product Safety Regulation (GPSR) is a set of rules that requires consumer products to be safe and our obligations to ensure this.

If you have any concerns about our products, you can contact us on ProductSafety@springernature.com

In case Publisher is established outside the EU, the EU authorized representative is:

Springer Nature Customer Service Center GmbH
Europaplatz 3
69115 Heidelberg, Germany

Batch number: 10844675

Printed by Printforce, the Netherlands